Vertrieb mit SAP S/4HANA® – SD Delta Customizing

Mike Juchem

Willkommen bei Espresso Tutorials!

Unser Ziel ist es, SAP-Wissen wie einen Espresso zu servieren: Auf das Wesentliche verdichtete Informationen anstelle langatmiger Kompendien – für ein effektives Lernen an konkreten Fallbeispielen. Viele unserer Bücher enthalten zusätzlich Videos, mit denen Sie Schritt für Schritt die vermittelten Inhalte nachvollziehen können. Besuchen Sie unseren YouTube-Kanal mit einer umfangreichen Auswahl frei zugänglicher Videos: *https://www.youtube.com/user/EspressoTutorials*.

Kennen Sie schon unser Forum? Hier erhalten Sie stets aktuelle Informationen zu Entwicklungen der SAP-Software, Hilfe zu Ihren Fragen und die Gelegenheit, mit anderen Anwendern zu diskutieren:

http://www.fico-forum.de.

Eine Auswahl weiterer Bücher von Espresso Tutorials:

- Ilona Hesse:
  Preisfindung und Konditionstechnik in SAP S/4HANA® –
  2., erweiterte Auflage
  http://5362.espresso-tutorials.de
- Jörg Weißmann:
  Praxishandbuch Vertrieb (SD) in SAP S/4HANA®
  http://5370.espresso-tutorials.de
- Robin Schneider:
  Praxishandbuch SAP®-Geschäftspartner (Business Partner) – Funktionen und Integration in SAP S/4HANA® – 2., erweiterte Auflage
  http://5468.espresso-tutorials.de
- Rainer Neumann, Dieter Schraad:
  Variantenkonfiguration in SAP S/4HANA®
  http://5512.espresso-tutorials.de
- Simone Bär, Andreas Wunsch:
  Abrechnungsmanagement in SAP S/4HANA® – Konditionskontraktabrechnung – 2., erweiterte Auflage
  http://5557.espresso-tutorials.de
- Isa Bodur:
  SAP® Helden
  http://5749.espresso-tutorials.de

Bibliografische Information der Deutschen Nationalbibliothek
Die Deutsche Nationalbibliothek verzeichnet diese Publikation in der Deutschen Nationalbibliografie; detaillierte bibliografische Daten sind im Internet über https://portal.dnb.de abrufbar.

Mike Juchem
Vertrieb mit SAP S/4HANA® – SD Delta Customizing

ISBN: 978-3-960121-21-3

Lektorat: Anja Achilles, Bernhard Edlmann

Korrektorat: Die Korrekturstube

Coverdesign: Philip Esch

Coverfoto: ©Dan Race, # 60101750 – stock.adobe.com

Satz & Layout: Johann-Christian Hanke

1. Auflage 2023

URL: *www.espresso-tutorials.de*

Feedback:
Wir freuen uns über Fragen und Anmerkungen jeglicher Art. Bitte senden Sie diese an: *info@espresso-tutorials.com*.

Inhaltsverzeichnis

Vorwort

Alle, die sich aktuell mit SAP auseinandersetzen – seien es Unternehmen, die SAP als ERP-System nutzen, SAP-User oder auch SAP-Berater –, beschäftigen sich momentan vor allem mit einem Thema: SAP S/4HANA. Sie alle treiben dieselben Fragen um: Inwiefern hat sich der Funktionsumfang verändert? Welche Neuerungen gibt es? Welche bekannten Funktionalitäten wurden übernommen? Wie führe ich die S/4HANA-Transformation durch?

In diesem Buch möchte ich diesen Fragen nachgehen und dabei den Fokus auf die Neuerungen und Änderungen im Bereich SAP Sales and Distribution (SD) bzw. Vertrieb legen. Als SAP-Berater habe ich eine Vielzahl von Implementierungen durchgeführt, sowohl in SAP-S/4HANA-Projekten als auch in SAP R/3 und SAP ECC. So konnte ich die Neuerungen, die durch die SAP-S/4HANA-Transformation beim Modul SAP SD herbeigeführt wurden, kennenlernen und mich damit auseinandersetzen, welche Veränderungen es gegenüber den bereits bestehenden Lösungen gibt. Zudem habe ich bereits früh mit SAP S/4HANA gearbeitet und die Weiterentwicklung der Lösungen über die Jahre beobachtet.

Wie anfangs erwähnt, löst die SAP-S/4HANA-Transformation zu Beginn bei vielen darüber Ungewissheit aus, ob nun die lieb gewonnenen, altbekannten Funktionen für immer der Vergangenheit angehören werden. Für den Bereich SAP SD/Vertrieb vorweg die gute Nachricht: Der Kern der klassischen Funktionalitäten bleibt auch weiterhin bestehen. Nichtsdestotrotz gibt es weitgreifende Änderungen und Neuerungen, die ich Ihnen in diesem Buch vorstelle. Hierbei liegt der Fokus immer auf dem Delta an Einstellungsmöglichkeiten, den sogenannten *Customizing-Einstellungen*. Zu diesem Thema findet man aktuell leider nur sehr wenige und unsystematische Beschreibungen – der überwiegende Teil der Literatur greift in der Regel allgemeine prozessuale Änderungen auf.

Die angesprochene Lücke will ich mit diesem Buch füllen. Sie finden hier gebündelt eine Übersicht über alle wesentlichen Neuerungen und Änderungen im Customizing. Ich richte mich dabei an Leser, die sich bereits mit SAP SD auskennen und einen ersten Eindruck davon gewinnen wollen, welche Änderungen im Zuge der S/4HANA-Transformation in ebendiesem Modul eingeführt wurden. Darüber hinaus soll dieses Buch aber jedem Interessierten eine Hilfe und einen Einstieg in das Customizing bieten. Mittels vieler Screenshots und Anleitungen hoffe ich Ihnen das doch oft komplexe Thema Customizing auf eine spannende und zugängliche Art und Weise näherbringen zu können.

Aufbau des Buches

Im ersten Kapitel gehe ich zunächst auf die Stammdaten, insbesondere das Geschäftspartnerkonzept ein. Daraufhin werfe ich in Kapitel 2 einen Blick auf die neuen Funktionalitäten rund um das Thema erweiterte Verfügbarkeitsprüfung (engl. *Advanced Available-to-Promise* = aATP). Hier kommen auch einige spannende SAP-Fiori-Apps zum Einsatz. Des Weiteren beschreibe ich die Änderungen im Bereich der Transportabwicklung durch die Einführung des S/4HANA Transportation Management Basic Shipping. Im Bereich des Abrechnungsmanagements, vor allem bekannt als »Bonusabwicklung«, gibt es weitgreifende Änderungen, die in Kapitel 4 beschrieben werden. Anschließend gehe ich in Kapitel 5 näher auf die Neuerungen im Bereich des Außenhandels ein. Im abschließenden Kapitel 6 befasse ich mich mit der Ausgabesteuerung und deren Nutzung im Modul SAP SD. All diese Themen beinhalten vielversprechende Änderungen, und ich hoffe, dass ich Ihnen diese anschaulich näherbringen kann. Ich wünsche Ihnen von Herzen viel Spaß und Freude beim Eintauchen in den Vertrieb mit SAP S/4HANA SD – Customizing.

Widmung

Ich widme dieses Buch meiner Familie.

Liebe Selma, ich danke Dir von Herzen für Deine Unterstützung, Motivation und Dein Verständnis während des Schreibprozesses und der Erstellung dieses Buches.

Lieber Musa und lieber Issa, ich habe dieses Buch nach Eurer Geburt geschrieben und wurde durch dieses Wunder in meinem Bestreben bekräftigt und zusätzlich motiviert.

Liebe Mama, lieber Papa und liebe Hermanita, ich danke Euch von ganzem Herzen für alles, was Ihr für mich getan habt. Ohne Euch wäre ich nicht da, wo ich jetzt bin.

In den Text sind Kästen eingefügt, um wichtige Informationen besonders hervorzuheben. Jeder Kasten ist zusätzlich mit einem Piktogramm versehen, das diesen genauer klassifiziert:

Hinweis

Hinweise bieten praktische Tipps zum Umgang mit dem jeweiligen Thema.

Beispiel

Beispiele dienen dazu, ein Thema besser zu illustrieren.

! Achtung

Warnungen weisen auf mögliche Fehlerquellen oder Stolpersteine im Zusammenhang mit einem Thema hin.

Die Form der Anrede

Um den Lesefluss nicht zu beeinträchtigen, verwenden wir im vorliegenden Buch bei personenbezogenen Substantiven und Pronomen zwar nur die gewohnte männliche Sprachform, meinen aber gleichermaßen Personen weiblichen und diversen Geschlechts.

Hinweis zum Urheberrecht

Sämtliche in diesem Buch abgedruckten Screenshots unterliegen dem Copyright der SAP SE. Alle Rechte an den Screenshots hält die SAP SE. Der Einfachheit halber haben wir im Rest des Buches darauf verzichtet, dies unter jedem Screenshot gesondert auszuweisen.

1 Geschäftspartner – Kunden

Im Zuge einer S/4HANA-Einführung müssen die vorherrschenden SAP-Prozesse schrittweise analysiert und mit der Brille der S/4HANA Änderungen neu bewertet werden. Allen Prozessen liegen dabei Daten zugrunde, die die Basis eines SAP-Systems darstellen. Daher ist zu Beginn eines S/4HANA-Einführungsprojekts in der Regel eine Analyse der Stammdaten erforderlich. Deshalb möchte ich in diesem Kapitel im Detail auf die Neuerungen im Bereich Stammdaten eingehen und insbesondere den SAP-Geschäftspartner (mit dem Fokus SAP SD/Vertriebsumfeld) näher beschreiben.

Die wohl bedeutendste Änderung im Zuge der S/4HANA-Transformation stellt die Umstellung auf das Geschäftspartnerkonzept dar. Konkret bedeutet dies, dass der bestehende Kunden- und Lieferantenstamm durch ein zentral gesteuertes Element, nämlich den *SAP-Geschäftspartner (GP, engl. Business Partner = BP)*, abgelöst wird. Er stellt die übergeordnete Instanz für die verschiedenen Geschäftsbeziehungen dar, die ein Unternehmen zu einer Gruppe, Organisation oder einer Person eingehen kann. Die unterschiedlichen Arten von Geschäftsbeziehungen, wie beispielsweise Auftraggeber, Warenempfänger, Lieferant, Spediteur, werden in S/4HANA via *Geschäftspartnerrollen* abgebildet und einem SAP-Geschäftspartner zugeordnet. Ziel des neuen Konzepts ist eine harmonisierte Architektur, die dafür sorgt, dass übergreifende Daten, etwa »allgemeine Daten«, die von der jeweiligen Geschäftspartnerrolle unabhängig sind, nur einmalig erfasst werden müssen. Anschließend stehen diese dann allen zugeordneten Geschäftspartnerrollen zur Verfügung. Dies hat den Vorteil, dass eine doppelte Datenhaltung und -eingabe vermieden wird. Des Weiteren stellt die Pflege der Geschäftspartnerdaten über einen einzigen Einstiegspunkt (zentrale Transaktion *BP*) gegenüber der Pflege von Einzelobjekten wie »Kunde« oder »Lieferant« über unterschiedliche Transaktionen eine Vereinfachung dar und ist mit weniger Aufwand verbunden.

Im Folgenden werde ich explizit auf die Neuerungen eingehen, die das altbekannte Objekt »Kunde« betreffen. Lieferanten werden nicht im Detail betrachtet, die Einstellungen entsprechen aber größtenteils denen beim Kunden. Ich gebe zunächst eine Übersicht über das neue Datenkonzept und beschreibe dann Stück für Stück das relevante Customizing im SAP-System. Außerdem werde ich für jeden Customizing-Schritt ein Beispiel anführen, wobei ich sowohl die Fiori-Oberfläche als auch das klassische SAP GUI einbeziehe.

1.1 Einstieg/Übersicht zum Geschäftspartner-Datenkonzept

In S/4HANA gibt es nur noch einen zentralen Verwaltungs- und Pflegepunkt, denn über den Geschäftspartner (GP) können alle relevanten Informationen gebündelt gepflegt und die passenden Rollen zugeordnet werden. Das Datenkonzept ist in Abbildung 1.1 übersichtlich dargestellt.

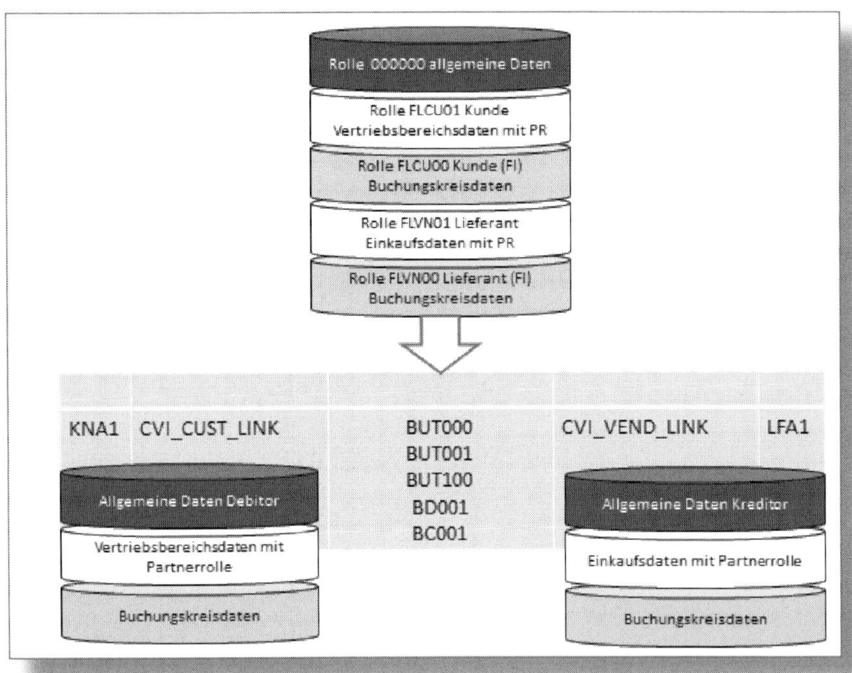

Abbildung 1.1: Datenkonzept Geschäftspartner

Die Rollen des GP spiegeln wiederum die einzelnen Detailsichten wider, beispielsweise FLCU01 – Vertriebsbereichsdaten – oder FLCU00 – Buchungskreisdaten. Sofern man dem einzelnen Geschäftspartner keine dieser Rollen zuordnet, lassen sich zunächst nur *allgemeine Daten* pflegen. Diese sind standardmäßig immer initial zu befüllen. Sofern man alle benötigten Rollen selektiert und die entsprechenden Einträge vorgenommen hat, werden diese Daten an die entsprechenden Tabellen übertragen und dort gespeichert. Allgemeine Daten werden etwa an BUT000 und BUT001 (Allgemeine Daten I und II) übertragen. Die Kunden- oder Lieferantenzuordnung erfolgt über die Tabellen BD001 oder BC001. In der Tabelle BUT100 sind zudem die selektieren GP-Rollen gespeichert. Sehr erfreulich an dieser Stelle ist, dass die bekannten Tabellen wie beispielsweise KNA1 (Kundenstamm – allgemeiner Teil) oder LFA1 (Lieferantenstamm – allgemeiner Teil) weiterhin genutzt werden können, denn vor allem in Programmierungen mit Referenz auf diese Tabellen müsste sonst eine Anpassung vorgenommen werden. Dies ist aber nicht notwendig. Hier kommt die *Customer-Vendor-Integration (CVI)*, zum Einsatz. Sie leitet die Daten, die im GP zentral gepflegt werden, an die entsprechenden Objekte – Kunde oder Lieferant – weiter und befüllt die dazugehörigen Tabellen.

1.2 Customizing

Ich wende mich nun im Detail den unterschiedlichen Einstellungen im Bereich GP sowie in der CVI zu. Um das Customizing besser nachvollziehen zu können, werde ich ein Beispiel nutzen und mit der zentralen Transaktion *BP* arbeiten.

Beispielunternehmen

Die Sportsdummy GmbH stellt Sportartikel her und verkauft diese überwiegend in der DACH-Region (Deutschland, Österreich, Schweiz). Auf einer Messe konnte das Unternehmen einige neue Kunden gewinnen. Als Mitarbeiter aus dem Vertrieb möchte ich diese Kunden nun in unser SAP-System pflegen. Der erste neue Kunde, die Omni Sports GmbH, soll nun als Geschäftspartnertyp »Organisation« mit der Geschäftspartnerrolle »Kunde« angelegt werden.

Ich öffne zunächst die Transaktion *BP • Geschäftspartner bearbeiten*. Wie in Abbildung 1.2 zu sehen ist, kann ich im Einstiegsfenster entweder direkt auf einen Geschäftspartnertyp wie ORGANISATION springen ❶ oder über den Pfad MEHR • GESCHÄFTSPARTNER • ANLEGEN • PERSON/ORGANISATION/GRUPPE ❷ einen gewünschten Geschäftspartnertyp auswählen.

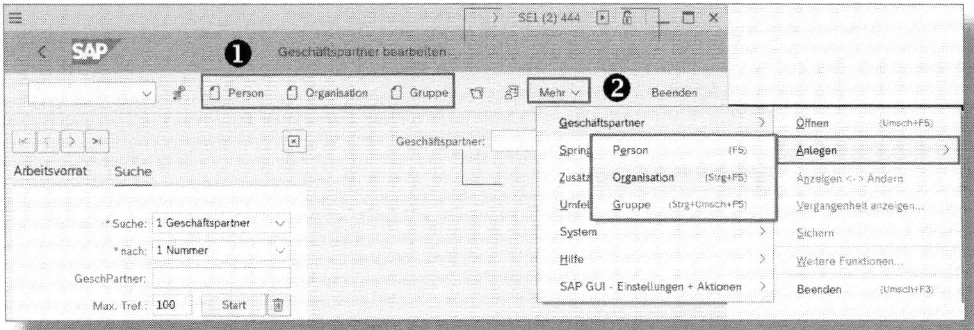

Abbildung 1.2: Transaktion BP – Geschäftspartner anlegen

Relevant ist, dass an dieser Stelle die Geschäftspartnertypen nicht erweiterbar sind. Man kann also keinen weiteren Typ hinzufügen, sondern muss mit einem der drei vorgegebenen arbeiten. Das Customizing erlaubt es lediglich, vereinzelte Einstellungen wie z. B. die Anrede zu erweitern und Namensbestandteile oder bestimmte Rechtsformen zu pflegen (siehe Abbildung 1.3).

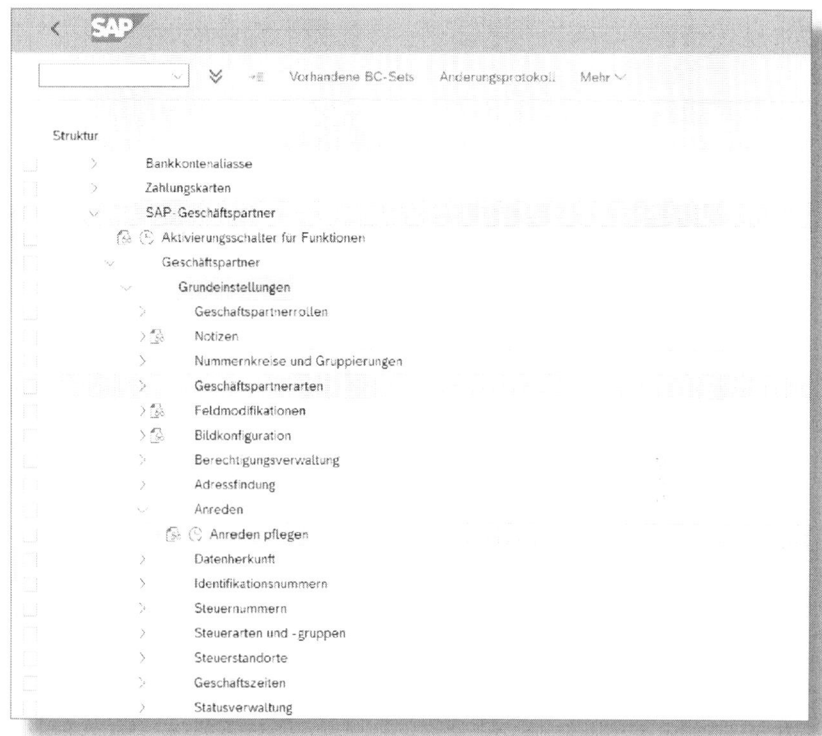

Abbildung 1.3: Customizing Geschäftspartner – Übersicht

Abbildung 1.4 zeigt eine Übersicht der Anpassungsmöglichkeiten im Bereich SAP-GP, und zwar entweder für PERSONEN ❶, ORGANISATIONEN ❷ oder GRUPPEN ❸.

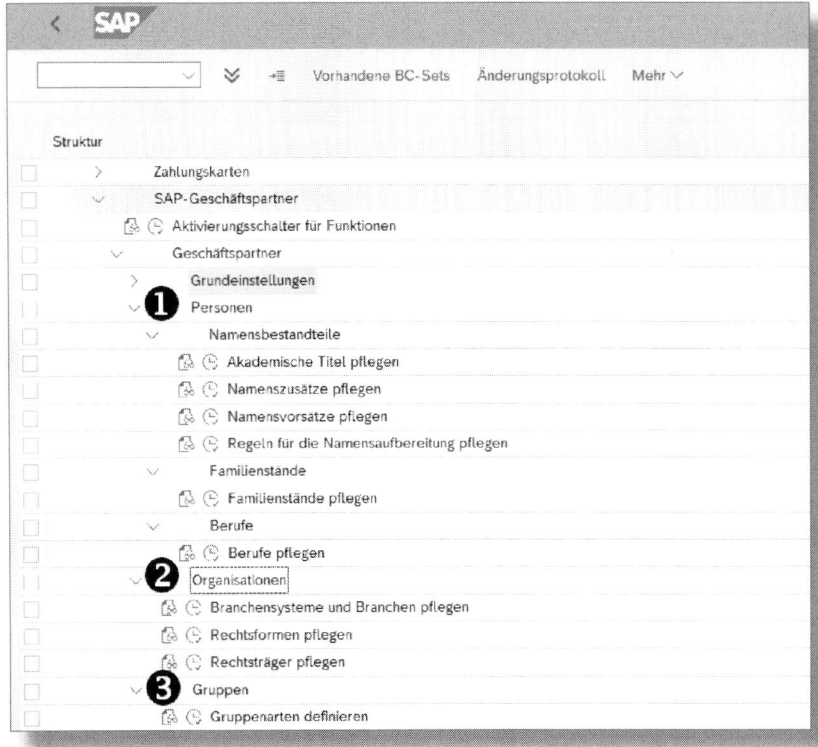

Abbildung 1.4: Customizing-Pfad Geschäftspartner – Übersicht

Da ich einen Kunden als Organisation anlegen möchte, navigiere ich in der Transaktion *BP* auf den Button ORGANISATION (siehe Abbildung 1.5).

Abbildung 1.5: Anlegen Organisation

Ich lande daraufhin in der Bearbeitungsmaske für die Anlage eines GP vom Typ *Organisation* (siehe Abbildung 1.6).

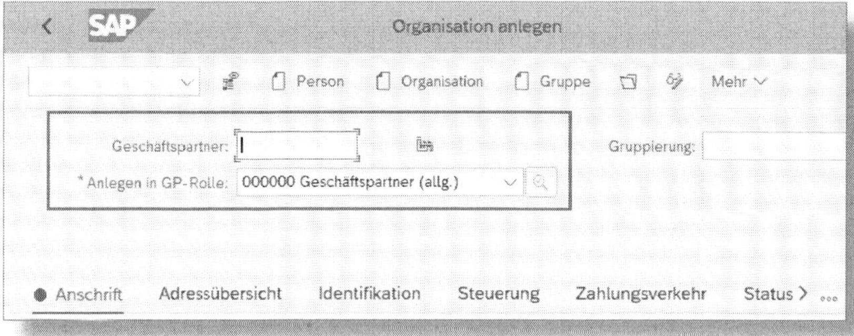

Abbildung 1.6: Anlegen Organisation – GP-Rolle

Der nächste Schritt wäre die Auswahl einer GP-Rolle. Bevor ich eine Auswahl treffe, springe ich aber zunächst in das Customizing der GP-Rollen, um die benötigte Rolle zu prüfen. Hierzu wähle ich den folgenden Menüpfad aus: ANWENDUNGSÜBERGREIFENDE KOMPONENTEN • SAP-GESCHÄFTSPARTNER • GESCHÄFTSPARTNER • GRUNDEINSTELLUNGEN • GESCHÄFTSPARTNERROLLEN.

Wenn ich nun zum Menüpunkt GP-ROLLEN DEFINIEREN navigiere, werden mir zunächst alle vorhandenen und im Standard ausgelieferten GP-Rollen aufgelistet (siehe Abbildung 1.7). Die GP-Rolle, die die Vertriebsbereichsdaten des Kunden enthält, lautet FLCU01. Die Buchungskreisdaten werden in der GP-Rolle FLCU00 verknüpft.

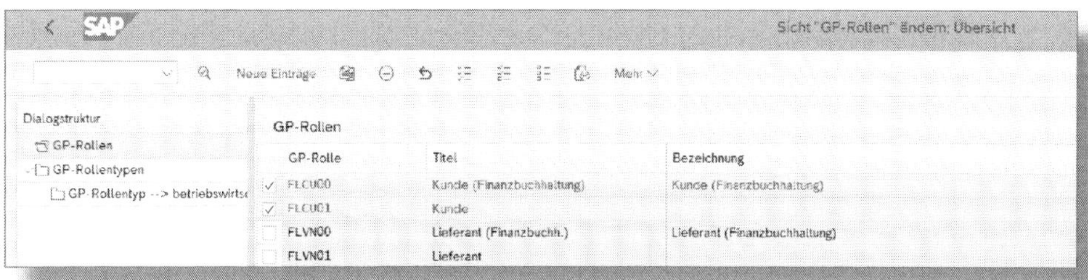

Abbildung 1.7: Customizing GP-Rollen

Wenn ich via Doppelklick die Rolle FLCU01 öffne, kann ich nähere Einstellungen einsehen. Diese zeigt Abbildung 1.8.

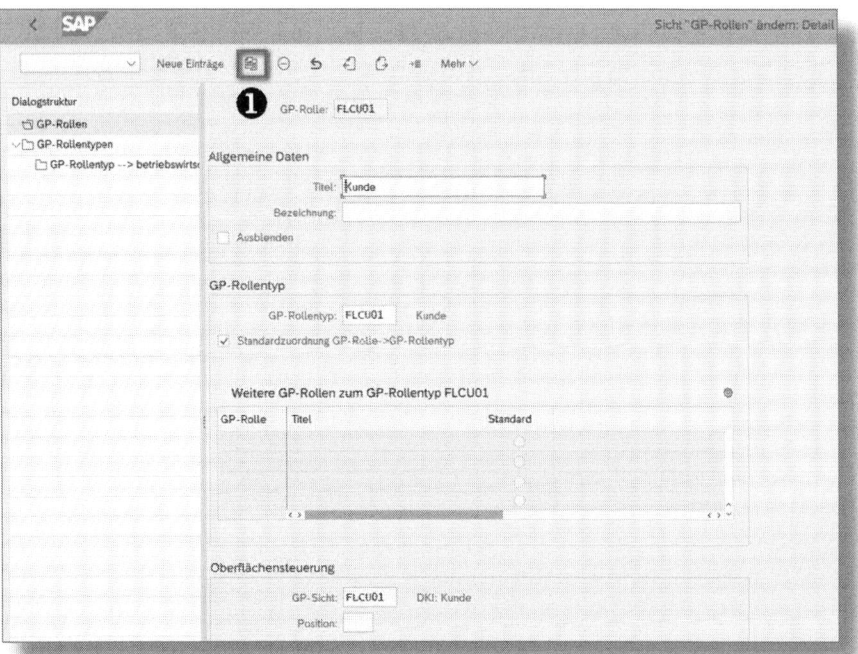

Abbildung 1.8: Customizing GP-Rolle FLCU01

In meinem Beispiel lege ich eine neue GP-Rolle an. Hierfür navigiere ich auf den Button KOPIEREN ALS ❶.

☛ Wieso sollte man SAP-Standard-Customizing-Einträge kopieren?

Es ist ratsam; bestehende SAP-Standard-Customizing-Einträge zu kopieren, da es oftmals einige Abhängigkeiten im Hintergrund gibt, die man bei einer kompletten Neuanlage von Customizing-Einträgen leicht übersehen könnte. Zudem ist in den meisten Fällen die Übernahme von ähnlichen Wertefeldern bei der Kopie ein guter Weg, um bei der Anlage Zeit zu sparen.

In meinem Fall lege ich die GP-ROLLE *ZFLC88* ❶ an. Die STANDARDZUORDNUNG der GP-ROLLE zum GP-ROLLENTYP entferne ich, indem ich den Haken vor der Checkbox lösche ❷. Ich bestätige meine Einträge mit `Enter` und speichere die neue GP-Rolle (siehe Abbildung 1.9).

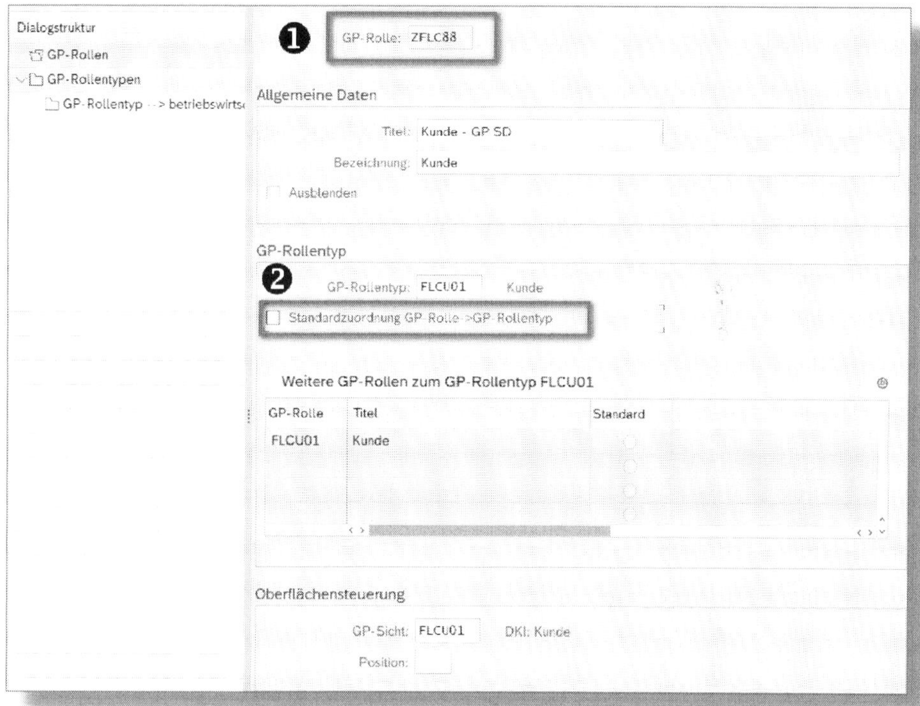

Abbildung 1.9: Customizing GP-Rolle ZFLC88

☛ Definition: GP-Rolle & GP-Rollentyp

Die GP-Rolle wird als betriebswirtschaftliche Klassifizierung eines Geschäftspartners genutzt. So kann ein Geschäftspartner etwa Kunde und Lieferant zugleich sein. Der GP-Rollentyp hingegen steuert weitere Details wie beispielsweise, welche GP-Typen (Organisation, Person, Gruppe) zugeordnet werden dürfen.

Als Nächstes lege ich für die neu erstellte GP-Rolle einen GP-Rollentyp fest. Hierzu bleibe ich in derselben Sicht und navigiere zum Bereich GP-ROLLENTYPEN ❶ (siehe Abbildung 1.10). Dort wähle ich den Standard-GP-ROLLENTYP FLCU01 aus ❷ und öffne die Detailsicht ❸.

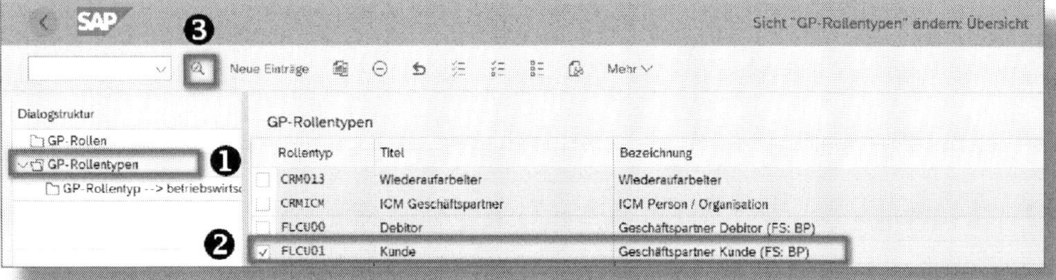

Abbildung 1.10: Customizing GP-Rollentypen

Die Detailsicht ist in Abbildung 1.11 dargestellt.

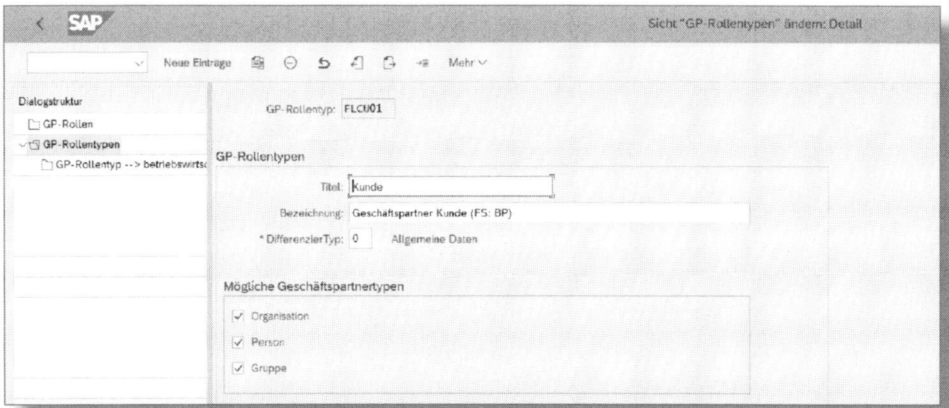

Abbildung 1.11: GP-Rollentypen – Detailsicht

Auch hier kopiere ich die bestehenden Einstellungen ❶ und vergebe einen neuen GP-ROLLENTYP. Ich nenne diesen ebenfalls *ZFLC88* ❷ und selektiere nur die ORGANISATION als möglichen GP-Typ ❸ (siehe Abbildung 1.12).

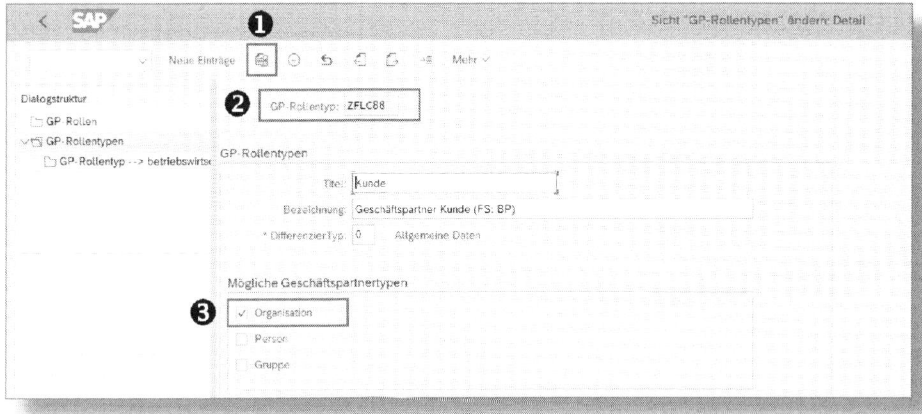

Abbildung 1.12: Customizing GP-Rollentyp ZFLC88

Gleiche Benennung von Rolle und Rollentyp ist vorteilhaft

Durch eine gleichnamige Benennung können Sie zugehörige Einstellungen viel einfacher und schneller identifizieren und auffinden. So wissen Sie z. B., dass der GP-Rollentyp *ZFLC88* samt Einstellungen zur GP-Rolle *ZFLC88* gehört. Die im Standard ausgelieferten GP-Rollen können Sie ebenso nutzen. Der hier beschriebene Weg soll nur aufzeigen, wie Sie abweichende Einstellungen vornehmen.

Anschließend sichere ich die Einstellungen und springe zurück auf die Detailsicht der GP-ROLLE ❶ *ZFLC88* ❷ (siehe Abbildung 1.13). Dort selektiere ich unter dem Punkt GP-ROLLENTYP den neu erstellten Rollentyp *ZFLC88* ❸. Jetzt ist alles so weit vorbereitet, dass ich den Haken bei der Checkbox STANDARDZUORDNUNG GP-ROLLE → GP-ROLLENTYP setzen kann ❹.

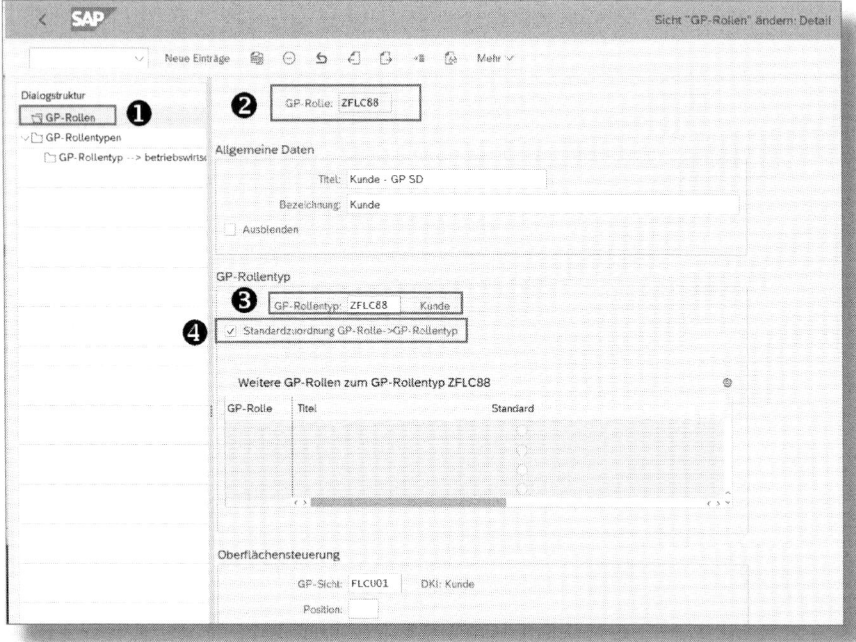

Abbildung 1.13: Customizing GP-Rolle und GP-Rollentyp

Die GP-Sicht beschreibe ich näher in Abschnitt 1.2.2.

Ich kehre nun zurück in die Transaktion *BP* und selektiere die neu erstellte GP-Rolle (siehe Abbildung 1.14).

Das System hat nun automatisiert eine GRUPPIERUNG zugeordnet. Wie ich hier die Einstellungen bzgl. der Gruppierung anpasse, beschreibe ich weiter unten in diesem Abschnitt.

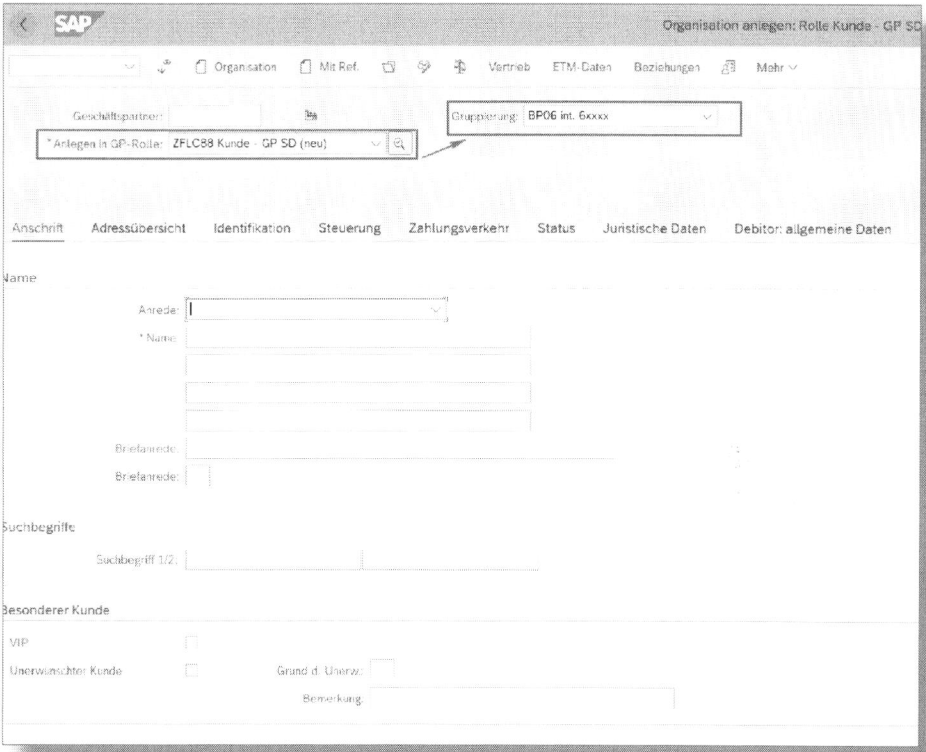

Abbildung 1.14: Transaktion BP – Auswahl einer neuen GP-Rolle

Ich könnte nun zunächst die GP-Rolle *000000 Geschäftspartner (allg.)* pflegen und anschließend auf die neu angelegte GP-Rolle *ZFLC88* springen. Da ich aber beliebig viele relevante GP-Rollen pro Geschäftspartner vergeben kann, lässt sich der Anlagevorgang optimieren, indem ich alle notwendigen GP-Rollen in sogenannten *GP-Rollengruppierungen* zusammenfasse. Dies erfolgt im Customizing unter ANWENDUNGSÜBERGREIFENDE KOMPONENTEN • SAP-GESCHÄFTSPARTNER • GESCHÄFTSPARTNER • GRUNDEINSTELLUNGEN • GESCHÄFTSPARTNERROLLEN • GP-ROLLENGRUPPIERUNGEN DEFINIEREN.

In meinem Beispiel möchte ich eine neue Rollengruppe *ZCUST* anlegen (siehe Abbildung 1.15), die die GP-Rollen »FLCU00«, »FLCU01« und »ZFLC88« beinhaltet. Für die Auswahl der Rollen gehe ich in der Dialogstruktur links auf GP-ROLLENGRUPPIERUNGEN und setze die entsprechenden Haken (siehe Abbildung 1.16).

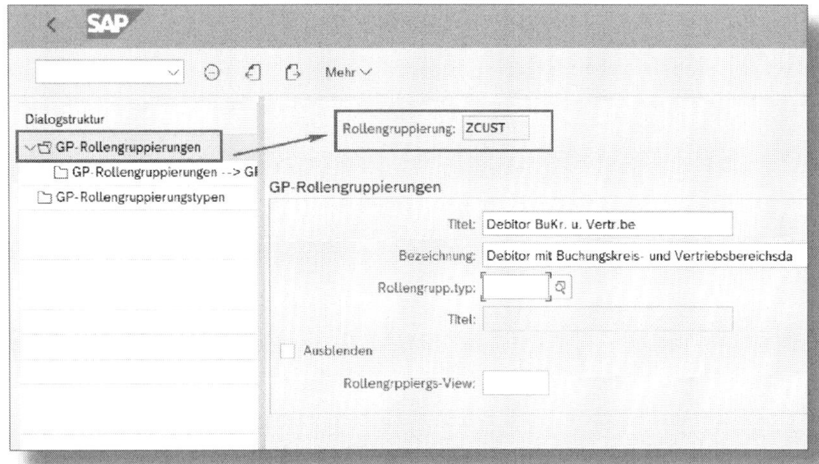

Abbildung 1.15: Customizing Rollengruppierung

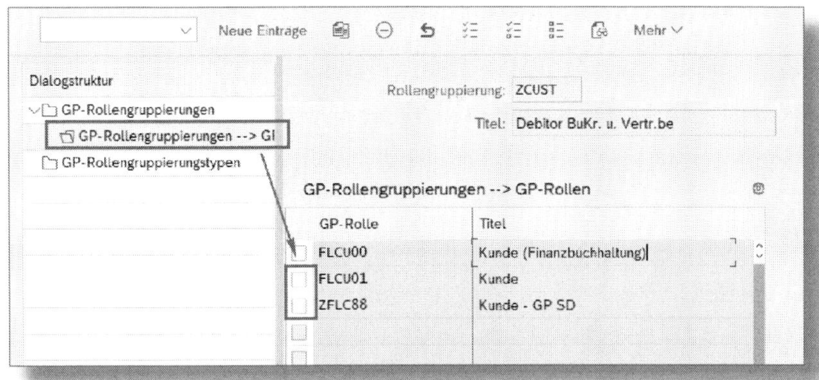

Abbildung 1.16: Customizing Rollengruppierung – Beispiel ZCUST

Ich habe zudem unter ANWENDUNGSÜBERGREIFENDE KOMPONENTEN • SAP-GESCHÄFTSPARTNER • GESCHÄFTSPARTNER • GRUNDEINSTELLUNGEN

• GESCHÄFTSPARTNERROLLEN • GP-ROLLENAUSSCHLUSSGRUPPEN DEFINIEREN die Möglichkeit, sogenannte *GP-Rollenausschlussgruppen* zu definieren. Diese dienen zur Festlegung, dass ein GP bestimmte Rollen nicht gleichzeitig übernehmen kann. Ein leicht nachvollziehbares Beispiel wäre eine Rollenausschlussgruppe mit den Rollen »Auftraggeber« und »Interessent«. In derselben Customizing-Einstellung kann ich bestimmen, welche Übergänge von Rollen erlaubt sind. Dies bedeutet, dass systemisch gesehen ein Interessent auch als Auftraggeber agieren darf. Beispielsweise lege ich fest, dass ausdrücklich ein Übergang vom Interessenten zum Auftraggeber möglich ist.

Die Funktionalität des Geschäftspartners in S/4HANA bietet auch eine Zeitabhängigkeit bei der Pflege von bestimmten GP-Daten wie etwa Adressen, Bankdaten oder Rollen. Die Steuerung erfolgt über den Menüpfad ANWENDUNGSÜBERGREIFENDE KOMPONENTEN • SAP-GESCHÄFTSPARTNER • AKTIVIERUNGSSCHALTER FÜR FUNKTIONEN. Über das Setzen des Hakens in der Spalte AKTIV kann ich die einzelnen Funktionalitäten aktivieren oder deaktivieren (siehe Abbildung 1.17).

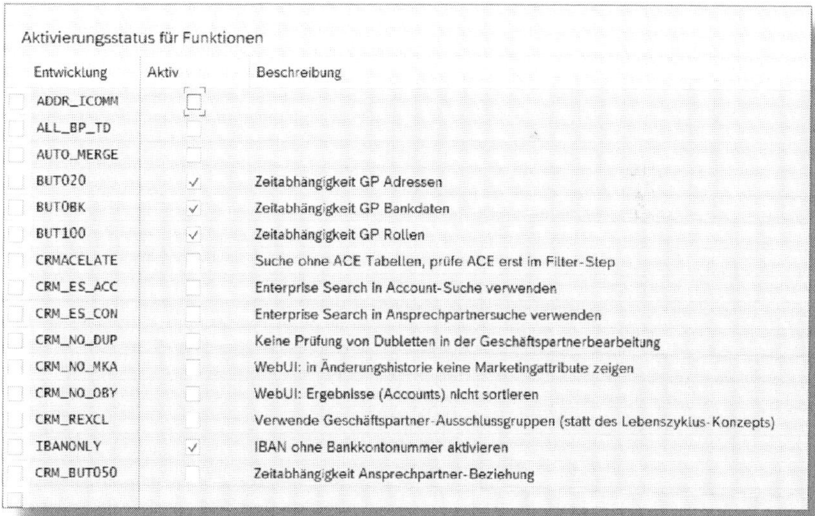

Aktivierungsstatus für Funktionen

Entwicklung	Aktiv	Beschreibung
ADDR_ICOMM		
ALL_BP_TD		
AUTO_MERGE		
BUT020	✓	Zeitabhängigkeit GP Adressen
BUT0BK	✓	Zeitabhängigkeit GP Bankdaten
BUT100	✓	Zeitabhängigkeit GP Rollen
CRMACELATE		Suche ohne ACE Tabellen, prüfe ACE erst im Filter-Step
CRM_ES_ACC		Enterprise Search in Account-Suche verwenden
CRM_ES_CON		Enterprise Search in Ansprechpartnersuche verwenden
CRM_NO_DUP		Keine Prüfung von Dubletten in der Geschäftspartnerbearbeitung
CRM_NO_MKA		WebUI: in Änderungshistorie keine Marketingattribute zeigen
CRM_NO_OBY		WebUI: Ergebnisse (Accounts) nicht sortieren
CRM_REXCL		Verwende Geschäftspartner-Ausschlussgruppen (statt des Lebenszyklus-Konzepts)
IBANONLY	✓	IBAN ohne Bankkontonummer aktivieren
CRM_BUT050		Zeitabhängigkeit Ansprechpartner-Beziehung

Abbildung 1.17: Aktivierungsstatus für Funktionen bzgl. GP

Des Weiteren beinhaltet das Geschäftspartnerkonzept die Definition sogenannter *Geschäftspartnerarten*, mit deren Hilfe Geschäftspartner einerseits gruppiert werden und sich andererseits relevante Felder für die Datenerfassung ein- bzw. ausblenden lassen. Der relevante Customizing-Pfad lautet: ANWENDUNGSÜBERGREIFENDE KOMPONENTEN • SAP-GESCHÄFTSPARTNER • GESCHÄFTSPARTNER • GRUNDEINSTELLUNGEN • GESCHÄFTSPARTNERARTEN • GESCHÄFTSPARTNERARTEN DEFINIEREN. Abbildung 1.18 zeigt alle GP-Arten, die im Standard ausgeliefert werden; diese sind beliebig erweiterbar.

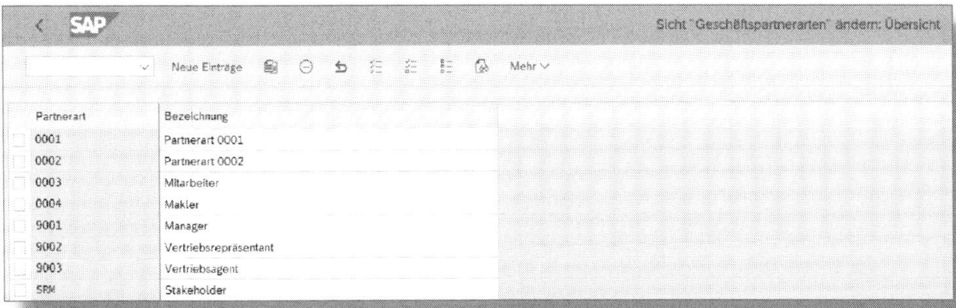

Abbildung 1.18: GP-Arten im SAP-Standard

Nun befasse ich mich mit der Gruppierung während der Anlage eines Kunden. Wichtig zu wissen ist, dass sie von der jeweils genutzten Kontengruppe gesteuert wird. Das Customizing der Kontengruppe ist wie folgt zu finden: LOGISTIK ALLGEMEIN • GESCHÄFTSPARTNER • KUNDEN • STEUERUNG • KONTENGRUPPEN UND FELDAUSWAHL KUNDEN DEFINIEREN. Die Kontengruppe, die ich mir genauer anschauen werde, lautet *CUST Kunden* (siehe Abbildung 1.19) und muss mit der Gruppierung verknüpft sein.

Eine Besonderheit von S/4HANA gegenüber dem SAP-ECC-System stellt die Kontengruppe CUST dar, die auch die Findung der Text- und Partnerschemata für den einzelnen Kunden steuert. Via Doppelklick auf die Kontengruppe CUST gelange ich, wie in Abbildung 1.20 zu sehen, in die Detailsicht.

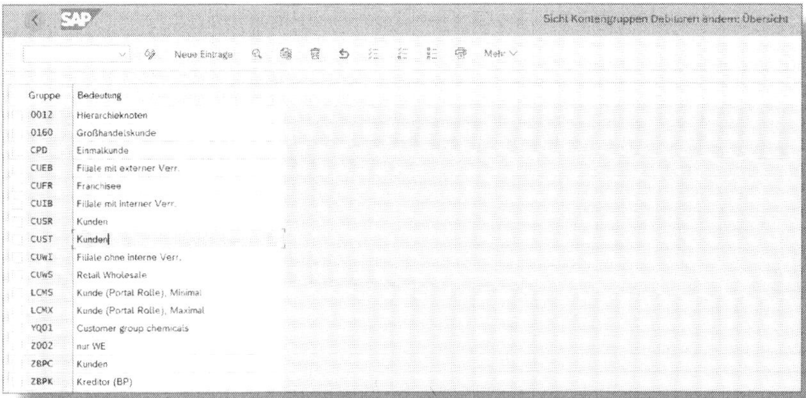

Abbildung 1.19: Kontengruppen Kunden – Übersicht

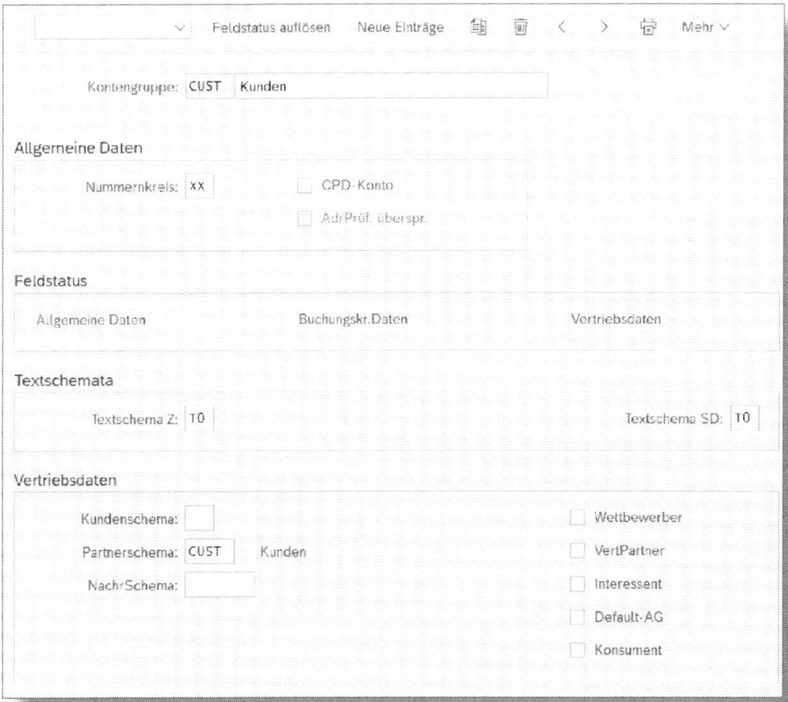

Abbildung 1.20: Detailsicht Kontengruppe – Beispiel CUST

Um nun die Gruppierung bei der GP-Anlage zu steuern, müssen Einstellungen unter ANWENDUNGSÜBERGREIFENDE KOMPONENTEN • STAMMDATENSYNCHRONISATION • CUSTOMER-VENDOR-INTEGRATION • EINSTELLUNGEN DES GESCHÄFTSPARTNERS • EINSTELLUNGEN ZUR KUNDEN-/DEBITORENINTEGRATION • FELDZUORDNUNG FÜR DIE DEBITORENINTEGRATION • ZUORDNUNG VON SCHLÜSSELN • NUMMERNVERGABE FÜR RICHTUNG GP NACH DEBITOR FESTLEGEN vorgenommen werden. Durch die Zuordnung einer Kontengruppe zu einer GP-Gruppierung stelle ich sicher, dass der Kunde zum Zeitpunkt der Verarbeitung des GP im Rahmen der Kundenintegration aktualisiert wird.

Ferner kann ich hier Entscheidungen hinsichtlich einer NUMMERNGLEICHHEIT ❶ oder einer VARIABLEN GRUPPIERUNG ❷ treffen (siehe Abbildung 1.21).

Nummernvergabe für Richtung Geschäftspartner nach Debitor

Gru...	Kurzbezeichnung	Kont...	Bedeutung	Nummerngleic... ❶	Variable Gruppi... ❷
BP01	Ext. Nummer			☐	☐
BP02	Interne Num.	CUST	Kunden	☐	☐
BP03	Ext. Num. OB	CUST	Kunden	☐	☐
BP04	Ext. alphanum.	CUST	Kunden	☐	☐
BPAB	Ext. Alpha (B)	CUST	Kunden	☑	☐
BPDC	Distr. center	CUSR	Kunden	☑	☐
BPEB	Brch. Ext. Bill	CUEB	Filiale mit externer Verr.	☑	☐
BPFR	Licensee	CUFR	Franchisee	☑	☐
BPIC	Branches w. IB	CUIB	Filiale mit interner Verr.	☑	☐
BPWC		CUWS	Retail Wholesale	☐	☐
BPWI		CUWI	Filiale ohne interne Verr.	☐	☐
CPDA	CPD ext. Alpha	CPD	Einmalkunde	☐	☐
CPDC	CPD ext.Num. OB	CPD	Einmalkunde	☑	☐
CPDN	CPD Int. Num.	CPD	Einmalkunde	☐	☐
CPDS	CPD ext.Num. OB	CPD	Einmalkunde	☐	☐
Z002	WE 5xxxxx	Z002	nur WE	☑	☐
ZBCV		ZBPC	Kunden	☑	☐

Abbildung 1.21: Customizing Nummernvergabe GP nach Kunde

In der Regel sollte explizit im Vorfeld und im Rahmen einer etwaigen Stammdatenmigration geprüft werden, inwiefern identische Nummernkreise sinnvoll sind. Wenn ich den Haken bei NUMMERNGLEICHHEIT setze, schreibt das System die Nummer, die bei der Anlage des

GP führend vergeben wird, in die weiteren Tabellen (Kunde/Lieferant) fort. Die VARIABLE GRUPPIERUNG gestattet eine flexible Handhabung von Kontengruppen und Kundennummern. Es kann immer nur eine der beiden Einstellungen gesetzt werden.

Zum Abschluss des Themas GP-Gruppierung gehe ich auf die mögliche Einstellungen im Bereich Nummernkreise und die Zuordnung zu einer Gruppierung ein. Einen Nummernkreis pflege ich unter ANWENDUNGSÜBERGREIFENDE KOMPONENTEN • SAP-GESCHÄFTSPARTNER • GESCHÄFTSPARTNER • GRUNDEINSTELLUNGEN • NUMMERNKREISE UND GRUPPIERUNGEN • NUMMERNKREISE DEFINIEREN.

In der sich öffnenden INTERVALLPFLEGE (siehe Abbildung 1.22) wähle ich entweder ein bestehendes Nummernkreisintervall aus oder lege ein neues an.

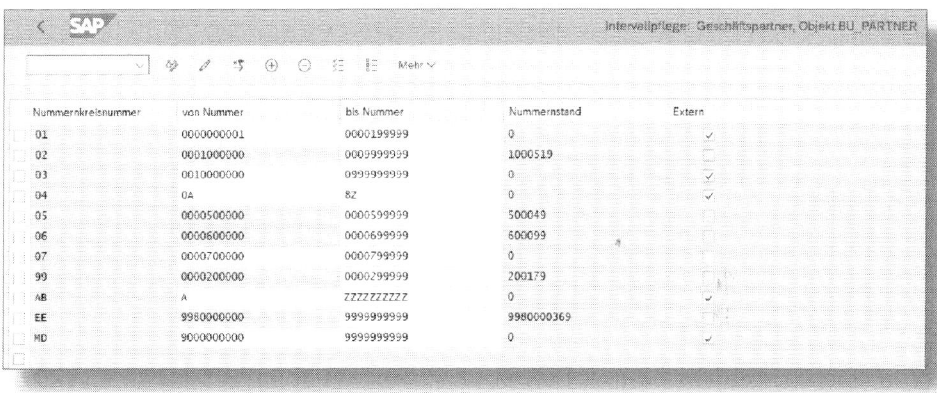

Nummernkreisnummer	von Nummer	bis Nummer	Nummernstand	Extern
01	0000000001	0000199999	0	✓
02	0001000000	0009999999	1000519	
03	0010000000	0999999999	0	✓
04	0A	8Z	0	✓
05	0000500000	0000599999	500049	
06	0000600000	0000699999	600099	
07	0000700000	0000799999	0	
99	0000200000	0000299999	200179	
AB	A	ZZZZZZZZZZ	0	✓
EE	9980000000	9999999999	9980000369	
MD	9000000000	9999999999	0	✓

Abbildung 1.22: Customizing Nummernkreis – Intervallpflege

Im Folgeschritt lässt sich dieses Nummernkreisintervall einer Gruppierung zuordnen, und zwar unter ANWENDUNGSÜBERGREIFENDE KOMPONENTEN • SAP-GESCHÄFTSPARTNER • GESCHÄFTSPARTNER • GRUNDEINSTELLUNGEN • NUMMERNKREISE UND GRUPPIERUNGEN • GRUPPIERUNGEN DEFINIEREN UND NUMMERNKREISE ZUORDNEN.

Falls die passende Gruppierung noch fehlt, kann ich sie in diesem Customizing-Abschnitt auch neu anlegen (siehe Abbildung 1.23).

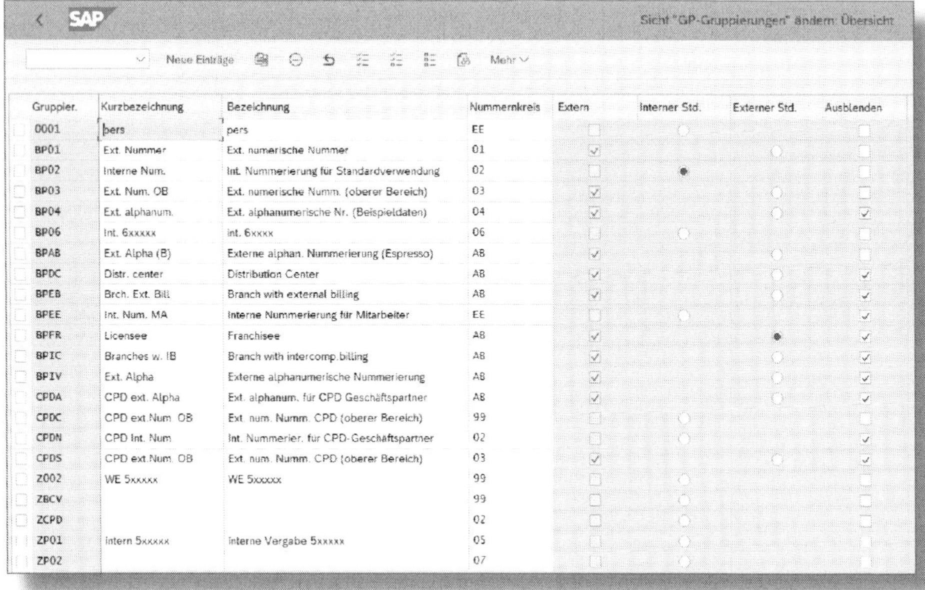

Gruppier.	Kurzbezeichnung	Bezeichnung	Nummernkreis	Extern	Interner Std.	Externer Std.	Ausblenden
0001	pers	pers	EE				
BP01	Ext. Nummer	Ext. numerische Nummer	01	✓			
BP02	Interne Num.	Int. Nummerierung für Standardverwendung	02		●		
BP03	Ext. Num. OB	Ext. numerische Numm. (oberer Bereich)	03	✓			
BP04	Ext. alphanum.	Ext. alphanumerische Nr. (Beispieldaten)	04	✓			✓
BP06	Int. 6xxxxx	int. 6xxxx	06				
BPAB	Ext. Alpha (B)	Externe alphan. Nummerierung (Espresso)	AB	✓			
BPDC	Distr. center	Distribution Center	AB	✓			✓
BPEB	Brch. Ext. Bill	Branch with external billing	AB	✓			✓
BPEE	Int. Num. MA	Interne Nummerierung für Mitarbeiter	EE				✓
BPFR	Licensee	Franchisee	AB	✓		●	✓
BPIC	Branches w. IB	Branch with intercomp.billing	AB	✓			✓
BPIV	Ext. Alpha	Externe alphanumerische Nummerierung	AB	✓			✓
CPDA	CPD ext. Alpha	Ext. alphanum. für CPD Geschäftspartner	AB	✓			✓
CPDC	CPD ext.Num. OB	Ext. num. Numm. CPD (oberer Bereich)	99				
CPDN	CPD Int. Num	Int. Nummerier. für CPD-Geschäftspartner	02				✓
CPDS	CPD ext.Num. OB	Ext. num. Numm. CPD (oberer Bereich)	03	✓			✓
Z002	WE 5xxxxx	WE 5xxxxx	99				
ZBCV			99				
ZCPD			02				
ZP01	intern 5xxxxx	interne Vergabe 5xxxxx	05				
ZP02			07				

Abbildung 1.23: Zuordnung GP-Gruppierung zu Nummernkreis

Ich fahre nun fort und lege den Kunden aus meinem Beispiel weiter an. Sobald ich unter ORGANISATION die GP-ROLLE *ZFLC88* auswähle, wird automatisiert die im Customizing gepflegte GRUPPIERUNG gezogen. Für das Beispiel ist dies BP02. Im nächsten Schritt springe ich auf den Menüpunkt VERTRIEB ❶ (siehe Abbildung 1.24).

Es fällt auf, dass unter den Vertriebsbereichsdaten keine Informationen gepflegt werden können (siehe Abbildung 1.25). Dies liegt an den fehlenden Einstellungen im Bereich der zuvor angekündigten Customer-Vendor-Integration. Auf diese Integration gehe ich nun im Folgenden näher ein.

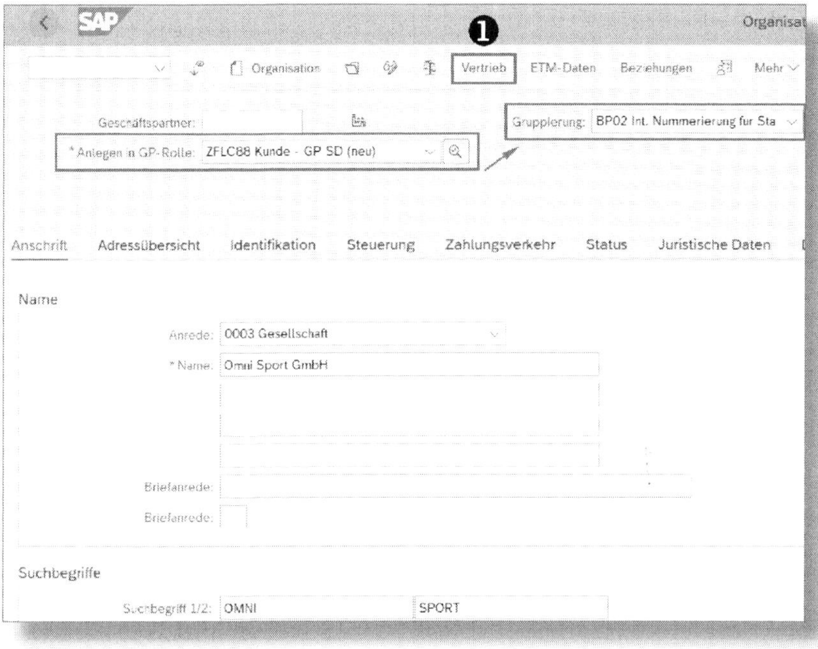

Abbildung 1.24: Kundenanlage – Steuerung GP-Rolle mit Gruppierung

Abbildung 1.25: Kundenanlage – Vertriebsbereichsdaten

1.2.1 Customer-Vendor-Integration

Alle relevanten Customizing-Einstellungen bzgl. der Customer-Vendor-Integration (CVI) sind über folgenden Menüpfad abgebildet: ANWENDUNGSÜBERGREIFENDE KOMPONENTEN • STAMMDATENSYNCHRONISATION • CUSTOMER-VENDOR-INTEGRATION. Für mein Prozessbeispiel sind in erster Linie die Einstellungen unter ANWENDUNGSÜBERGREIFENDE KOMPONENTEN • STAMMDATENSYNCHRONISATION • CUSTOMER-VENDOR-INTEGRATION • EINSTELLUNGEN DES GESCHÄFTSPARTNERS • EINSTELLUNGEN ZUR KUNDEN-/DEBITORENINTEGRATION relevant.

Ich öffne den Menüpunkt GP-ROLLENTYP FÜR RICHTUNG GP NACH DEBITOR EINSTELLEN. In dieser Customizing-Aktivität lege ich fest, welche GP-Rollentypen die Kundenintegration für die Richtung vom Geschäftspartner zum Kunden ermöglichen. Nachdem ich die Übersicht geöffnet habe, erkenne ich, dass der neu angelegte GP-Rollentyp »ZFLC88« fehlt (siehe Abbildung 1.26).

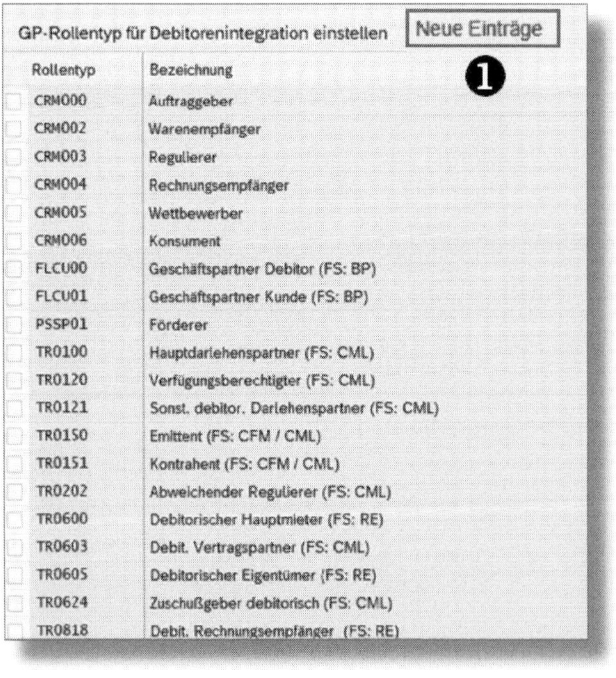

GP-Rollentyp für Debitorenintegration einstellen — Neue Einträge ❶

Rollentyp	Bezeichnung
CRM000	Auftraggeber
CRM002	Warenempfänger
CRM003	Regulierer
CRM004	Rechnungsempfänger
CRM005	Wettbewerber
CRM006	Konsument
FLCU00	Geschäftspartner Debitor (FS: BP)
FLCU01	Geschäftspartner Kunde (FS: BP)
PSSP01	Förderer
TR0100	Hauptdarlehenspartner (FS: CML)
TR0120	Verfügungsberechtigter (FS: CML)
TR0121	Sonst. debitor. Darlehenspartner (FS: CML)
TR0150	Emittent (FS: CFM / CML)
TR0151	Kontrahent (FS: CFM / CML)
TR0202	Abweichender Regulierer (FS: CML)
TR0600	Debitorischer Hauptmieter (FS: RE)
TR0603	Debit. Vertragspartner (FS: CML)
TR0605	Debitorischer Eigentümer (FS: RE)
TR0624	Zuschußgeber debitorisch (FS: CML)
TR0818	Debit. Rechnungsempfänger (FS: RE)

Abbildung 1.26: Customizing GP-Rollentyp für Debitorenintegration

Über den Button NEUE EINTRÄGE ❶ (siehe Abbildung 1.26) füge ich den neu erstellten GP-ROLLENTYP *ZFLC88* (siehe Abbildung 1.27) hinzu.

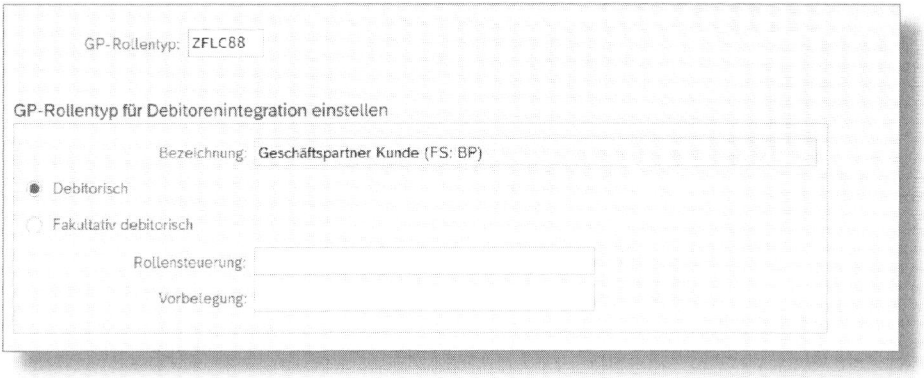

Abbildung 1.27: Customizing GP-Rollentyp – Beispiel ZFLC88

Ich wähle nun den Radiobutton DEBITORISCH aus. Sobald nun ein GP in einer debitorischen Rolle angelegt oder bearbeitet wird, legt das System automatisch einen Kunden mit den relevanten Daten als GP im Finanzwesen (FI) an bzw. bearbeitet ihn. Setze ich hingegen den Radiobutton bei FAKULTATIV DEBITORISCH, so kann bei der Anlage noch selektiert werden, ob ein korrespondierender Kunde im Finanzwesen angelegt werden soll oder nicht. Die Felder ROLLENSTEUERUNG und VORBELEGUNG lasse ich in diesem Fall leer. Hier könnte ich relevante Funktionsbausteine hinterlegen und die Steuerung entsprechend erweitern.

Ich sichere die Einträge, kehre zurück in die Transaktion *BP* und navigiere wieder auf den Reiter VERTRIEB. Ich sehe, dass die Vertriebsbereichsdaten jetzt vorhanden sind und befüllt werden können (siehe Abbildung 1.28).

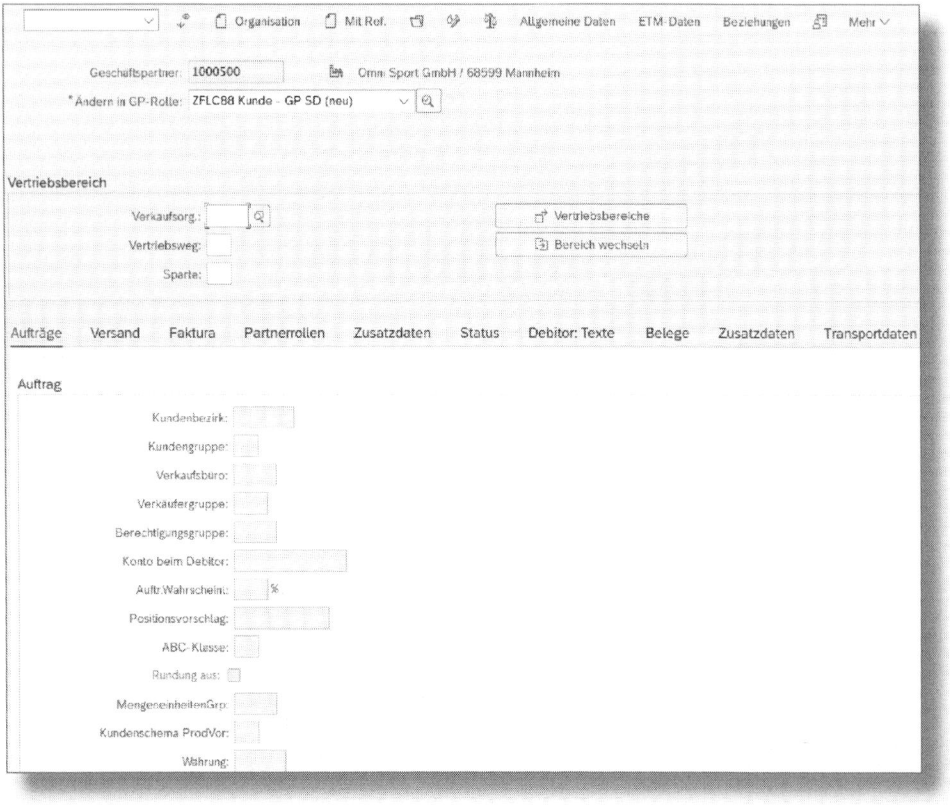

Abbildung 1.28: Kundenanlage – Vertriebsbereichsdaten vollständig

Sofern die CVI aktiviert wurde, erzeugt sie automatisch Kunden- und/oder Lieferantenstammsätze. Sie nutzt dabei die zentral gespeicherten Daten aus dem SAP-GP und verteilt diese weiter an die kunden-/lieferantenbezogenen Tabellen. Somit sorgt die CVI für die Aufrechterhaltung synchroner Daten von BP und Kunden/Lieferanten (siehe Abbildung 1.29).

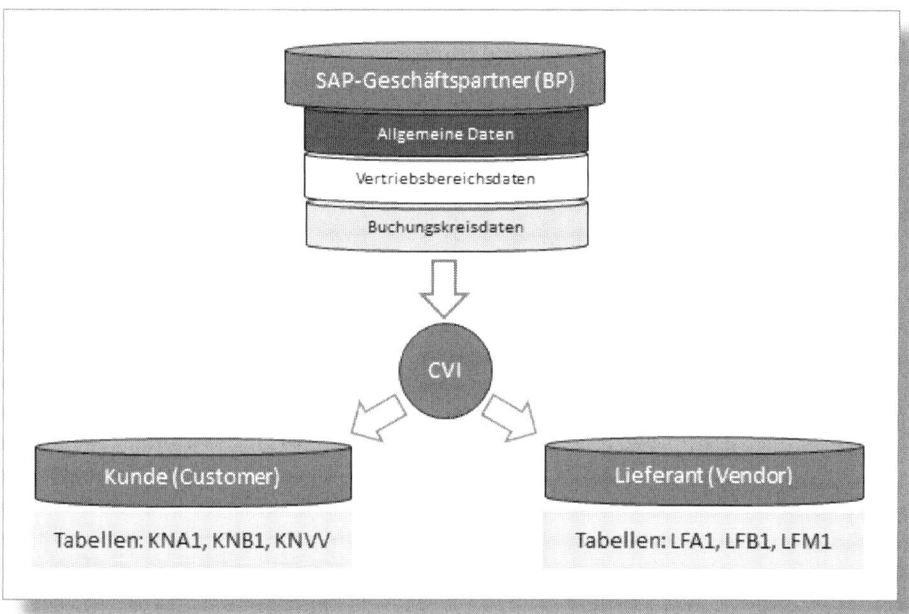

Abbildung 1.29: Stammdatensynchronisation in der CVI

Mehrfachzuordnungen

In SAP R/3 bzw. ECC konnte immer nur maximal ein Kunde oder Lieferant einem Geschäftspartner zugeordnet werden. In S/4HANA sind Mehrfachzuordnungen von GP zu Kunden oder Lieferanten möglich. Hierzu wird die Software SAP Master Data Governance (MDG) benötigt (ab dem Release 1809 bei S/4HANA integriert). Wenn man zusätzlich das SAP Credit Management im Einsatz hat, müssen bestimmte Voraussetzungen geprüft werden.

Für eine ausführliche Darstellung des Themas CVI empfehle ich Ihnen das »Praxishandbuch SAP CVI (Customer-Vendor-Integration)« von Robin Schneider (Espresso Tutorials, 2020).

1.2.2 Customizing Business Data Toolset

Das *Business Data Toolset (BDT)* ist eine zentrale Steuerung der Bewegungs- und Stammdaten. Dies bietet zwar umfangreiche Einstellungsmöglichkeiten, ich werde mich in diesem Abschnitt jedoch auf die Optionen mit Bezug zum SAP-GP beschränken. Hier dient das BDT dazu, die Benutzeroberfläche des GP anzupassen. Insbesondere können Felder, Tabellen, Bildfolgen, Sichten und Validierungsprüfungen entfernt oder hinzugefügt werden.

Abbildung 1.30 gibt einen Überblick über die Hierarchie der Elemente, die ich im BDT auswählen und bearbeiten kann, und damit über die einzelnen Customizing-Schritte, die im Folgenden eingehend erklärt werden. Dabei werde ich immer wieder vom Customizing in die Transaktion *BP* navigieren und zeigen, was meine Einstellungen dort bewirken.

Abbildung 1.30: Customizing BDT top-down vs. bottom-up

Dabei sei angemerkt, dass die einzelnen Customizing-Schritte sowohl in der Reihenfolge »top-down« als auch »bottom-up« ausgeführt werden können. Dies bedeutet, dass ich zunächst prüfe, welche Vorgehensweise zum eigenen Anliegen besser passt:

1. das Customizing auf der Ebene der Felder zu starten und anschließend Schritt für Schritt eine Ebene weiter nach oben zu gehen (bottom-up) oder
2. zunächst die anzupassenden GP-Rollen zu bestimmen und diese Schritt für Schritt im Detail zu ändern. Bei diesem Ansatz fange ich auf der obersten Ebene an und springe dann immer weiter ins Detail (top-down).

Ich werde im Folgenden die Variante »top-down« näher erläutern.

Der zentrale Einstiegspunkt ist die Transaktion *BUPT*, über die sich das Bereichsmenü für den Geschäftspartner öffnet (siehe Abbildung 1.31).

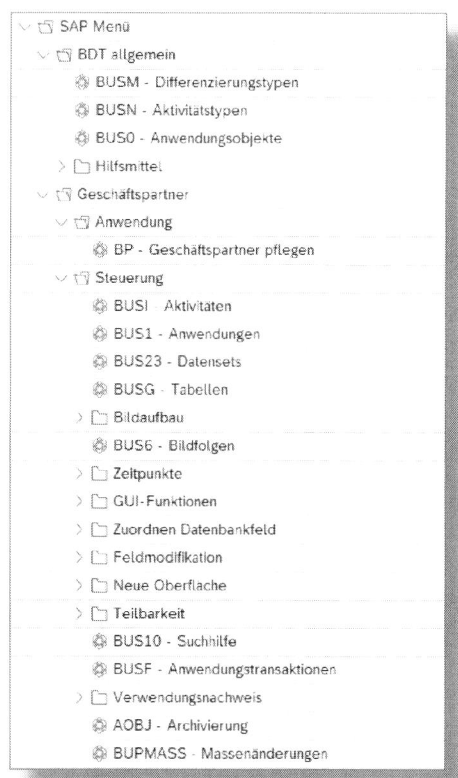

Abbildung 1.31: Bereichsmenü BDT via Transaktion BUPT

Wie gestaltet sich nun der schematische Bildaufbau? Zunächst ist es wichtig, dass jede GP-Rolle eine GP-Sicht vorliegen hat. Diese GP-Sicht referenziert wiederum auf eine *Bildfolge*. Das Feld GP-SICHT lässt sich in der Detailsicht der jeweiligen GP-ROLLE festlegen (siehe Abbildung 1.32).

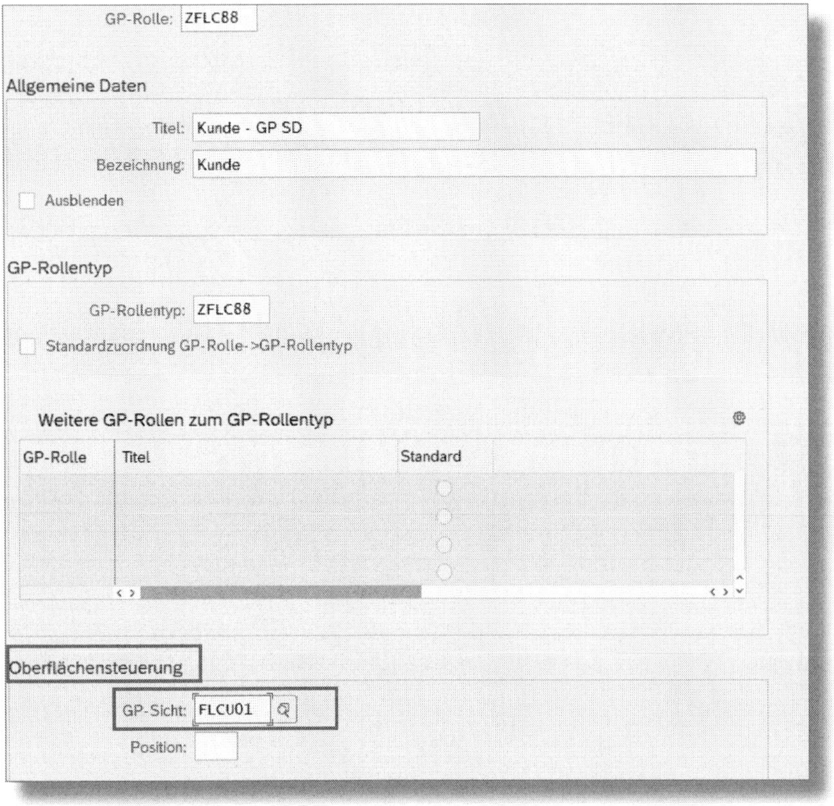

Abbildung 1.32: Customizing Verknüpfung GP-Sicht mit GP-Rolle

Um herauszufinden, auf welche Bildfolge die GP-Sicht *FLCU01* verweist, öffne ich die Transaktion *BUSD* und wähle die gewünschte GP-Rolle aus (siehe Abbildung 1.33).

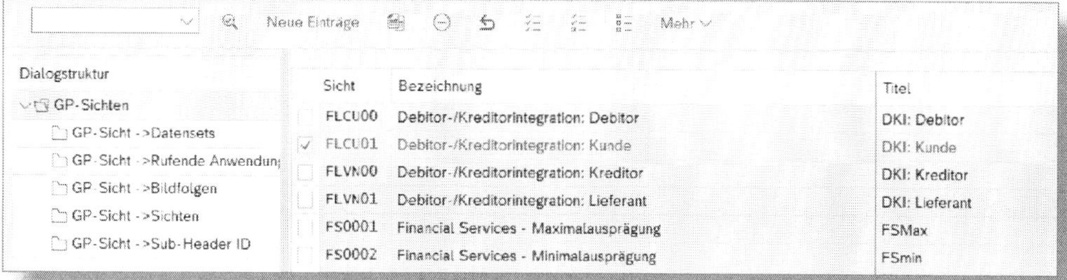

Abbildung 1.33: Transaktion BUSD – GP-Sicht FLCU01

Anschließend navigiere ich auf den Menüpunkt GP-SICHT → BILDFOLGEN, selektiere den relevanten Eintrag (siehe Abbildung 1.34) und öffne die Detailsicht via Doppelklick.

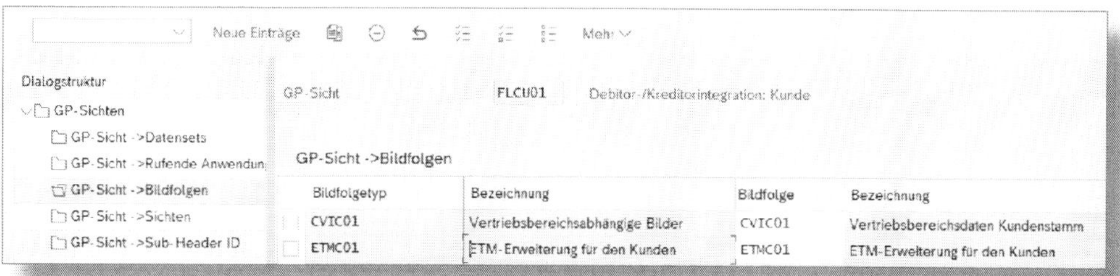

Abbildung 1.34: GP-Sicht und Bildfolge – GP-Sicht FLCU01

In Abbildung 1.35 erkenne ich, dass bei der Anlage eines GP (Transaktion *BP*) mit der GP-Rolle FLCU01 zwei Bildfolgen zusätzlich eingeblendet werden: einerseits der VERTRIEB und andererseits die ETM-DATEN.

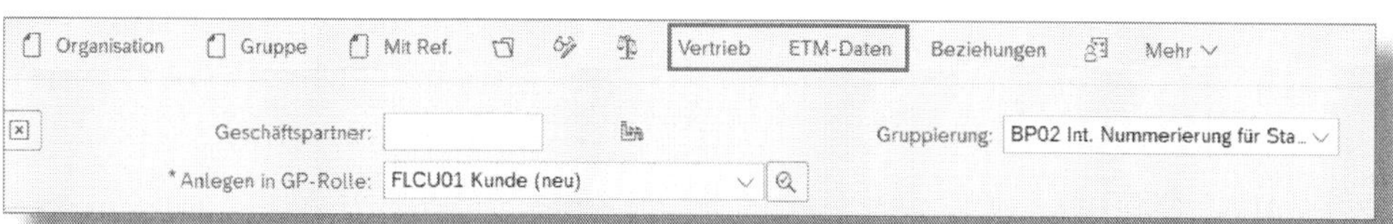

Abbildung 1.35: Kundenanlage Transaktion BP – Bildfolgen Vertrieb und ETM-Daten

Im nächsten Schritt können der Bildfolge nun *Bilder* zugeordnet werden. Hierzu öffne ich die Transaktion *BUS6* und selektiere eine Bildfolge. Beispielsweise schaue ich mir die Bildfolge für den Vertriebsbereich genauer an: CVIC01 – VERTRIEBSBEREICHSDATEN KUNDENSTAMM (siehe Abbildung 1.36).

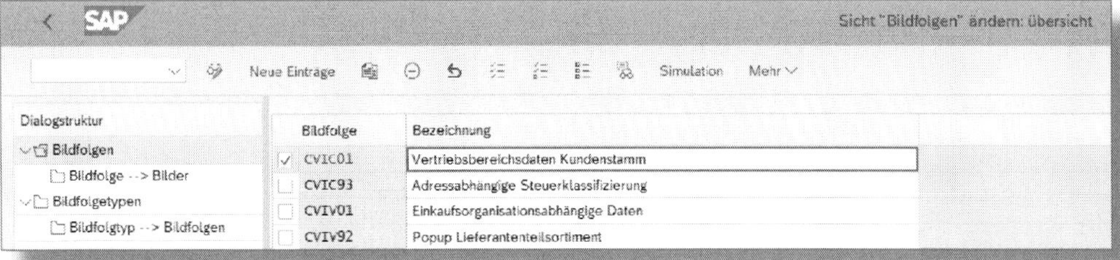

Abbildung 1.36: Detailsicht Bildfolge für Vertriebsbereichsdaten

Anschließend springe ich in der DIALOGSTRUKTUR zum Punkt BILDFOLGE → BILDER.

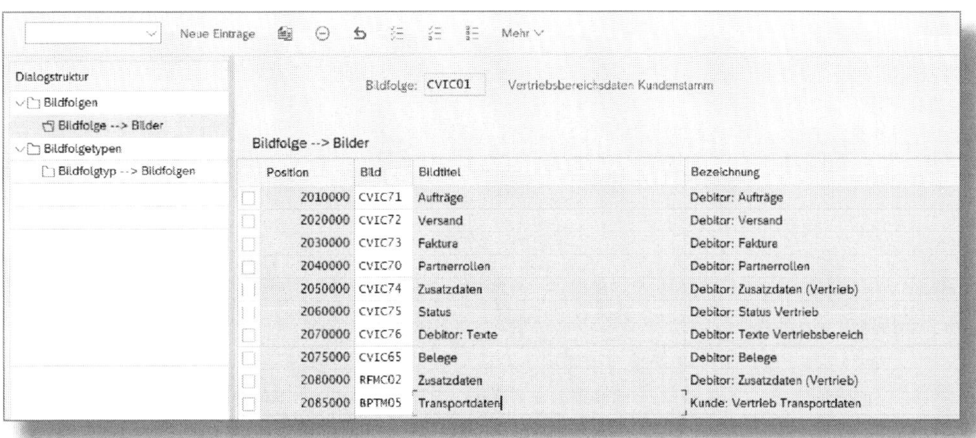

Abbildung 1.37: Bildfolge und Bilder für Vertriebsbereichsdaten – Übersicht

Wie in Abbildung 1.37 zu erkennen ist, finde ich nun alle Reiter, die in den Vertriebsbereichsdaten angezeigt werden.

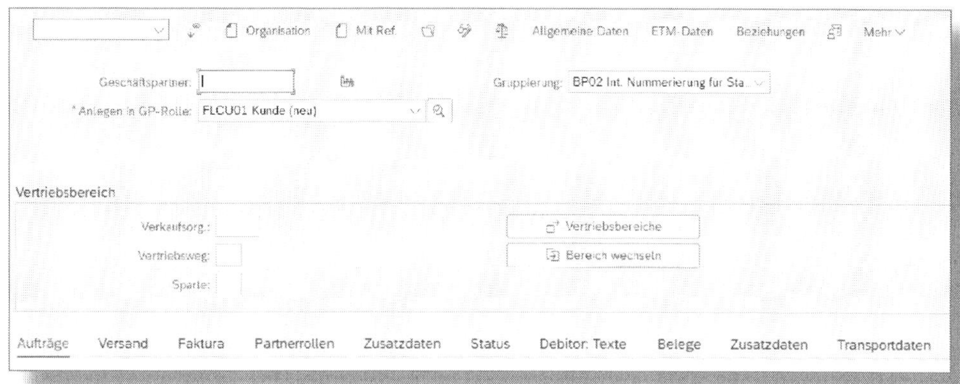

Abbildung 1.38: Kundenanlage – Bilder für Vertriebsbereichsdaten

Jedes der in Abbildung 1.38 gezeigten Bilder ist wiederum in *Abschnitte* unterteilt. Diese öffne ich via Transaktion *BUS5*. Ich schaue mir den Abschnitt CVIC71 – DEBITOR: AUFTRÄGE genauer an (siehe Abbildung 1.39).

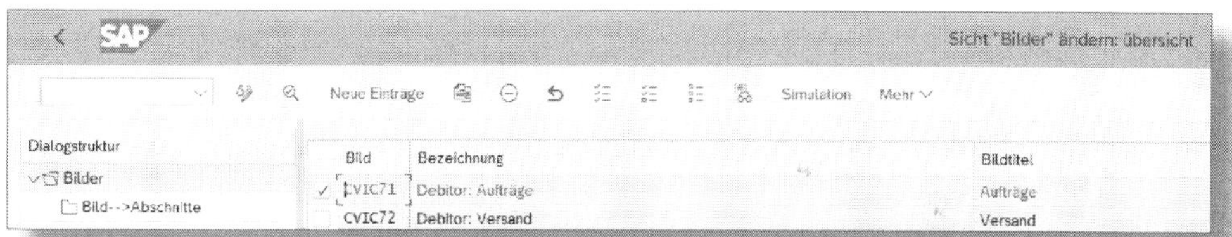

Abbildung 1.39: Bilder und Abschnitte – Abschnitt CVIC71

Dazu markiere ich die entsprechende Zeile und springe mit einem Doppelklick in die Detailsicht ab, wo die weiteren Unterabschnitte genauer einsehbar sind (siehe Abbildung 1.40).

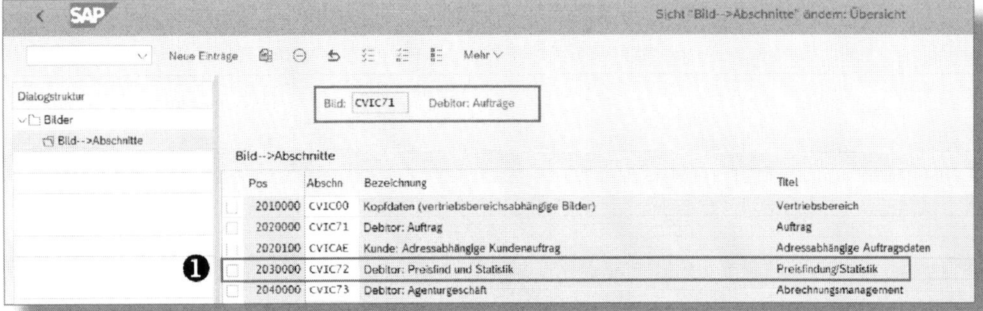

Abbildung 1.40: Bild und Abschnitte für Aufträge

In der Transaktion *BP* finde ich diese Abschnitte unter dem Reiter AUFTRÄGE wieder (siehe Abbildung 1.41). DEBITOR: PREISFIND UND STATISTIK ❶ aus Abbildung 1.40 erscheint in Abbildung 1.41 beispielsweise als Bereich ❶.

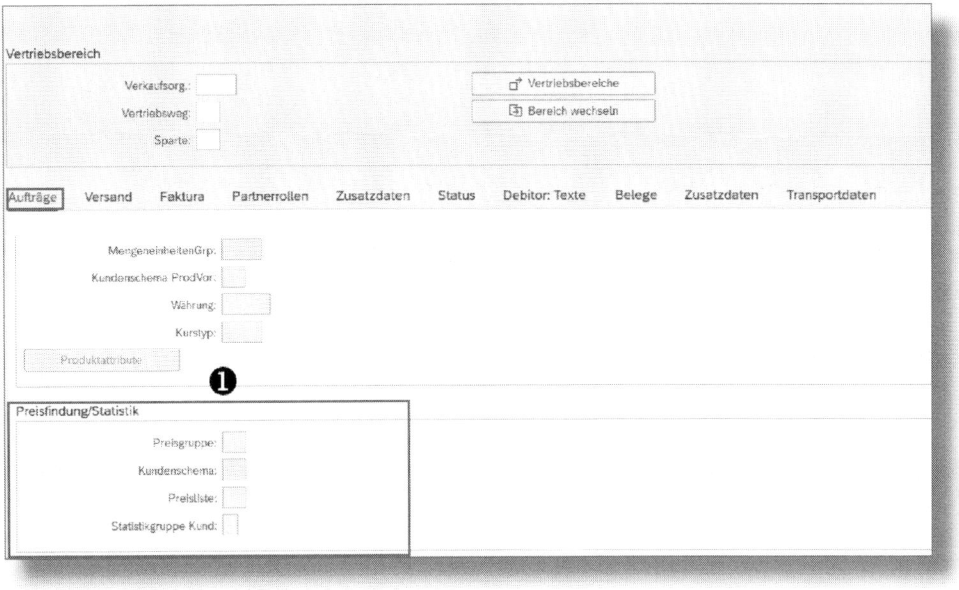

Abbildung 1.41: Kundenanlage – Bildfolge für Aufträge und Preisfindung

Alle Abschnitte werden wiederum in *Sichten* unterteilt, die ich via Transaktion *BUS4* pflege (siehe Abbildung 1.42).

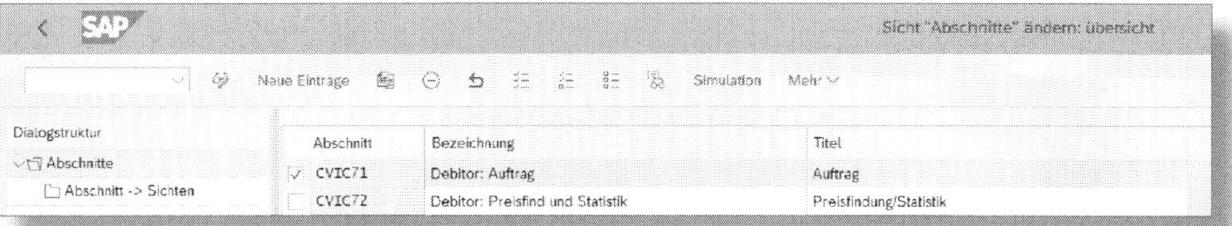

Abbildung 1.42: Abschnittsunterteilung und Sichten

Hierzu markiere ich den Abschnitt, z. B. CVIC71 – DEBITOR: AUFTRAG, und springe dann per Doppelklick in ABSCHNITT → SICHTEN ab (siehe Abbildung 1.43).

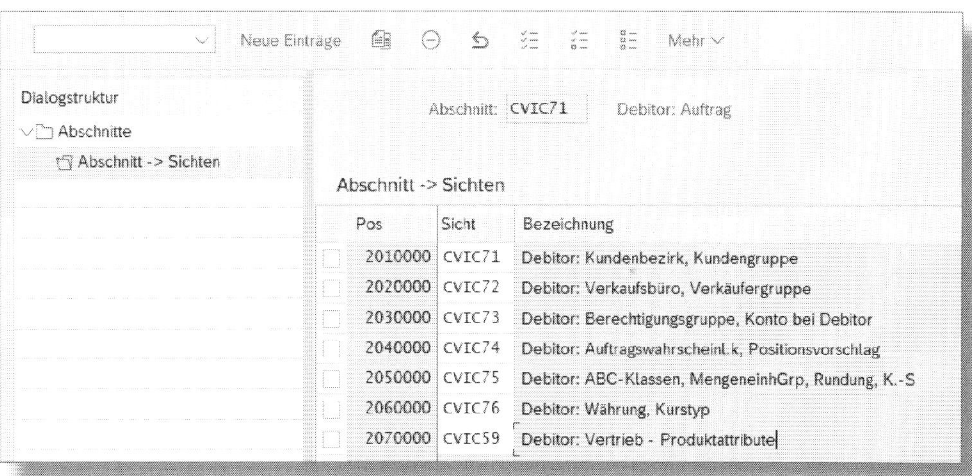

Abbildung 1.43: Detailsicht Abschnitt Debitor – Auftrag

Die Transaktion *BP* enthält entsprechend die oben genannten Sichten (siehe Abbildung 1.44).

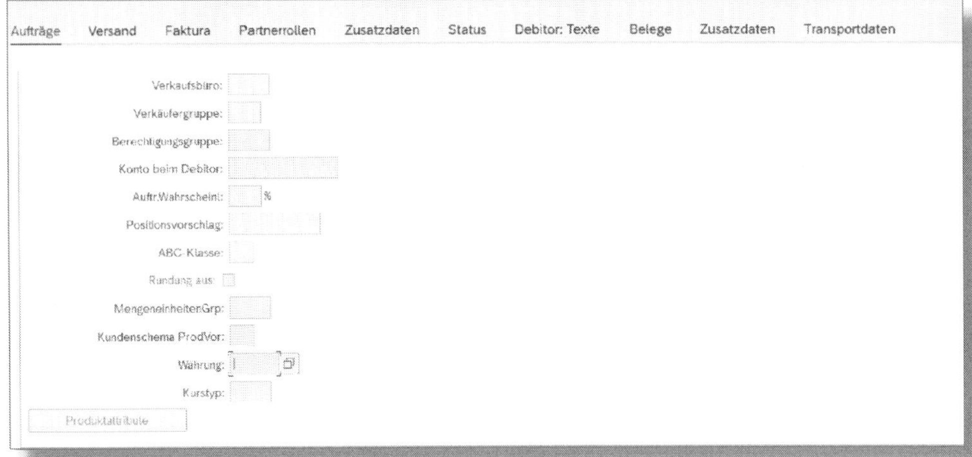

Abbildung 1.44: Kundenanlage – Sichten im Reiter Aufträge

Eine Ebene unterhalb der Sichten befinden sich die *Feldgruppen*, die über die Transaktion *BUS3* gesteuert werden. Das Auswahlprozedere ist immer das gleiche: Zunächst markiere ich die gewünschte Sicht und springe dann via Doppelklick in die Detailsicht ab (siehe Abbildung 1.45 und Abbildung 1.46).

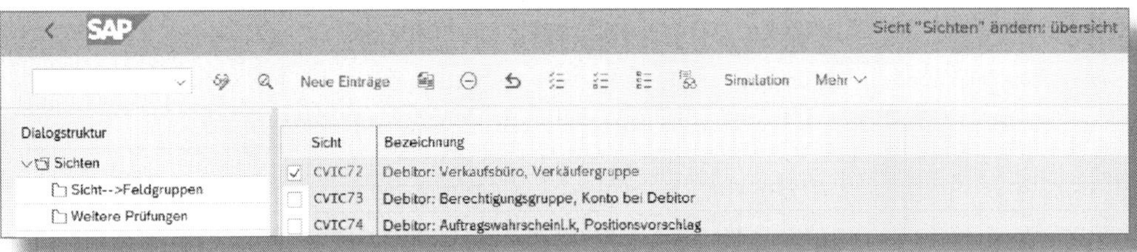

Abbildung 1.45: Sichten und Feldgruppen – Sicht CVIC72

Navigiere ich nun zurück in die Transaktion *BP*, so finde ich die entsprechende Feldgruppe vor (siehe Abbildung 1.47).

Im letzten Schritt ermöglicht es die Transaktion *BUS2*, die einzelnen Feldgruppen abzuändern und relevante Datenobjekte hinzuzufügen. Um in die entsprechende Bearbeitungsmaske zu gelangen, markiere ich zunächst eine Feldgruppe, beispielsweise 1903 • DEBITOR: VER-

KAUFSBÜRO, und springe dann zum Punkt FELDGRUPPE → FELDER ab (siehe Abbildung 1.48).

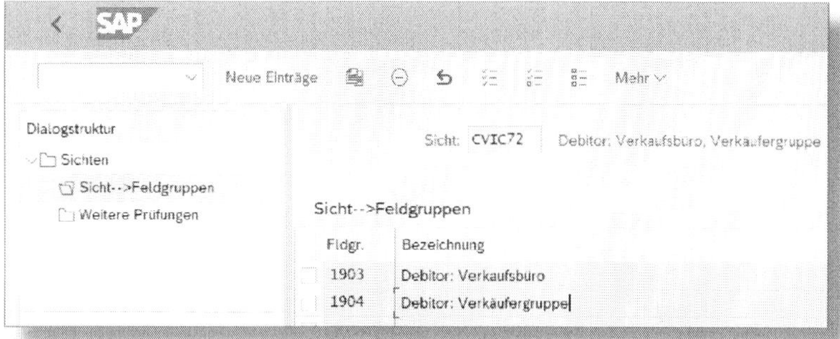

Abbildung 1.46: Detailsicht Feldgruppe CVIC72

Abbildung 1.47: Kundenanlage – Feldgruppen Verkaufsbüro und Verkäufergruppe

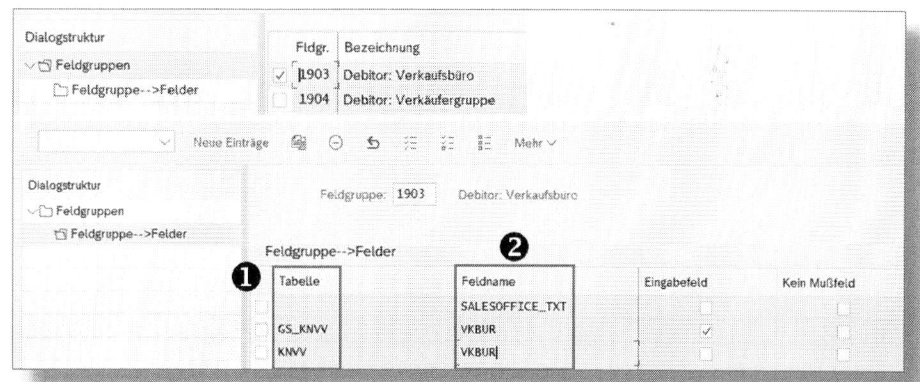

Abbildung 1.48: Detailsicht Feldgruppen mit Feldern

In der Bearbeitungsmaske ist einerseits erkennbar, welche Datenobjekte genutzt ❷ und in welcher Tabelle ❶ diese gespeichert werden. Andererseits kann ich hier bestimmen, ob es sich bei den relevanten

Feldern um Pflichtfelder handeln soll oder ob sie nur optional zu befüllen sind – hierzu hake ich das Kontrollkästchen in der Spalte KEIN MUSSFELD an. Das Hinzufügen von kundenspezifischen Datenelementen ist somit sehr einfach und schnell ohne Hilfe eines Entwicklers möglich.

Eine weitere Möglichkeit zur Oberflächensteuerung im Bereich des SAP-GP bietet folgender Customizing-Pfad: ANWENDUNGSÜBERGREIFENDE KOMPONENTEN • SAP-GESCHÄFTSPARTNER • GESCHÄFTSPARTNER • GRUNDEINSTELLUNGEN • FELDMODIFIKATIONEN • FELDATTRIBUTE PRO GP-ROLLE KONFIGURIEREN. Hier kann ich ebenfalls sehr einfach und schnell die Oberflächenausgabe auf Basis der GP-Rolle einstellen. In Abbildung 1.49 sehe ich beispielsweise die GP-ROLLE FLCU01.

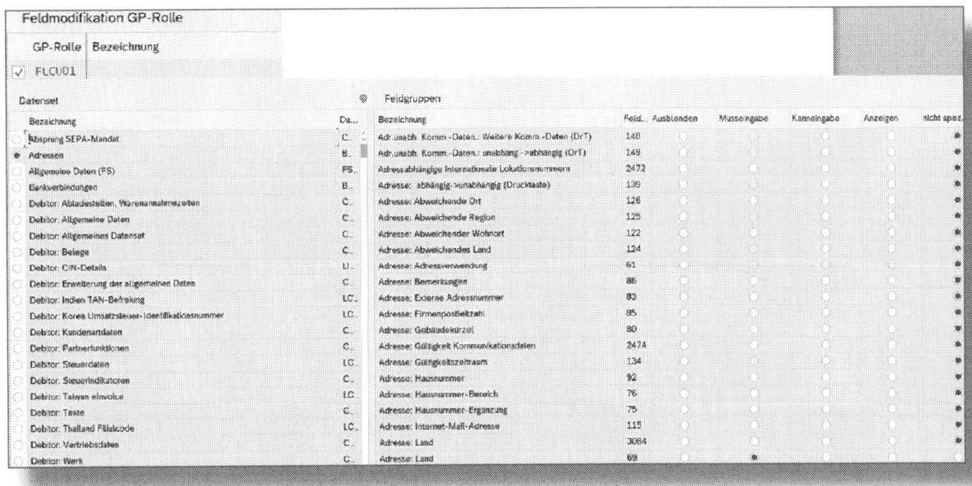

Abbildung 1.49: Feldmodifikation GP-Rolle FLCU01

Ich habe hier die Zeile ADRESSEN ausgewählt und bin via Doppelklick in die Feldmodifikation abgesprungen. Rechts im Bild erkenne ich, dass ich an dieser Stelle ebenfalls bestimmen kann, welche Felder etwa ausgeblendet oder als MUSSEINGABE bzw. KANNEINGABE gekennzeichnet werden.

Des Weiteren greife ich an dieser Stelle auf die identischen Feldgruppen der vorherigen Customizing-Einstellungen zu und kann diese entsprechend verknüpfen. Hierbei lassen sich allerdings keine neuen Feldgruppen hinzufügen, sondern nur bereits existierende aussteuern.

1.2.3 Hintergrundinformationen

In diesem Abschnitt werde ich komprimiert auf zentrale Hintergrundinformationen rund um das Thema SAP-Geschäftspartner eingehen. Ich lege dabei den Fokus auf wichtige Tabellen, Berechtigungsobjekte, die Transaktionsübersicht und relevante SAP-Hinweise, über die man Bescheid wissen sollte.

Ich starte mit einem Auszug aus für diesen Kontext wichtigen Tabellen und untergliedere diese in:

- Customizing-Tabellen
- Stammdaten-Tabellen
- CVI-Tabellen

Abbildung 1.50 gibt einen Überblick über vorhandene Customizing-Tabellen.

Tabelle	Tabelleninhalt
TB003	GP-Rollen
TBZ3	BDT-Bildfolgen
TBZ3A	BDT-Bilder
TBZ3C	BDT-Abschnitte
TBZ3E	BDT-Sichten
TBZ3H	BDT-Abschnitt -> BDT-Sicht Zuordnung
TBZ3I	BDT-Bild -> BDT-Abschnitte Zuordnung
TBZ3J	BDT: Feldgruppen weitere FMOD2 Bausteine
TBZ3K	BDT-Bildfolge -> BDT-Bild Zuordnung
TBZ3L	BDT-Bildfolgetypen
TBZ3N	BDT-Bildfolgetyp -> BDT-Bildfolgen Zuordnung
TBZ3P	GP-Feldmodifikation: GP-Typ
TBZ3Q	BDT-Feldmodifikationskriterien
TBZ3R	BDT-Feldgruppe -> BDT-Feld Zuordnung
TBZ3R_BD	BDT-Feldgruppe -> Zuordnung BAPI-Felder
TBZ3R_C	BDT-Feldgruppe -> BDT-Feld Zuordnung
TBZ3R_S_E	BDT-Suchhilfe: Suchfelder
TBZ3S	BDT-Sicht -> BDT-Feldgruppen Zuordnung
TBZ3U	BDT-Trägerdynpros
TBZ3W	BDT-Feldgruppen

Abbildung 1.50: Überblick Customizing-Tabellen

Abbildung 1.51 zeigt die wichtigsten Stammdaten- und CVI-Tabellen.

Stammdaten Tabellen	Tabelleninhalt
BUT000	Allgemeine Daten I
BUT001	Allgemeine Daten II
BUT020	GP: Adressen
BUT021	GP: Adressverwendungen
BUT021_FS	Zeitabhängige Adressverwendungen
BUT030	GP-Verwendungsnachweis: Verwendungen
BUT030T	GP-Objektverwendung: Anwendungstabelle, Texte
BUT050	GP-Beziehungen/GP-Rollenfindungen: Allgemeine Daten
BUT050S	GP-Beziehungen/GP-Rollenfindungen: Allgemeine Daten
BUT051	GP-Beziehung: Ansprechpartnerbeziehung
BUT052	GP-Beziehung: Adressen
BUT053	GP-Beziehung: Firmenbeteiligung
BUT0BK	GP: Bankverbindungen
BUT100	GP: Rollen
VIBPOBJREL	Geschäftspartner-Objektbeziehung
Customer-Vendor-Integration (CVI) Tabellen	**Tabelleninhalt**
CVI_CUST_LINK	Zuordnung zwischen Kunde und Geschäftspartner
CVI_VEND_LINK	Zuordnung zwischen Lieferant und Geschäftspartner

Abbildung 1.51: Überblick Stammdaten- und CVI-Tabellen

Im Zuge der S/4HANA-Transformation und der Nutzung von Fiori-Apps sind Berechtigungsobjekte und zugehörige Rollen von zentraler Bedeutung. Aus diesem Grund finden Sie in Abbildung 1.52 die für den SAP-Geschäftspartner wichtigsten Berechtigungsobjekte aufgelistet.

Da sich hier eine entscheidende Änderung gegenüber SAP ECC ergeben hat, möchte ich noch einmal auf die Transaktionslogik in S/4HANA im Kontext des SAP-GP eingehen. Die zentrale Benutzeroberfläche für die Verwaltung von Geschäftspartnern in S/4HANA stellt die Transaktion *BP* dar. Altbekannte Transaktionen aus der SAP-Welt vor S/4HANA können zwar teilweise noch eingegeben werden, jedoch wird man immer automatisch auf *BP* weitergeleitet. Ein kleinerer Teil der älteren Transaktionen wurde für obsolet erklärt und steht gar nicht mehr zur Verfügung. Abbildung 1.53 gibt einen Überblick.

Berechtigungsobjekte zum SAP-GP	
B_BUPA_CRI	GP-Rollentyp
B_BUPA_GRP	GP-Berechtigungsgruppe
B_BUPA_ATT	GP-Berechtigungsarten
B_BUPA_FDG	GP-Feldgruppen
B_BUPA_RLT	GP-Rollen
B_CCARD	Kreditkarten
Berechtigungsobjekte zur Stammdatensynchronisation	
MDS_LOAD	Synchronisation (Einzel- und Massenpflege)
CVI_CUST	Customer-Vendor-Integration
Berechtigungsobjekte zu GP-Beziehungen	
B_BUPR_FDG	GP-Feldgruppen
B_BUPR_BZT	GP-Beziehungstypen
Berechtigungsobjekte für Kunden (Debitoren) und Lieferanten (Kreditoren)	
F_BKPF_BED	Kunde: Kontenberechtigung I
F_KNA1_BED	Kunde: Kontenberechtigung II
F_KNA1_AEN	Kunde: Änderungsberechtigung
F_BKPF_BEK	Lieferant: Kontenberechtigung I
F_LFA1_BEK	Lieferant: Kontenberechtigung II

Abbildung 1.52: Berechtigungsobjekte – Übersicht

Transaktionen, die in S/4HANA auf Transaktion BP umgeleitet werden:
FD01, FD02, FD03, FK01, FK02, FK03, MAP1, MAP2, MAP3, MK01, MK02, MK03, V-03, V-04, V-05, V-06, V-07, V-08, V-09, V-11, VAP1, VAP2, VAP3, VD01, VD02, VD03, XD01, XD02, XD03, XK01, XK02, XK03, XK06, XK07
Transaktionen, die in S/4HANA obsolet/veraltet sind:
FD06, FK06, MK06, MK12, MK18, MK19, D06, XD06, V+21, V+22, V+23

Abbildung 1.53: Transaktionen – Übersicht

Zuletzt möchte ich auf die wichtigsten SAP-Hinweise (SAP Notes) zum Thema GP hinweisen:

- Der SAP-Hinweis 2265093 stellt zentral alle relevanten Informationen rund um das Thema SAP-GP im Zuge einer Systemumstellung auf SAP S/4HANA dar. Alle nachfolgend genannten SAP-Hinweise sind mit diesem Hinweis verlinkt und können von hier aufgerufen werden.

- Der SAP-Hinweis 2211312 beinhaltet sogenannte *Vorabprüfungen* für den BP und sollte bei einer Systemumstellung zu S/4HANA umgesetzt werden.
- Der SAP-Hinweis 2344034 behandelt die Automatisierung für eine Stammdatenmigration.

Es gibt darüber hinaus eine Vielzahl von SAP-Hinweisen, die im Zuge einer Systemumstellung auf SAP S/4HANA zu berücksichtigen sind. Die hier genannten bieten eine Starthilfe zum Nachschlagen und Nachlesen.

Weitere Informationen zum SAP-Geschäftspartner

Das gesamte SAP-Geschäftspartnerkonzept ist durchaus komplex und bietet eine Vielzahl von Customizing- und Pflegemöglichkeiten. Zudem sind viele Schritte in Bezug auf eine Migration der bestehenden »Altdaten« gründlich zu bedenken. Da ich in diesem Buch den Fokus auf die Änderungen im Bereich SAP SD lege und nicht auf den gesamten Funktionsumfang eingehen kann, möchte ich auf zwei Bücher von Robin Schneider verweisen, die den Funktionsumfang sehr ausführlich erläutern: »Praxishandbuch SAP-Geschäftspartner (Business Partner)« und »Praxishandbuch SAP CVI (Customer-Vendor-Integration)« (beide Espresso Tutorials, 2020).

2 Advanced ATP – Available-to-Promise

Aufgrund von stetig wachsenden Anforderungen innerhalb der Lieferketten und der Logistikindustrie werden die entsprechenden Prozesse immer komplexer. Das Thema Materialverfügbarkeit spielt somit eine zunehmend wichtigere Rolle. Im Zuge der S/4HANA-Transformation wurde daher die SAP-Komponente *erweiterte Verfügbarkeitsprüfung*, auf Englisch *Advanced Available-to-Promise (aATP)*, eingeführt. Im Customizing werde ich die Bereiche Produktzuordnung/Kontingentierung, Produktverfügbarkeitsprüfung, Rückstandsbearbeitung und Alternativen-basierte Bestätigung näher erläutern. Zuletzt beschreibe ich die Lieferfreigabe.

In SAP S/4HANA steht dem Nutzer neben der bereits bekannten standardisierten Verfügbarkeitsprüfung (engl. Available-to-Promise = ATP) ein erweitertes Funktionsspektrum zur Verfügung: die erweiterte Verfügbarkeitsprüfung (aATP). Sie berücksichtigt die immer vielfältigeren Prozesse innerhalb der Lieferkette und damit einhergehend die komplexer werdenden Anforderungen der Kunden. Im Zuge der Umstellung auf S/4HANA werden bis 2027 (oder mit einer optional verlängerten Wartung bis 2030) die bisherigen Komponenten des SAP Advanced Planning and Optimization (SAP APO) – die globale Verfügbarkeitsprüfung (gATP) und die Produktions- und Feinplanung (PP/DS) – abgekündigt. Die SAP hat daher die Funktionalitäten aus der alten SAP-APO-Umgebung gemäß Abbildung 2.1 aufgeteilt.

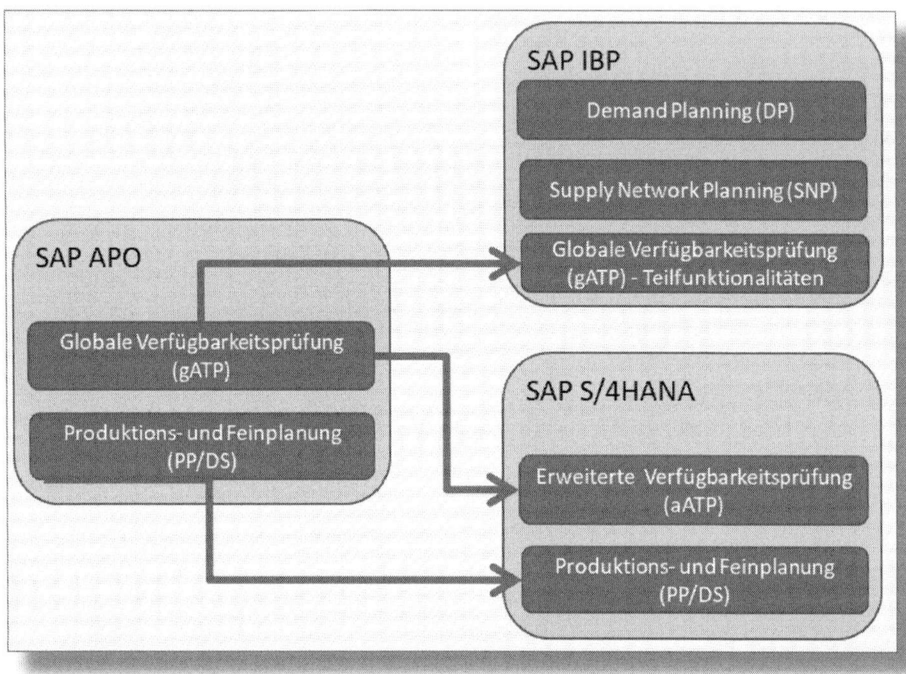

Abbildung 2.1: SAP APO und Aufteilung in S/4HANA – Übersicht

Wie man in Abbildung 2.1 sieht, landet ein Großteil der vorherrschenden Funktionalitäten im SAP-S/4HANA-Kern. Der Lösungsumfang der gATP wird in S/4HANA durch das aATP ersetzt bzw. ergänzt. Die PP/DS wird ebenfalls in S/4HANA unterstützt, gehört aber nicht zum Fokus dieses Buches. Des Weiteren wird ein Teil der Funktionalitäten der gATP in SAP Integrated Business Planning (IBP) abgebildet. SAP IBP beinhaltet darüber hinaus neue Funktionalitäten wie beispielsweise das *Demand Planning (DP)* oder das *Supply Planning Network (SNP)*. Diese Anpassungen im Zuge der S/4HANA-Transformation haben u. a. den Vorteil, dass zukünftig Datenredundanzen, wie sie zuvor zwischen den Systemen SAP ERP und SAP APO existierten, vermieden werden. Zudem kann die Auswertung dieser Daten direkt in S/4HANA vorgenommen werden. Hingegen ist eine automatisierte Migration von SAP APO zu aATP aufgrund der Neustrukturierung im Coding von S/4HANA leider nicht umsetzbar.

Mögliche Zusatzlizenzen bei SAP aATP und SAP PP/DS

Die Funktionalitäten von aATP sowie PP/DS erfordern spezielle Lizenzen. Informationen hierzu erhalten Sie über den Link *https://www.sapstore.com/solutions/80117/SAP-S-4HANA-for-advanced-ATP*.

2.1 Produktverfügbarkeitsprüfung

Die Produktverfügbarkeitsprüfung, auf Englisch *Product Availability Check (PAC)*, ist eine der Kernfunktionalitäten im klassischen Order-to-Cash(O2C)-Prozess. Die Prüfung validiert, inwieweit das geforderte Material für bestimmte Anforderungen, etwa den klassischen Kunden- oder Fertigungsauftrag, zum gewünschten Liefertermin in der geforderten Menge vorhanden ist. Das Ergebnis der Produktverfügbarkeitsprüfung ist entweder eine Bestätigung oder eine Absage der angeforderten Menge. Die PAC durchläuft bei Ihrer Prüfung folgende Rechenformel (siehe Abbildung 2.2).

```
Verfügbarer Warenbestand + Geplante Eingänge - Geplante Abgänge
= ATP-Menge
```

Abbildung 2.2: Rechenformel PAC-Prüfung

Ergibt sich aus der Berechnung eine positive ATP-Menge, so wird der Auftrag bestätigt, und es werden ein oder mehrere Lieferterminvorschläge erstellt. Im Falle eines negativen Ergebnisses prüft das System, wie lange die Wiederbeschaffung (bei Fremdbeschaffung) oder Herstellung (bei Eigenfertigung) dauert, anschließend wird das Lieferdatum entsprechend angepasst. Erst dann wird die Bestätigung kommuniziert.

Ich finde alle Customizing-Einstellungen zum Thema Produktverfügbarkeitsprüfung unter folgendem Menüpfad: ANWENDUNGSÜBERGREIFENDE KOMPONENTEN • ERWEITERTES AVAILABLE-TO-PROMISE (AATP) • PRODUKTVERFÜGBARKEITSPRÜFUNG (PAC). Unter dem dort aufgeführten Punkt GESCHÄFTSSZENARIO FÜR VERFÜGBARKEITSPRÜFUNG DEFINIEREN kann ich die von der SAP ausgelieferten Prüfregeln nutzen oder aber diese erweitern.

Ich nutze für mein Beispiel die bereits vorgegebene Prüfregel A – KUNDENAUFTRAG (siehe Abbildung 2.3).

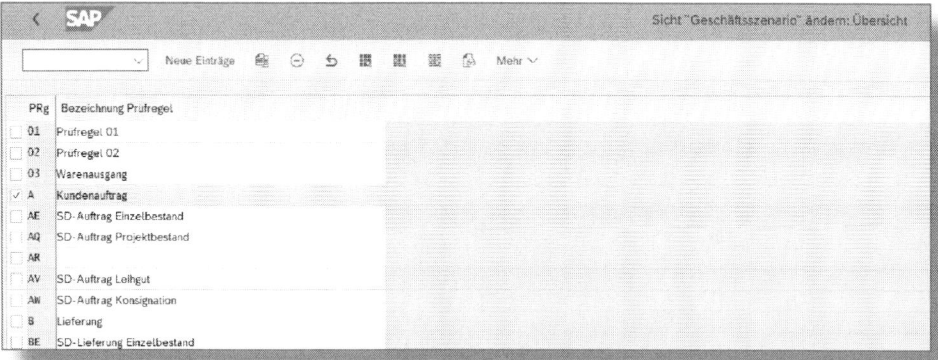

Abbildung 2.3: SAP-Standard-Geschäftsszenarios für PAC – Übersicht

Eine *Prüfregel* bestimmt in Verbindung mit einer Prüfgruppe den Umfang der Verfügbarkeitsprüfung und steuert, welche Ein-/Ausgänge und Bestände Teil der Verfügbarkeitssteuerung sein sollen. Zudem legt sie fest, ob die Prüfung mit oder ohne Wiederbeschaffungszeit durchgeführt wird.

> **! Einschränkung bei der Änderung von Prüfregeln**
>
> Beachten Sie, dass im Vertrieb erstellte Prüfregeln fest programmiert sind und nicht geändert werden können.

Der nächste Customizing-Schritt betrifft die Definition der *Verfügbarkeitsprüfgruppe* unter VERFÜGBARKEITSPRÜFGRUPPE DEFINIEREN. Hier besteht die Möglichkeit, die verschiedenen Verfügbarkeitsprüfungen für das ERWEITERTE ATP zu aktivieren oder bei der Verwendung des klassischen ATP zu bleiben. Die Aktivierung erfolgt in der Spalte ERWEITERTES ATP ➊. Hier setzt man die entsprechende Verfügbarkeitsgruppe auf A AKTIV (siehe Abbildung 2.4).

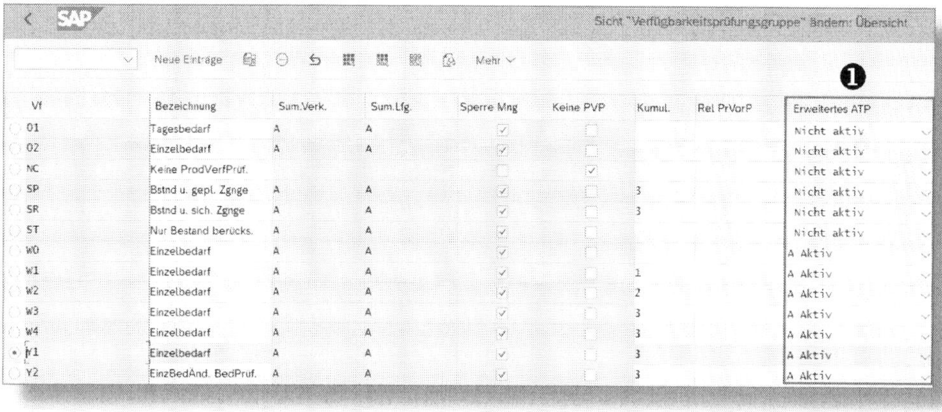

Sicht "Verfügbarkeitsprüfungsgruppe" ändern: Übersicht

Neue Einträge Mehr

❶

Vf	Bezeichnung	Sum.Verk.	Sum.Lfg.	Sperre Mng	Keine PVP	Kumul.	Rel PrVorP	Erweitertes ATP
01	Tagesbedarf	A	A	✓				Nicht aktiv
02	Einzelbedarf	A	A	✓				Nicht aktiv
NC	Keine ProdVerfPrüf.				✓			Nicht aktiv
SP	Bstnd u. gepl. Zgnge	A	A	✓		3		Nicht aktiv
SR	Bstnd u. sich. Zgnge	A	A	✓		3		Nicht aktiv
ST	Nur Bestand berücks.	A	A	✓				Nicht aktiv
W0	Einzelbedarf	A	A	✓				A Aktiv
W1	Einzelbedarf	A	A	✓		1		A Aktiv
W2	Einzelbedarf	A	A	✓		2		A Aktiv
W3	Einzelbedarf	A	A	✓		3		A Aktiv
W4	Einzelbedarf	A	A	✓		3		A Aktiv
Y1	Einzelbedarf	A	A	✓		3		A Aktiv
Y2	EinzBedAnd. BedPrüf.	A	A	✓		3		A Aktiv

Abbildung 2.4: SAP-Standard-Verfügbarkeitsprüfgruppen – Übersicht

! Aktivierung zusätzlicher Lizensierung für aATP

Sobald Sie die Auswahloption in Abbildung 2.4 auf »Aktiv« setzen, wird automatisch eine Lizenz für die Nutzung der aATP-Funktionalitäten erforderlich.

Eine wichtige Voraussetzung für die Nutzung von PAC ist die Pflege der Verfügbarkeitsprüfung im Materialstamm. Im Customizing besteht die Möglichkeit, Vorschlagswerte für die Verfügbarkeitsprüfgruppe festzulegen, die dann im Materialstamm automatisiert vorgeschlagen werden. Der Vorschlagswert kann nachträglich jederzeit überschrieben werden. Um einen Vorschlagswert zu hinterlegen, öffne ich den Customizing-Schritt VORSCHLAGSWERTE FÜR VERFÜGBARKEITSPRÜFGRUPPE KONFIGURIEREN unter dem zuvor aufgezeigten Customizing-Pfad. Dort kann ich durch die Vergabe einer Materialart und eines relevanten Werks einen Vorschlagswert hinterlegen.

In meinem Beispiel lege ich ein Material mit der Materialart HANDELSWARE (HAWA) im Werk 1010 an und ordne den Vorschlagswert *Y1 – Einzelbedarf* zu (siehe Abbildung 2.5).

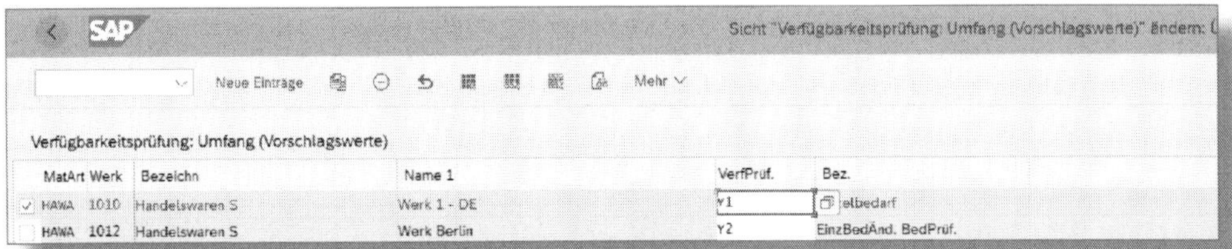

Abbildung 2.5: Definition Vorschlagswerte für die Verfügbarkeitsprüfung

Ich navigiere direkt in die Transaktion *MM01*. Dort wähle ich zunächst die MATERIALART *HAWA Handelswaren S* aus und selektiere anschließend das WERK *1010* (siehe Abbildung 2.6).

Material anlegen (Einstieg)
Sichtenauswahl OrgEbenen Daten Mehr
Material: TEST_AATP
Branche: 1 Handel
Materialart: HAWA Handelswaren S
Organisationsebenen
Organisationsebenen
Werk: 1010
Verkaufsorg.: 1010
Vertriebsweg: 10

Abbildung 2.6: Materialanlage – Beispiel TEST_AATP

Jetzt öffne ich die Sicht VERTRIEB: ALLG./WERK und sehe, dass das System mir automatisch die VERFÜGBARKEITSPRÜFUNG *Y1* vorschlägt. Diese kann ich jedoch noch überschreiben und abändern (siehe Abbildung 2.7).

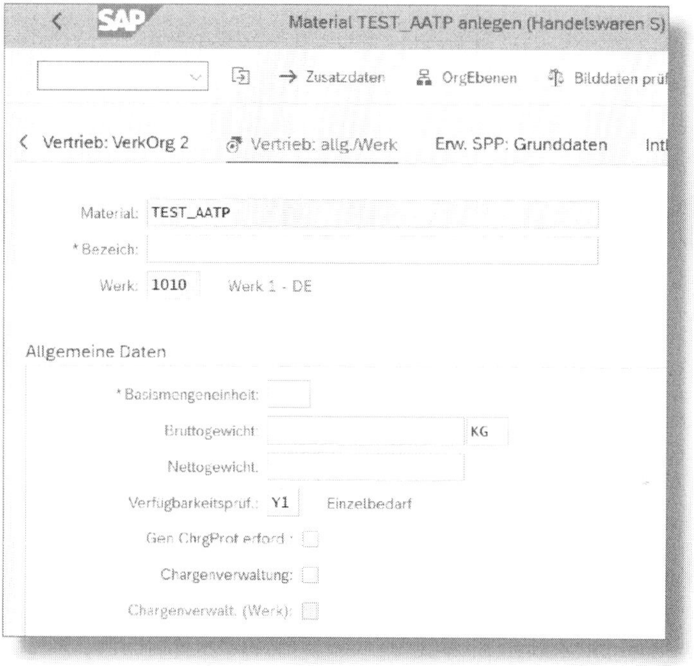

Abbildung 2.7: Materialanlage – Beispiel TEST_AATP und Zuordnung Verfügbarkeitsprüfung Y1

Im Folgeschritt navigiere ich zurück zum vorherigen Customizing-Pfad und öffne den Menüpunkt UMFANG DER VERFÜGBARKEITSPRÜFUNG KONFIGURIEREN. In dieser Aktivität verknüpfe ich meine gewünschte Prüfregel mit besagter Verfügbarkeitsprüfung (siehe Abbildung 2.8).

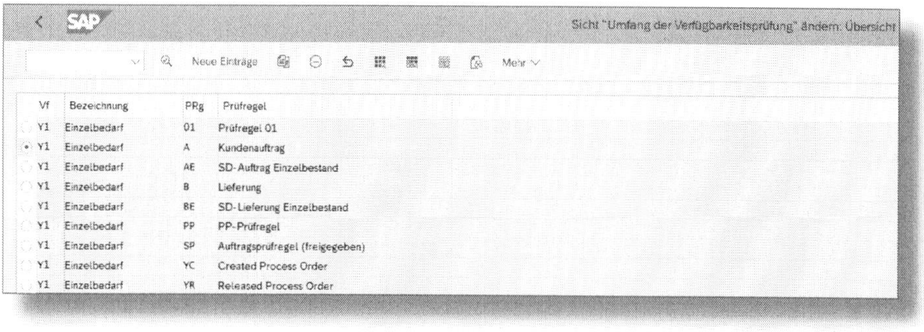

Abbildung 2.8: Umfang der Verfügbarkeitsprüfung anhand Y1

Wenn ich nun via Doppelklick in die Details der markierten Zeile abspringe, habe ich die Möglichkeit, weitere Einstellungen vorzunehmen (siehe Abbildung 2.9).

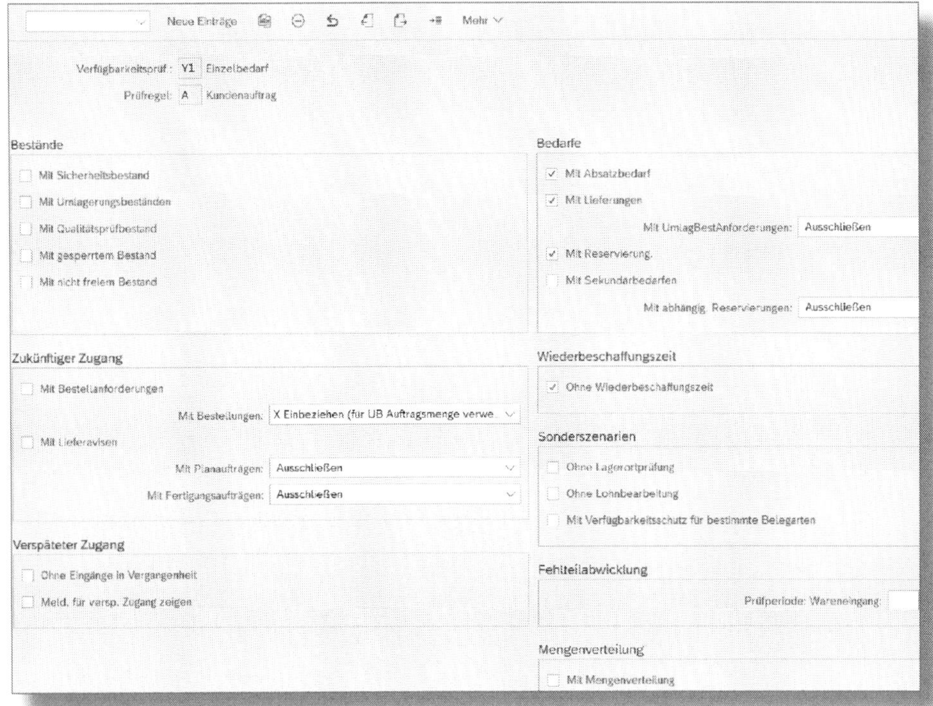

Abbildung 2.9: Detailsicht Verfügbarkeitsprüfung Y1

Beispielsweise lässt sich festlegen, ob bestimmte BESTÄNDE wie ein SICHERHEITSBESTAND zu dem bereits verfügbaren Bestand des gewählten Werks hinzugerechnet werden sollen oder nicht. Unter dem Absatz BEDARFE bestimme ich zudem, ob z. B. ein ABSATZBEDARF (= Verkaufsbedarf) bei der Verfügbarkeitsprüfung berücksichtigt werden soll. Zudem kann die WIEDERBESCHAFFUNGSZEIT mit in die Prüfung aufgenommen und Einstellungen bzgl. SONDERSZENARIEN oder einer MENGENVERTEILUNG vorgenommen werden.

Eine weitere wichtige Voraussetzung für die Nutzung der aATP-Verfügbarkeitsprüfung stellt deren Aktivierung in der Bedarfsklasse und im Einteilungstyp dar. Diese Einstellungen waren zwar bereits in den Vorgängersystemen von S/4HANA vorhanden, sollen aber der Vollständigkeit halber erwähnt werden. Die *Einteilungstypen* werden unter folgendem Customizing-Pfad gepflegt: VERTRIEB • VERKAUF • VERKAUFSBELEGE • EINTEILUNGEN • EINTEILUNGSTYPEN DEFINIEREN. Über die Detailsicht gelange ich zur Einstellung der Verfügbarkeit. Wichtig ist hier, dass die Checkbox VERFÜGBARKEIT angehakt sein muss ❶ (siehe Abbildung 2.10).

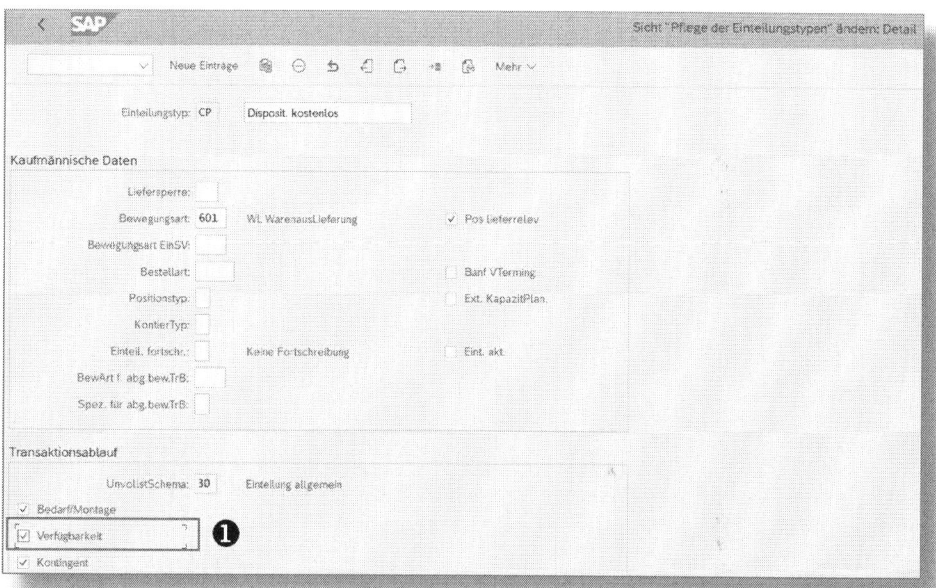

Abbildung 2.10: Pflege Einteilungstypen – Beispiel CP

Die *Bedarfsklasse* kann an verschiedenen Stellen im System gepflegt werden.

Definition Bedarfsklasse

Die Bedarfsklasse beinhaltet die Steuerungsparameter für die Verrechnung und Planung von Kundenbedarfen im Vertrieb. Die Bedarfsklasse wird über die Bedarfsart ermittelt.

Im Folgenden beschreibe ich sechs verschiedene Optionen, wie man die Bedarfsklasse im System einstellen kann. Option 1 erläutere ich dabei im Detail, da sie die einfachste und gängigste Methode für die Pflege der Bedarfsklasse darstellt.

Option 1: Ich öffne ANWENDUNGSÜBERGREIFENDE KOMPONENTEN • ERWEITERTES AVAILABLE-TO-PROMISE (AATP) • KONFIGURATIONSAKTIVITÄTEN FÜR SPEZIFISCHE BELEGARTEN • KUNDENAUFTRÄGE UND LIEFERUNGEN • BEDARFSKLASSEN DEFINIEREN, navigiere auf die Detailsicht und pflege die Bedarfsklasse, indem ich unter dem Reiter BEDARF das Feld VERFÜGBARKEIT anhake (siehe Abbildung 2.11).

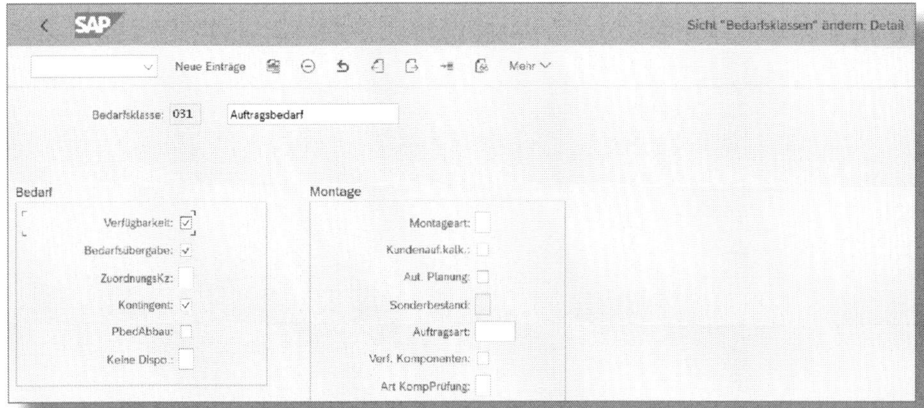

Abbildung 2.11: Pflege Bedarfsklassen – Beispiel 031

Anschließend ordne ich die gewählte Bedarfsklasse einer passenden BEDARFSART zu (siehe Abbildung 2.12). Dies kann unter ANWENDUNGSÜBERGREIFENDE KOMPONENTEN • ERWEITERTES AVAILABLE-TO-PROMISE (AATP) • KONFIGURATIONSAKTIVITÄTEN FÜR SPEZIFISCHE BELEGARTEN • KUNDENAUFTRÄGE UND LIEFERUNGEN • BEDARFSARTEN DEFINIEREN eingestellt werden.

Entweder lege ich eine neue Kombination via NEUE EINTRÄGE an oder ordne eine existierende Bedarfsart meiner Bedarfsklasse zu.

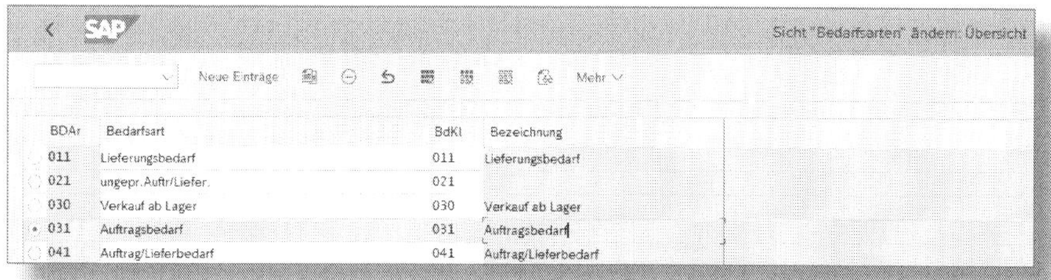

Abbildung 2.12: Zuordnung Bedarfsart 031 zur Bedarfsklasse 031

Folgende weitere Pflegeoptionen stehen zur Verfügung:

- **Option 2:** Die Ermittlung der Bedarfsart in beispielsweise Verkaufsbelegen erfolgt im SAP-Standard über die Strategiegruppe des Materials.
- **Option 3:** Ist die Strategiegruppe nicht gepflegt, wird die Bedarfsart über die Dispositionsgruppe ermittelt.
- **Option 4:** Wurde auch die Dispositionsgruppe nicht definiert, dann verwendet SAP an deren Stelle die Materialart bei der Ermittlung der Bedarfsart.
- **Option 5:** Findet das System immer noch keine Bedarfsart, so prüft SAP eine Sonderregel, die sich auf die Positionstypen und Dispositionsmerkmale beruft.
- **Option 6:** Falls auch dies erfolgslos ist, bleibt im letzten Schritt die Prüfung auf einen vorhandenen Positionstyp.

Sind alle genannten Prüfschritte erfolglos, deklariert SAP den vorliegenden Vorgang als für die Bedarfsübergabe und Verfügbarkeitsprüfung irrelevant.

Im letzten Customizing-Schritt für diesen Abschnitt möchte ich auf die Positionstypen und Dispositionsmerkmale eingehen, bezogen auf die Sonderregel für die Bedarfsartenfindung. Hierzu öffne ich den Menüpfad ANWENDUNGSÜBERGREIFENDE KOMPONENTEN • ERWEITERTES AVAILABLE-TO-PROMISE (AATP) • KONFIGURATIONSAKTIVITÄTEN FÜR SPEZIFISCHE BELEGARTEN • KUNDENAUFTRÄGE UND LIEFERUNGEN • BEDARFSART

ÜBER POSITIONSTYP UND DISPOSITIONSMERKMAL ERMITTELN (siehe Abbildung 2.13).

Zuordnung Bedarfsarten zum Vorgang

Ptyp	DMk	BDAr	Qu.	Bedarfsartbezeichnung
TAN		031		Auftragsbedarf
TAN	ND	031		Auftragsbedarf
TAN	P1	031		Auftragsbedarf
TAN	P2	031		Auftragsbedarf
TAN	VB	031		Auftragsbedarf

Abbildung 2.13: Zuordnung Positionstyp TAN zu Bedarfsart 031

Hier lege ich über die genannten Attribute Positionstyp (PTYP) und Dispositionsmerkmal (DMK) fest, welche Bedarfsart (BDAR) gefunden werden soll. Via Doppelklick auf eine Zeile springe ich in die Detailsicht ab und kann zudem prüfen, welche Bedarfsklasse zugeordnet ist und ob diese relevant für die Verfügbarkeitsprüfung und die Bedarfsübergabe ist. Auch hier ist es wichtig zu prüfen, dass in der jeweiligen Bedarfsklasse die Checkbox VERFÜGBARKEIT angehakt ist ❶ (siehe Abbildung 2.14).

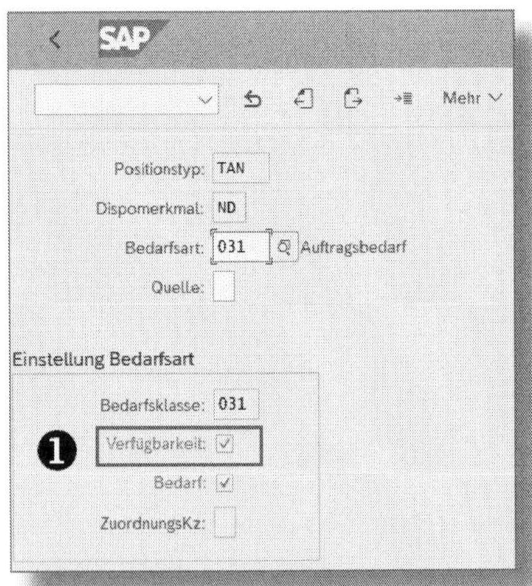

Abbildung 2.14: Detailsicht Zuordnung Positionstyp TAN zu Bedarfsart 031

Ich kann die Verfügbarkeitsprüfung auch für Plan- und Produktionsaufträge einstellen. Die relevanten Customizing-Einstellungen finde ich unter ANWENDUNGSÜBERGREIFENDE KOMPONENTEN • ERWEITERTES AVAILABLE-TO-PROMISE (AATP) • KONFIGURATIONSAKTIVITÄTEN FÜR SPEZIFISCHE BELEGARTEN • PLAN- UND PRODUKTIONSAUFTRAG.

2.2 Produktzuordnung/Kontingentierung

Eine *Produktzuordnung* oder *Kontingentierung*, auf Englisch Product Allocation (PAL), wird immer dann benötigt, wenn die Nachfrage nach Produkten größer als die bereitzustellende/verfügbare Menge ist. Dies kann aufgrund von beschränkten Produktionsmöglichkeiten eintreten oder aber auf Probleme in der Lieferkette zurückzuführen sein, beispielsweise auf einen Liefer- und/oder Produktionsausfall. Insofern ist es naheliegend, dass die Produktzuordnung eng mit der Verfügbarkeitsprüfung verzahnt ist.

Das Ziel der Produktzuordnung ist die Vermeidung von sogenannten First-Come-First-Serve-Szenarien, bei denen derjenige Kunde, der zuerst seine Aufträge platziert, einen Großteil der Ware oder sogar den gesamten Bestand bekommt. Kunden, die nachgelagert bestellen, erhalten dann entweder nur einen Teil der benötigten Ware oder gehen sogar leer aus. Dies führt im schlimmsten Falle dazu, dass diese Kunden unzufrieden sind und sich nach alternativen Anbietern umschauen.

Aus diesem Grund werden vorab bestimmte Produktzuordnungen getroffen, die z. B. die Bedeutung bestimmter Kunden berücksichtigen (Stichwort »Kundenklassifizierung«). Oder es werden Produkte für bestimmte Zielregionen reserviert, da man dort neue Märkte erschließen möchte. Das Beispiel in Abbildung 2.15 veranschaulicht das Grundprinzip der Produktzuordnung.

	Kunde A	Kunde B
Zugeordnete Menge pro Kunde A/B	100	80
Angeforderte Menge pro Kundenauftrag	150	70
Bestätigte Menge pro Kundenauftrag	100	70

Abbildung 2.15: Beispiel Produktzuordnung

Kunde A erhält eine Produktzuordnung in Höhe von 100 Mengeneinheiten. Kunde A bestellt jedoch 150 Mengeneinheiten. Durch die Produktzuordnung wird in diesem Fall nur die zugeordnete Menge in Höhe von 100 Mengeneinheiten bestätigt. Auch wenn der Gesamtbestand eine Lieferung von weiteren 50 Mengeneinheiten zuließe, wird dies durch die Produktzuordnung verhindert.

Für Kunde B liegt eine zugeordnete Menge von 80 Mengeneinheiten vor, von der er aktuell nur 70 bestellt. Die Auftragsbestätigung weist in dem Fall auch nur die 70 Mengeneinheiten aus und ermöglicht so, dass der Kunde zu einem späteren Zeitpunkt weitere 10 Mengeneinheiten garantiert bestellen kann.

Beispiel für Kontingentierung

In meinem Beispiel für diesen Abschnitt möchte ich definieren, dass der neu gewonnene Kunde, die Omni Sports GmbH, für eine erste Testphase nur 100 Stück des Produkts TG10 im Werk 1010 bestellen darf.

Im Unterschied zu den vorherigen Abschnitten sind die Einstellungsmöglichkeiten bei der Produktzuordnung nur zu einem kleinen Teil im Customizing zu finden. Der größere Part wird direkt im System vorgenommen und kann – Stand Release 2022 – nur via SAP-Fiori-Apps umgesetzt werden.

2.2.1 Einstellungen via Customizing

Analog zur Verfügbarkeitsprüfung muss zunächst im Customizing die Kontingentierung/Produktzuordnung aktiviert werden. Hierzu wähle ich folgenden Menüpfad: ANWENDUNGSÜBERGREIFENDE KOMPONENTEN • ERWEITERTES AVAILABLE-TO-PROMISE (AATP) • KONTINGENTIERUNG (PAL) • KONTINGENTIERUNG AKTIVIEREN (siehe Abbildung 2.16).

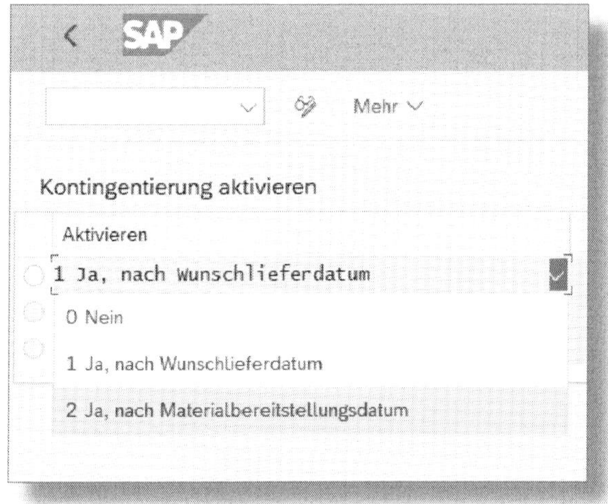

Abbildung 2.16: Aktivierung der Kontingentierung

Ich selektiere zunächst, ob die Kontingentierung auf dem WUNSCHLIEFERDATUM (1) oder auf dem MATERIALBEREITSTELLUNGSDATUM (2) der Auftragsposition basieren soll. Wenn ich keine Kontingentierung nutzen möchte, wähle ich NEIN (0).

! Vorsicht bei der Aktivierung der Kontingentierung

Bevor Sie die Kontingentierung auf Basis des Wunschlieferdatums oder des Materialbereitstellungsdatums vollziehen, müssen Sie folgende Punkte bedenken:

- Die Verfügbarkeitsprüfung gegen Kontingente muss pro Mandant im SAP-System aktiviert sein.
- Sobald die Kontingentierung (aATP) aktiviert ist, können im SAP-Standard weder die Kontingentierungsfunktionen parallel im Vertrieb genutzt, noch kann zu den zuvor genutzten Kontingentierungsfunktionalitäten im Vertrieb zurückgekehrt werden.
- Bestehende Kontingentierungsdaten und Rückmeldungen werden nicht automatisiert übertragen.
- Jede Verfügbarkeitsprüfung wird anschließend mit der Kontingentierung aus dem aATP ausgeführt.

Um die Kontingentierungsfunktionalitäten im Bereich der aATP nutzen zu können, müssen folgende Voraussetzungen erfüllt sein:

- Aktivierung der erweiterten aATP-Funktionalitäten im Bereich PRODUKTVERFÜGBARKEITSPRÜFUNG (PAC) • PRÜFGRUPPEN DEFINIEREN (in Abschnitt 2.1 beschrieben)
- Aktivierung der Kontingentierungsfunktionalitäten im Bereich der aATP (in Abschnitt 2.2.1 beschrieben)
- Aktivierung des Feldes KONTINGENTIERUNG im Bereich der Bedarfsklassen im Customizing-Pfad VERTRIEB • GRUNDFUNKTIONEN • VERFÜGBARKEITSPRÜFUNG UND BEDARFSÜBERGABE • BEDARFSÜBERGABE • BEDARFSKLASSE DEFINIEREN, Aktivieren der Spalte KTG und Speichern des Vorgangs (siehe Abbildung 2.17).

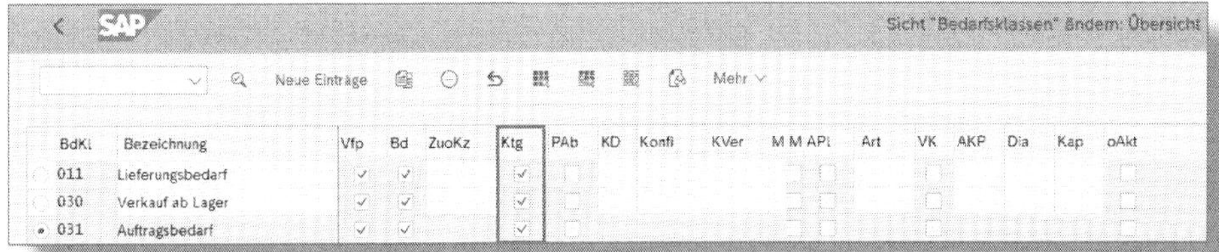

Abbildung 2.17: Aktivierung Kontingentierung in Bedarfsklassen

Wie zuvor beschrieben, wurde nun die Kontingentierung in der Bedarfsklasse aktiviert. Um in die Detailsicht einer Bedarfsklasse zu gelangen, navigiere ich via Doppelklick auf die entsprechende Zeile. Dort kann ich die Einstellungen im Einzelnen einsehen und überprüfen. Wichtig ist hier, dass die Checkbox KONTINGENT angehakt ist (siehe Abbildung 2.18).

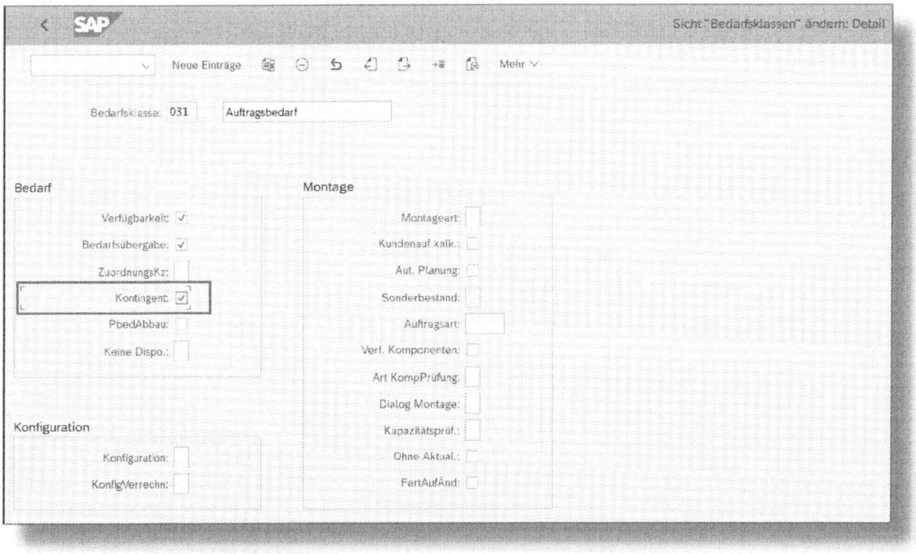

Abbildung 2.18: Detailsicht Bedarfsklassen – Beispiel 031

Anschließend muss die Bedarfsklasse wiederum einer Bedarfsart zugeordnet werden. Diese Verknüpfung nehme ich unter VERTRIEB • GRUNDFUNKTIONEN • VERFÜGBARKEITSPRÜFUNG UND BEDARFSÜBERGABE

• BEDARFSÜBERGABE • BEDARFSARTEN DEFINIEREN vor (siehe Abbildung 2.19).

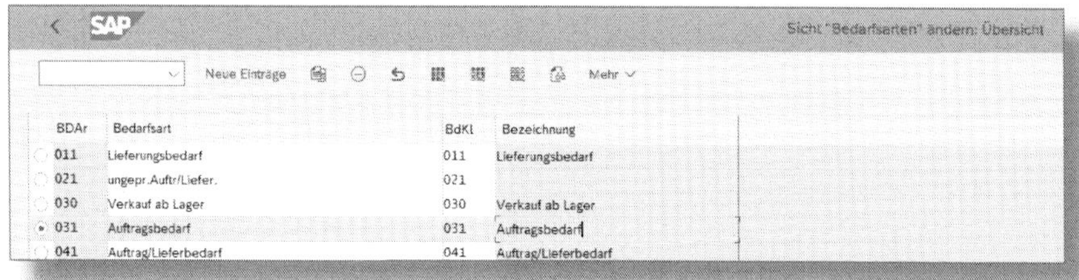

Abbildung 2.19: Zuordnung Bedarfsart 031 zu Bedarfsklasse 031

Auch hier sei angemerkt, dass sich das Customizing bzgl. der Bedarfsklassen und Bedarfsarten auch über das aATP einstellen lässt. Es gibt also verschiedene Wege, die am Ende zum selben Ergebnis führen.

2.2.2 Einstellungen via Fiori-Apps

Nachdem die Voraussetzungen für eine Aktivierung der Kontingentierung im Customizing erfüllt worden sind, widme ich mich nun den Einstellungsmöglichkeiten über SAP-Fiori-Apps. Abbildung 2.20 zeigt eine Übersicht über die im Bereich der Kontingentierung verfügbaren Fiori-Apps.

Abbildung 2.20: Fiori-Apps im Bereich der Kontingentierung – Übersicht

Damit die relevanten Fiori-Apps im sogenannten *Fiori Launchpad* des jeweiligen Users sichtbar sind und ausgewählt werden können, müssen bestimmte Voreinstellungen vorgenommen werden.

Hinweis Literatur: Set-up Fiori-Apps

Dieses Buch behandelt explizit kein Set-up von Fiori-Apps. Wenn Sie sich damit näher befassen wollten, empfehle ich »Grundlagen für Einsteiger in SAP S/4HANA« von Manfred Sprenger (Espresso Tutorials, 2022).

Abbildung 2.21 zeigt die Zuordnung der relevanten Rollen zu den fünf die Kontingentierung betreffenden Fiori-Apps auf.

SAP-Fiori-App	Zuordnung zu Benutzerrolle	Transaktion
Kontingentierung konfigurieren	SAP_BR_INTERNAL_SALES_REP	PFCG / SU02
Kontigentierungsplandaten verwalten	SAP_BR_INTERNAL_SALES_REP	PFCG / SU02
Produkte zur Kontigentierung zuordnen	SAP_BR_INTERNAL_SALES_REP	PFCG / SU02
Kontingentierungssequenzen verwalten	SAP_BR_INTERNAL_SALES_REP	PFCG / SU02
Kontingentierungsübersicht	SAP_BR_INTERNAL_SALES_REP	PFCG / SU02

Abbildung 2.21: Benutzerrollen für FIORI Apps – Kontingentierung

Über die Transaktion *PFCG* – Rollenpflege kann ich auf Basis der Rollen alle Benutzer anschauen und prüfen, ob die benötigte Rolle einem Benutzer zugeordnet ist. Hierzu gebe ich z. B. die Rolle *SAP_BR_INTERNAL_SALES_REP* ein und klicke dann zur Anzeige auf das Brillen-Icon (siehe Abbildung 2.22).

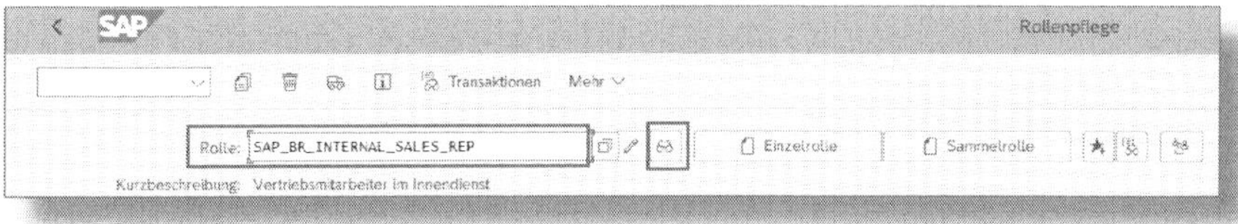

Abbildung 2.22: Transaktion PFCG – Beispiel für Rollenpflege

In dem sich öffnenden Fenster finde ich unter dem Reiter BENUTZER alle Benutzer mit dieser Rolle aufgelistet (siehe Abbildung 2.23).

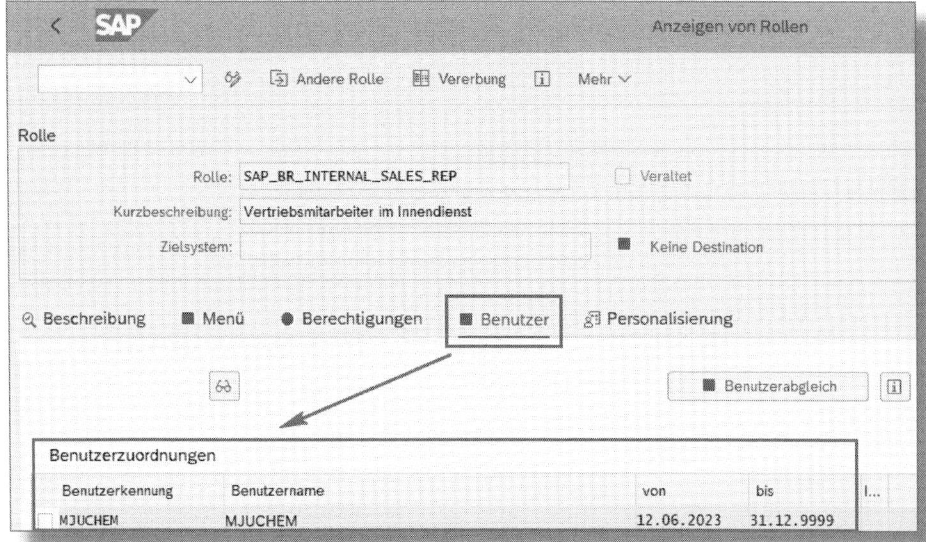

Abbildung 2.23: PFCG-Benutzerpflege – Rolle SAP_BR_INTERNAL_SALES_REP

Kontingentierung konfigurieren

In der App KONTINGENTIERUNG KONFIGURIEREN kann ich *Kontingentierungsobjekte* anlegen, bearbeiten und löschen sowie jederzeit zu den Detailinformationen abspringen. Die Fiori-App ist so aufgebaut, dass ich zunächst über die Filtersicht bereits bestehende Kontingentierungsobjekte suchen und prüfen kann. In meinem Fall gibt es noch kein Kontingentierungsobjekt. Aus diesem Grund navigiere ich auf ANLEGEN ❶, um ein neues Objekt zu kreieren (siehe Abbildung 2.24).

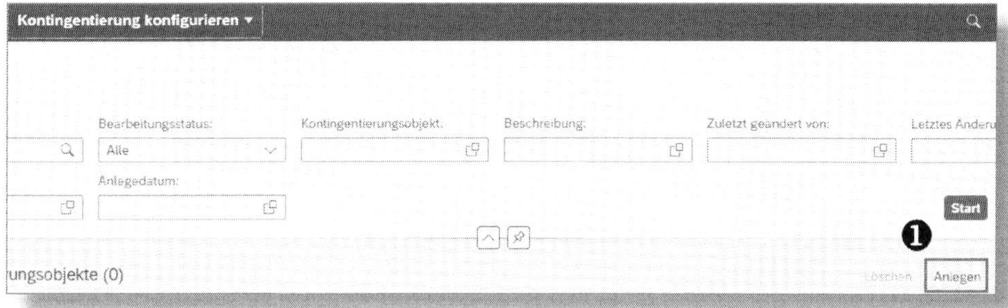

Abbildung 2.24: App »Kontingentierung konfigurieren« – Neuanlage

Unter dem Reiter ALLGEMEINE INFORMATIONEN definiere ich zunächst bestimmte Ausprägungen des neuen Kontierungsobjekts wie beispielsweise MENGENEINHEIT, ZEITRAUMART, den GRUND und die ZEITART des PRÜFDATUMS (siehe Abbildung 2.25). Des Weiteren kann ich eine Sammelkontingentierung auswählen. Ich belasse es bei *Keine Sammelkontingentierung*.

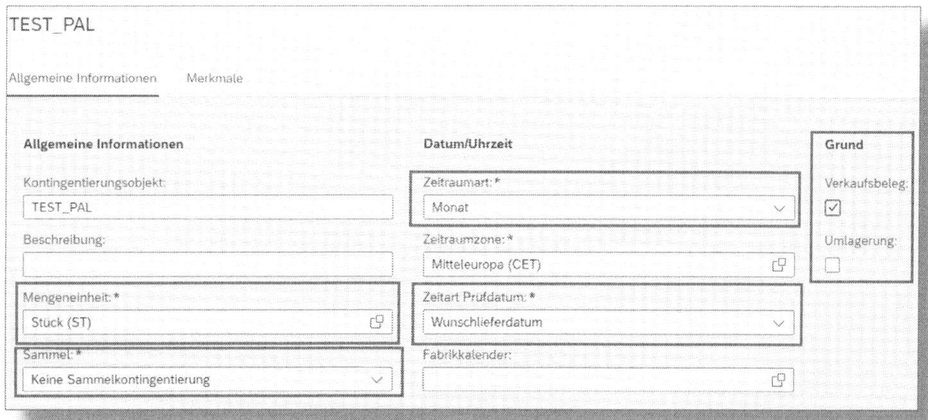

Abbildung 2.25: App »Kontingentierung konfigurieren« – Detailsicht

Unter GRUND muss immer mindestens ein Objekt selektiert werden (eine gleichzeitige Auswahl beider Objekte ist ebenfalls möglich). Diese Selektion steuert, für welches Geschäftsbelegobjekt ein Kontingentierungsobjekt angelegt wird.

Anschließend navigiere ich im Abschnitt MERKMALE auf HINZUFÜGEN (❶ in Abbildung 2.26).

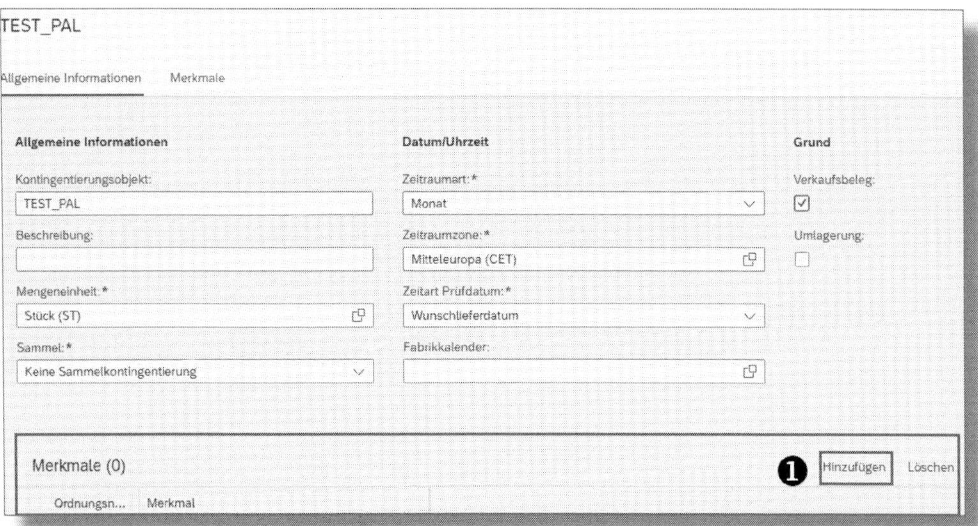

Abbildung 2.26: App »Kontingentierung konfigurieren« – Merkmale

Es öffnet sich ein weiteres Fenster, in dem ich alle MERKMALE auswählen kann, die für die Selektion und Differenzierung der einzelnen Kontingentierungsobjekte genutzt werden (siehe Abbildung 2.27).

Ich selektiere die DEBITORENNUMMER (❶ in Abbildung 2.28), die VERKAUFSORGANISATION (❷ in Abbildung 2.29) sowie den VERTRIEBSWEG ❸. Anschließend bestätige ich via OK.

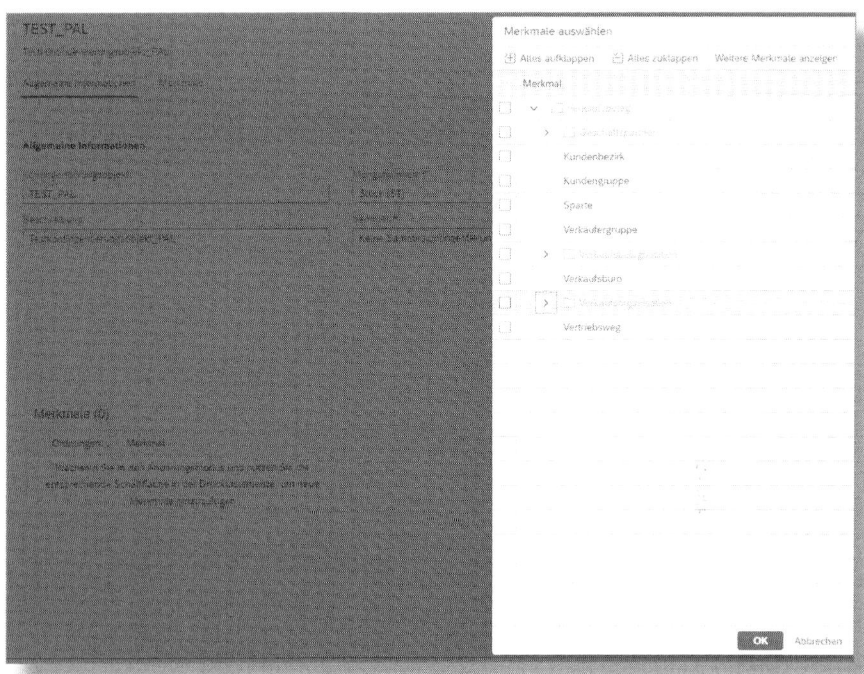

Abbildung 2.27: App »Kontingentierung konfigurieren« – Merkmalsselektion

Merkmale auswählen

Alles aufklappen Alles zuklappen Weitere Merkmale anzeigen

Merkmal

Verkaufsbeleg

Geschäftspartner

Ansprechpartner

Auftraggeber

Debitorennummer ❶

Länder-/Regionenschlüssel

Region (Bundesstaat, Bundesland, Provinz, Grafschaft)

Abbildung 2.28: App »Kontingentierung konfigurieren« – Merkmalsselektion, Debitorennummer

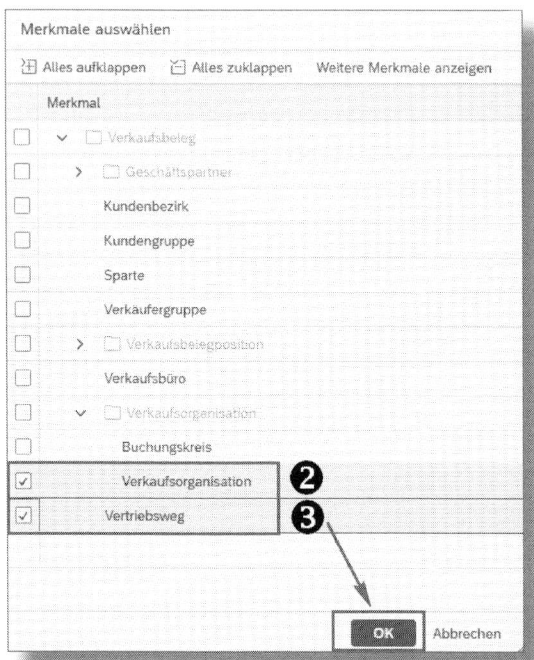

Abbildung 2.29: App »Kontingentierung konfigurieren« – Merkmalsselektion, Verkaufsorganisation und Vertriebsweg

Ergänzende Informationen zu Merkmalen

Es gibt eine Vielzahl von Merkmalsausprägungen, die teilweise erweitert werden können. Hierzu nutzen Sie die App »Merkmalskataloge verwalten«.

Ich navigiere zuletzt auf ANLEGEN und speichere somit mein Kontingentierungsobjekt (siehe Abbildung 2.30).

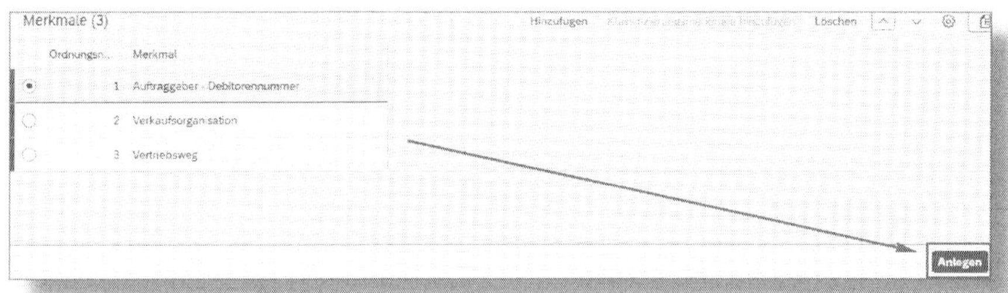

Abbildung 2.30: Speicherung des neuen Kontingentierungsobjekts

Wenn ich nun zum Startbildschirm der Fiori-App zurückkehre, kann ich jederzeit das eben angelegte Kontingentierungsobjekt TEST_PAL bearbeiten oder löschen (siehe Abbildung 2.31).

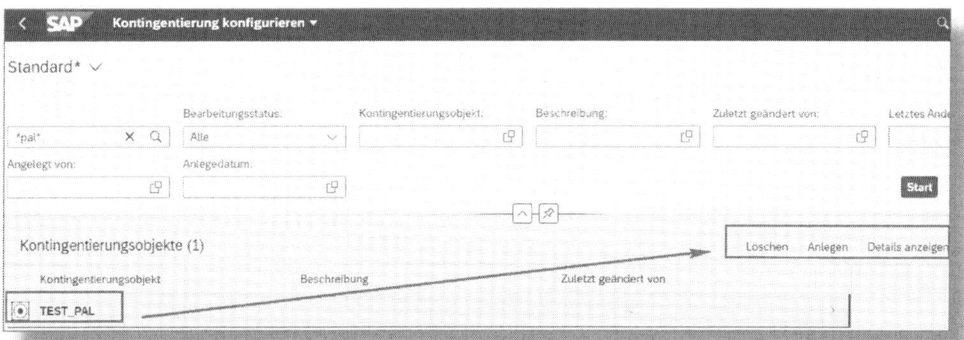

Abbildung 2.31: Kontingentierungsobjekt nachträglich bearbeiten

Nachdem ich nun mein Kontierungsobjekt definiert und angelegt habe, folgt im nächsten Schritt die detaillierte Beplanung dieses Objekts. Hierzu öffne ich die App »Kontingentierungsplandaten verwalten«. Dort pflege ich Merkmalskombinationen und die geplanten Kontingentmengen für bestimmte Zeiträume.

Zunächst muss ich das zuvor angelegte Objekt TEST_PAL filtern und in dessen Detailsicht abspringen: Ich navigiere auf die entsprechende Zeile (siehe Abbildung 2.32).

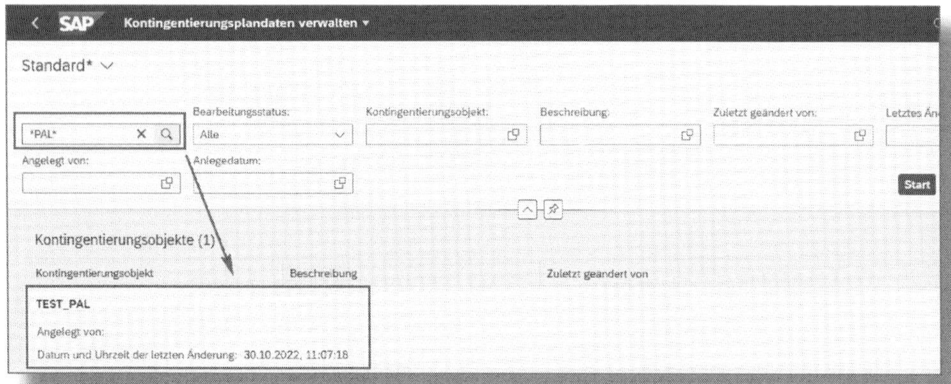

Abbildung 2.32: App »Kontingentierungsplandaten« – Suche Kontingentierungsobjekt

Anschließend navigiere ich auf BEARBEITEN (siehe Abbildung 2.33).

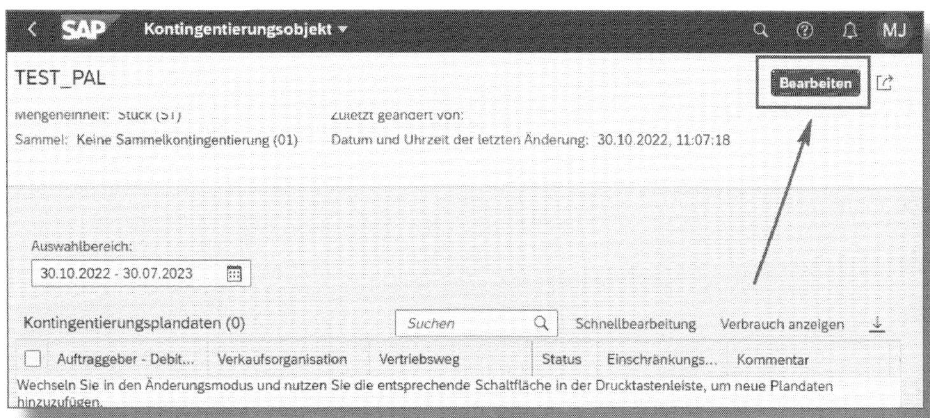

Abbildung 2.33: App »Kontingentierungsplandaten« – Bearbeiten

Über den Button HINZUFÜGEN (❶ in Abbildung 2.34) kann ich neue Plandaten für das Kontierungsobjekt pflegen.

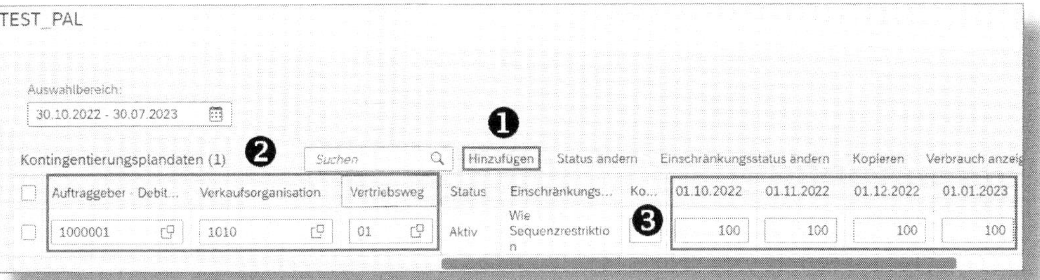

Abbildung 2.34: App »Kontingentierungsplandaten« – Pflege Plandaten

In meinem Beispiel definiere ich, dass der AUFTRAGGEBER *1000001* in der VERKAUFSORGANISATION *1010* und im VERTRIEBSWEG *01* ❷ für die kommenden vier Monate ein festgeschriebenes Kontingent von *100* Stück ❸ ordern darf.

Via SICHERN speichere ich meine Einträge (siehe Abbildung 2.35).

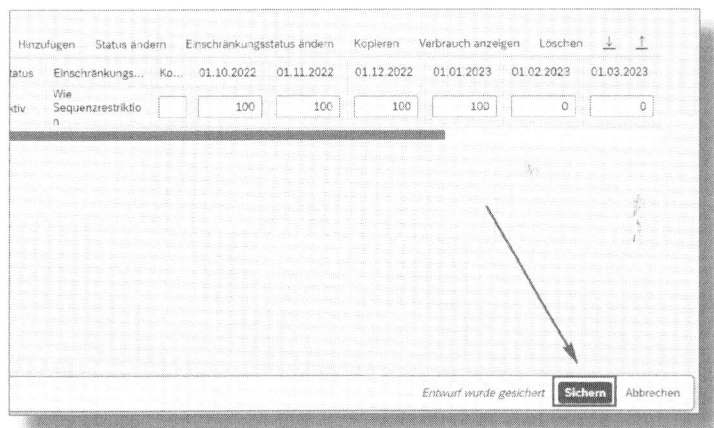

Abbildung 2.35: App »Kontingentierungsplandaten« – Plandaten sichern

Des Weiteren besteht die Option, die Plandaten über Excel in die App zu importieren (❶ in Abbildung 2.36). Die gepflegten Plandaten können ebenso auch jederzeit nach Excel exportiert werden ❷.

Hinzufügen Status ändern Einschränkungsstatus ändern Kopieren Verbrauch anzeigen Löschen ❷ ❶

Status	Einschränkungs...	Ko...	01.10.2022	01.11.2022	01.12.2022	01.01.2023	01.02.2023
Aktiv	Wie Sequenzrestriktion		100	100	100	100	0

Abbildung 2.36: App »Kontingentierungsplandaten« – Up- und Download-Funktionalität

Als Nächstes springe ich in die App »Kontingentierungssequenzen verwalten«. Mithilfe dieser App definiere ich das konkrete Verhalten der Kontingentierung, kombiniere unterschiedliche Kontingentierungsobjekte und lege die Verrechnung von Bedarfen und Kontingenten fest. Wiederum muss ich zunächst eine neue *Kontingentierungssequenz* anlegen. Hierzu navigiere ich auf den Button ANLEGEN (siehe Abbildung 2.37).

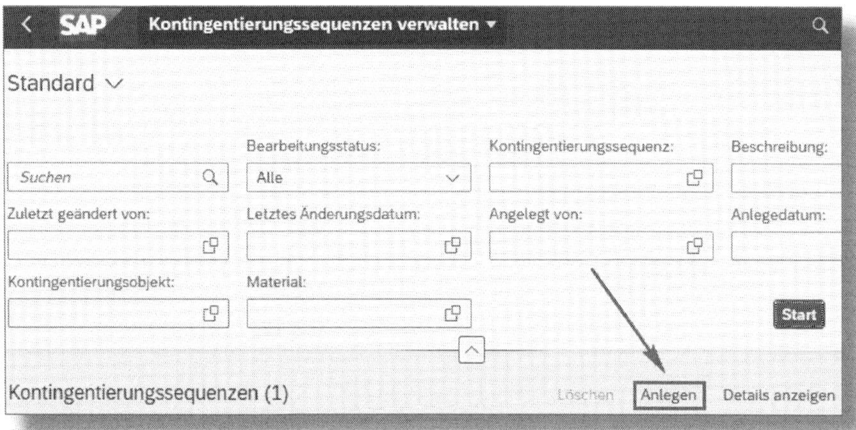

Abbildung 2.37: App »Kontingentierungssequenzen verwalten« – Neuanlage

Ich pflege die ALLGEMEINEN INFORMATIONEN (siehe Abbildung 2.38) und springe dann in den Reiter VERKAUFSSEQUENZGRUPPEN ab.

Abbildung 2.38: App »Kontingentierungssequenzen verwalten« – Neuanlage anhand Beispiel TEST_PAL_SEQ

Weiter unten auf dem Screen tritt eine Fehlermeldung im Bereich VERKAUFSSEQUENZGRUPPEN und KAPAZITÄTSSEQUENZGRUPPEN auf (siehe Abbildung 2.39).

Abbildung 2.39: App »Kontingentierungssequenzen verwalten« – Fehlermeldung bei Neuanlage

Ich navigiere in die Detailsicht der Verkaufssequenzgruppen und erkenne, dass die Zuordnung zu einem KONTINGENTIERUNGSOBJEKT fehlt (siehe Abbildung 2.40).

Abbildung 2.40: App »Kontingentierungssequenzen verwalten« – Verkaufssequenzgruppe, fehlendes Kontingentierungsobjekt

Ich ordne also mein zuvor angelegtes Kontierungsobjekt *TEST_PAL* zu und gehe anschließend auf ÜBERNEHMEN (siehe Abbildung 2.41).

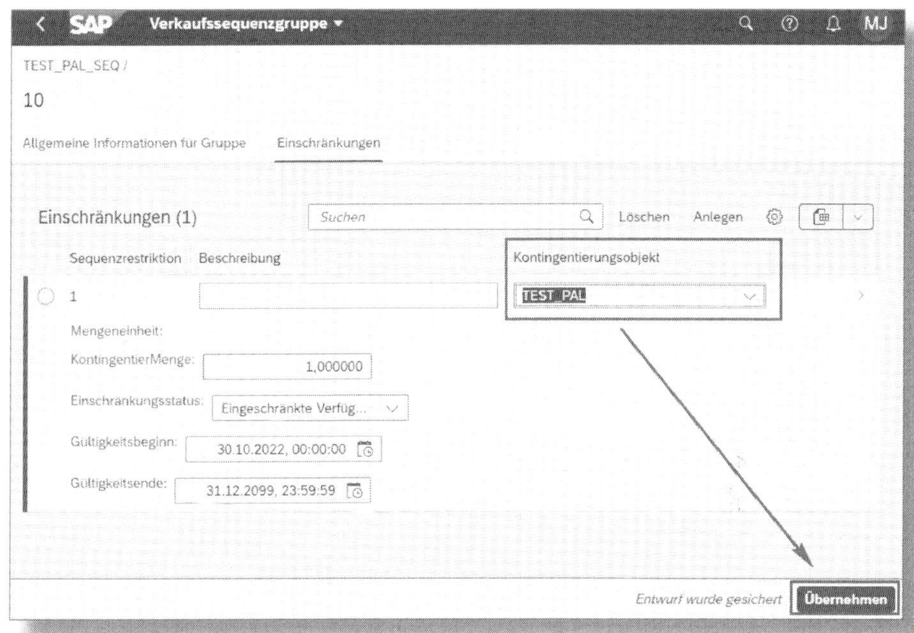

Abbildung 2.41: App »Kontingentierungssequenzen verwalten« – Zuordnung Kontingentierungsobjekt TEST_PAL

Die Fehlermeldung bzgl. der Kapazitätssequenzgruppe ist nun ebenfalls verschwunden (siehe Abbildung 2.42). Der Einfachheit halber lasse ich die Pflege der Kapazitätssequenzgruppen aus und gehe auf ANLEGEN ❶.

Abbildung 2.42: App »Kontingentierungssequenzen verwalten« – Beispiel TEST_PAL_SEQ speichern

Im nächsten Schritt muss ich meinem Kontingentierungsobjekt ein Produkt zuordnen. Hierzu öffne ich die App »Produkte zur Kontingentierung zuordnen«. In dieser App verknüpfe ich Produkte mit den zuvor angelegten Sequenzen. Dadurch kann ich auf Werksebene steuern, für welche Produkte die Kontingentierung greifen soll. Ich suche zuerst über die Filterfunktion nach meiner zuvor erstellten Kontingentierungssequenz *TEST_PAL_SEQ* und navigiere dann auf die dazugehörige Zeile (siehe Abbildung 2.43).

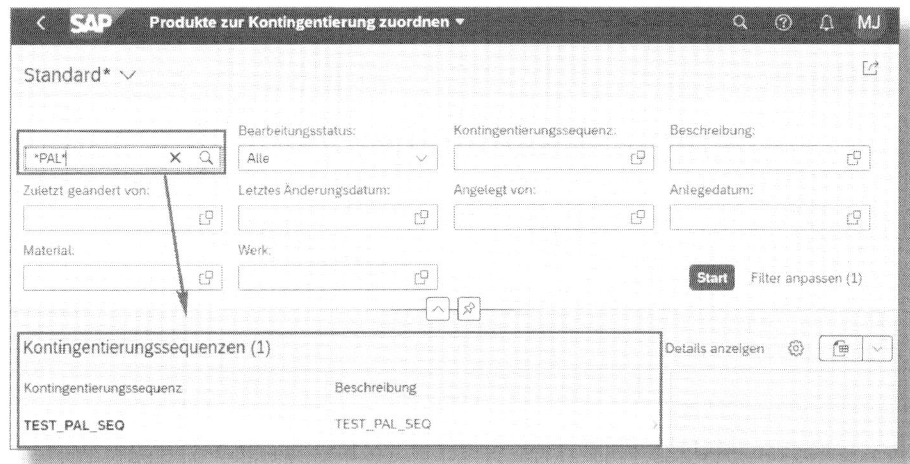

Abbildung 2.43: App »Produkte zur Kontingentierung zuordnen« – Einstieg

Ich navigiere auf die Detailsicht der Kontingentierungssequenz TEST_PAL_SEQ und gehe dann auf BEARBEITEN (siehe Abbildung 2.44).

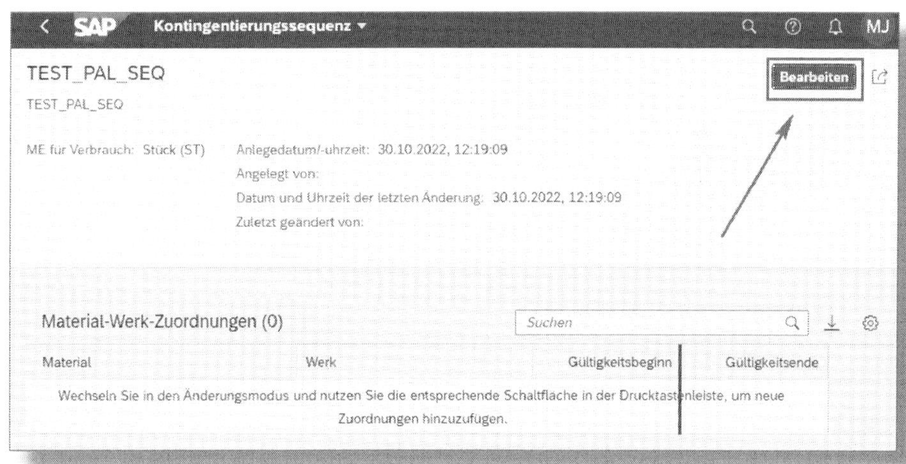

Abbildung 2.44: App »Produkte zur Kontingentierung zuordnen« – Bearbeiten

Via HINZUFÜGEN ❶ im Bereich MATERIAL-WERK-ZUORDNUNGEN kann ich, wie in Abbildung 2.45 zu sehen, eine passende Zuordnung pflegen.

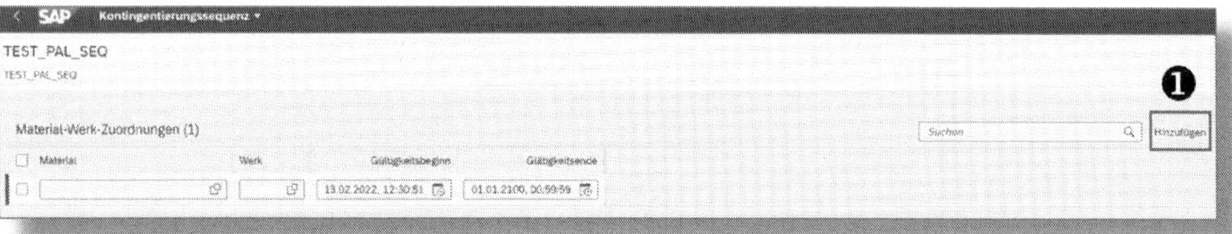

Abbildung 2.45: App »Produkte zur Kontingentierung zuordnen« – Hinzufügen von Material und Werk

Ich wähle MATERIAL und WERK aus und überprüfe GÜLTIGKEITSBEGINN und GÜLTIGKEITSENDE (siehe Abbildung 2.46).

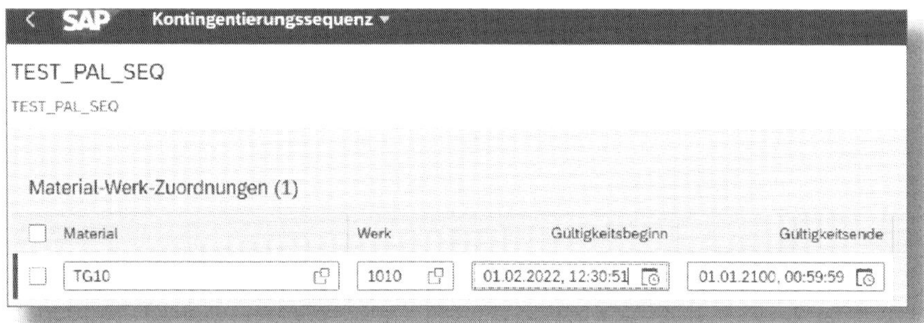

Abbildung 2.46: App »Produkte zur Kontingentierung zuordnen« – Beispieldaten

Anschließend sichere ich meine Einstellungen. Für mein Beispiel bedeutet dies, wie anfangs erwähnt, dass der Kunde, die Omni Sports GmbH, für den definierten Zeitraum jeweils nur 100 Stück vom Material *TG10* im Werk *1010* erhalten darf.

Mit den dargestellten Einstellungen ist das Set-up für die Kontingentierung abgeschlossen, und die Funktionalität kann genutzt werden.

Die letzte App, die ich in diesem Abschnitt vorstellen werde, ist die »Kontingentierungsübersicht«. Mit ihrer Hilfe lassen sich alle Vorgänge, die die Kontingentierung betreffen, sehr übersichtlich monitoren und steuern. Sie unterscheidet sich von den anderen Apps dadurch, dass sie keine Einstellungsoptionen bietet, sondern lediglich für Analysezwecke genutzt werden kann. Dabei folgt sie dem Analyseansatz »vom Allgemeinen zum Detail«.

Nach Navigation in die App erscheint zuerst das sogenannte *Dashboard* mit verschiedenen Kacheln, hinter denen sich unterschiedliche Analysefunktionen verbergen (siehe Abbildung 2.47 und Abbildung 2.48).

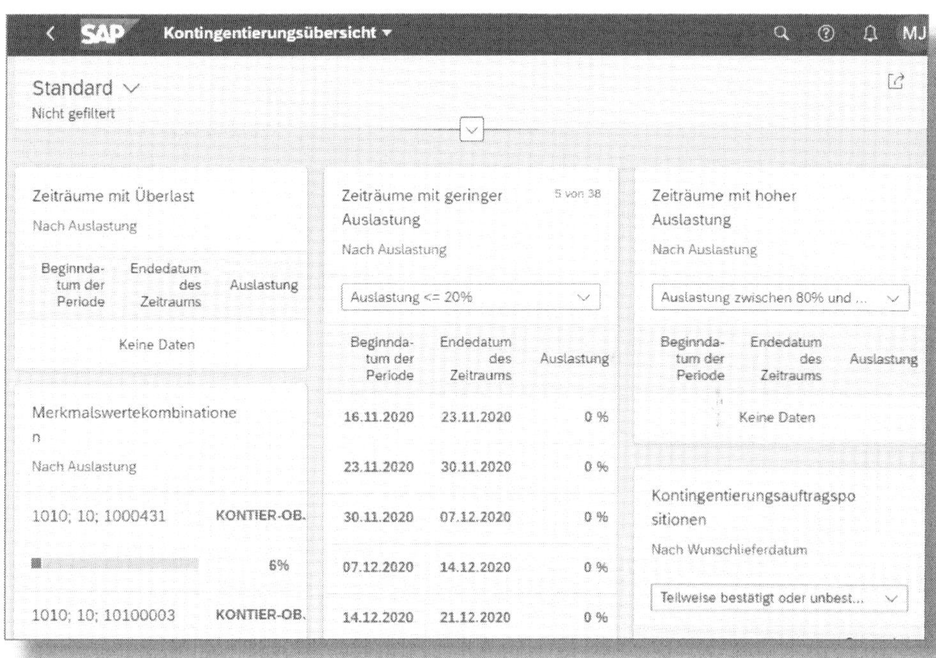

Abbildung 2.47: App »Kontingentierungsübersicht« – Detailsicht 1

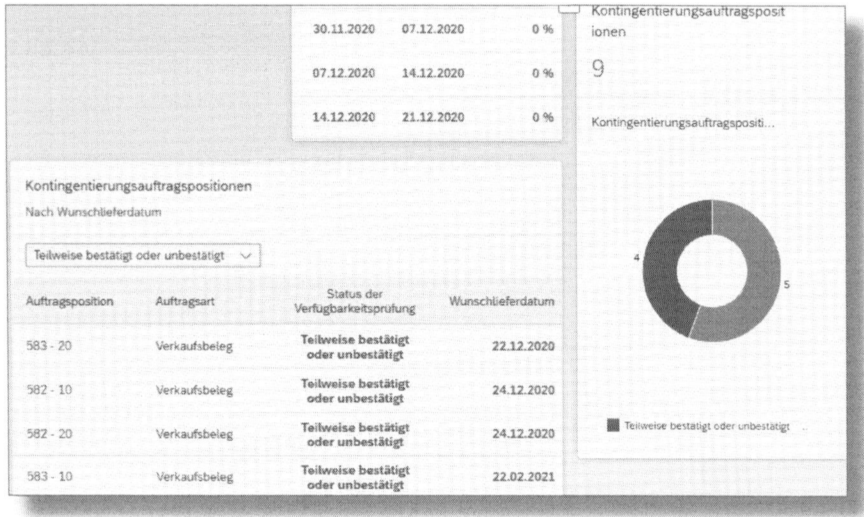

Abbildung 2.48: App »Kontingentierungsübersicht« – Detailsicht 2

Da ich in diesem Buch den Fokus auf das Customizing und das Set-up von Funktionalitäten lege, soll dieser Exkurs auf das Dashboard an dieser Stelle genügen.

2.3 Alternativen-basierte Bestätigung

Die Alternativen-basierte Bestätigung, auf Englisch *Alternative-Based Confirmation (ABC)*, dient dazu, Prüfungen auf Produktverfügbarkeit zu erweitern und gewünschte Substitutionsregeln entweder auf Produkt- oder auf Werksebene systematisch abzubilden.

Substitution auf Werksebene

Ein Kunde bestellt Notebooks, die in der Regel im Werk Bonn hergestellt werden. Die Notebooks sind aber aktuell nicht mehr im Werk Bonn vorhanden, und durch die Substitutionsregel der ABC fragt das System automatisiert die Produktverfügbarkeit von denselben Notebooks im Werk Düsseldorf ab. Sind die Notebooks dort ebenfalls nicht mehr verfügbar, geht das System weiter und prüft nach und nach jedes einzelne Werk entsprechend der jeweils hinterlegten Substitutionsregel.

Substitution auf Produktebene

Produkt A ist ein USB-Stick mit einer Speicherkapazität von 16 GB. Der Kunde bestellt nun Produkt A, und das System stellt fest, dass Produkt A nicht mehr verfügbar ist. Durch eine Substitutionsregel, basierend auf der ABC, wird automatisiert Produkt A mit der Variante 32 GB ermittelt und dem Kunden vorgeschlagen. Der Kunde kann dann selbst wählen, ob er die Variante mit der höheren Speicherkapazität möchte oder nicht.

In beiden Fällen ist es das Ziel, durch automatisierte Substitutionsregeln den manuellen Aufwand während der Bearbeitung von Kundenaufträgen zu minimieren und den Kundenanfragen möglichst gerecht zu werden.

! Zusatzinformationen zum Umgang mit Substitutionsregeln

- Aktuell können Sie nur Bedarfe für die Geschäftsbelegklasse »Kundenauftrag« bearbeiten.
- Wenn Sie Verkaufsprozesse mit der erweiterten Variantenkonfiguration nutzen, müssen Sie im Zusammenhang mit der Definition von Klassifizierungsmerkmalen für die Kontingentierung und einer Substitution in der ABC aufpassen: Die ursprünglich von den Verkaufsvorgängen bereitgestellten Daten werden nur teilweise aktualisiert. Einige Daten müssen daher manuell geändert werden.

Auch im Bereich der ABC werden die relevanten Einstellungsoptionen nur in Fiori-Apps zur Verfügung gestellt. Abbildung 2.49 zeigt die einschlägigen Apps.

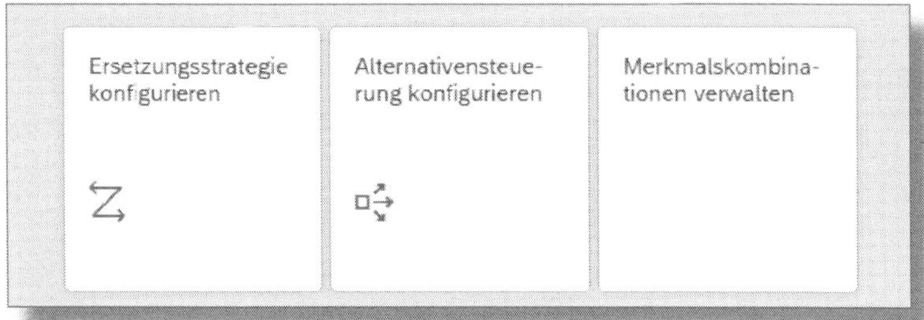

Abbildung 2.49: Fiori-Apps im Bereich der ABC – Übersicht

Ich kann diese Apps nur aufrufen, wenn mir die folgende Geschäftsrolle zugeordnet ist: *Order Fulfillment Manager (Rollen-ID: R0226)*.

Konfiguration einer Ersetzungsstrategie

Zunächst lege ich mithilfe der App »Ersetzungsstrategie konfigurieren« fest, welche Ersetzungsstrategie und Alternativenermittlung angewendet wird, sofern ein Kundenauftragsbedarf nicht gemäß der ursprünglichen Anforderung bestätigt werden kann.

Ich rufe die App auf. Sie ist analog zu den zuvor gezeigten Fiori-Apps aufgebaut. Ich kann zunächst nach bereits vorhandenen Einträgen suchen und über den Button ANLEGEN eine neue Strategie konfigurieren (siehe Abbildung 2.50).

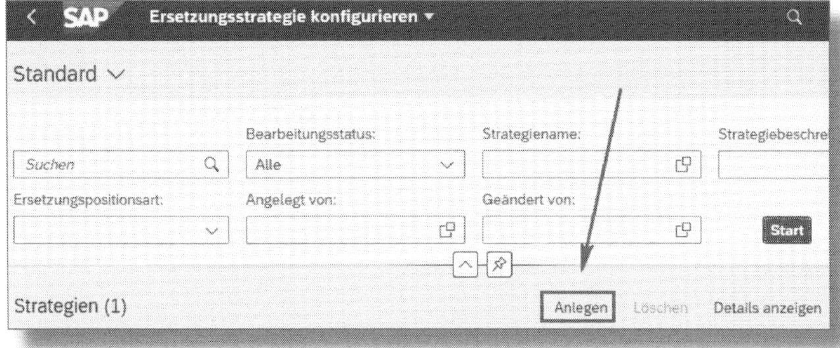

Abbildung 2.50: App »Ersetzungsstrategie konfigurieren« – Neuanlage

Unter den ALLGEMEINEN INFORMATIONEN sind zunächst die zentralen Regeln für die Strategieermittlung einzustellen (siehe Abbildung 2.51).

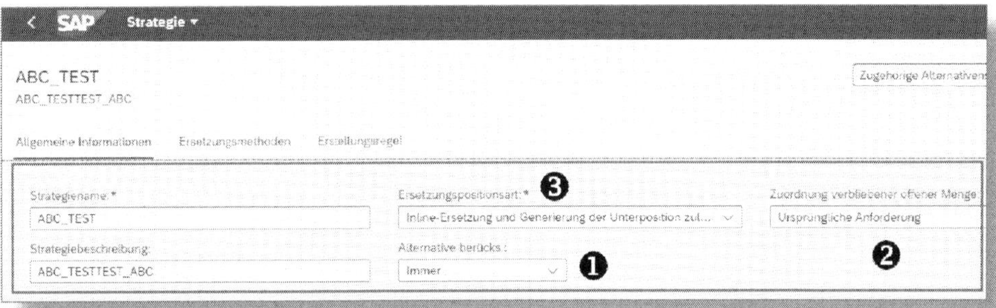

Abbildung 2.51: App »Ersetzungsstrategie konfigurieren« – Neuanlage anhand Beispiel ABC_TEST

Ich definiere, wann eine ALTERNATIVE (Produkt oder Werk) berücksichtigt werden soll ❶. Hier ist entweder die Auswahl *Immer* oder aber *Abhängig vom Ausführungskontext* möglich.

- *Immer* bedeutet an dieser Stelle, dass die Alternative bei jeder Prüfung der Verfügbarkeit ermittelt wird und für alle Bedarfe gilt.
- *Abhängig vom Ausführungskontext* bedeutet, dass Alternativen entweder nur beim Anlegen von Bedarfen ermittelt werden oder aber Alternativen nur dann ermittelt werden, wenn sich Bedarfe ändern.

Die ZUORDNUNG DER VERBLIEBENEN OFFENEN MENGE ist ebenfalls ein wichtiger Bestandteil der Regel. Hier kann ich einstellen, ob jeweils die *Ursprüngliche Anforderung* ❷ aus dem Kundenauftrag, die *Führende Ersetzung* oder aber *Führende Ersetzung, dann ursprüngliche Anfrage* zugeordnet werden soll.

- Die *Ursprüngliche Anforderung* steuert, dass die verbleibende offene Menge der ursprünglichen Anforderung zugeordnet wird.

- Die *Führende Ersetzung* besagt, dass, wenn ein Ersatz das Führungskennzeichen aufweist, die verbliebene offene Menge diesem Ersatz zugeordnet wird.
- Die *Führende Ersetzung, dann ursprüngliche Anfrage* bewirkt, dass, wenn ein Ersatz das Führungskennzeichen aufweist, die verbliebene offene Menge diesem Ersatz zugeordnet wird. Wenn es aber mehrere oder keinen Vertreter mit einem Führungskennzeichen gibt, wird der Vertreter der ursprünglichen Anforderung für die Zuordnung der verbliebenen offenen Menge ausgewählt.

Die letzte wichtige Einstellung muss in dem Feld ERSETZUNGSPOSITIONSART ❸ getroffen werden:

- Der Wert *Inline-Ersetzung erzwingen* bedeutet: Wenn das System ein Wunsch-Lieferwerk durch ein alternatives Werk ersetzt, wird das ursprüngliche Werk überschrieben. In der Bestätigung fehlt dann jeglicher Hinweis auf das Wunsch-Lieferwerk.
- Der Wert *Generierung der Unterposition erzwingen* bewirkt, dass die ursprüngliche Position des Kundenauftrags beibehalten wird und für jede Kombination aus Werk, Lagerort und Produkt, die zur Auftragserfüllung verwendet wird, eine Unterposition im Kundenauftrag angelegt wird.
- Die Option *Inline-Ersetzung und Generierung der Unterposition zulassen* dient dazu, beide oben genannten Möglichkeiten zuzulassen und diese in einer Wenn-dann-Kombination auszuführen.

Ich entscheide mich in meinem Beispiel für die Selektion *Immer*, da ich möchte, dass die Alternative bei jeder Prüfung der Verfügbarkeit ermittelt wird und für alle Bedarfe gelten soll. Zudem entscheide ich mich für *Ursprüngliche Anforderung*, da die verbliebene offene Menge der ursprünglichen Anforderung zugeordnet werden soll. *Inline-Ersetzung und Generierung der Unterposition zulassen* habe ich ausgewählt, damit die zuvor beschriebenen Möglichkeiten in diesem Bereich frei gewählt werden können.

Im Reiter ERSETZUNGSMETHODEN (siehe Abbildung 2.52) lege ich anschließend fest, welche Ersetzungsmethoden auswählbar sein sollen.

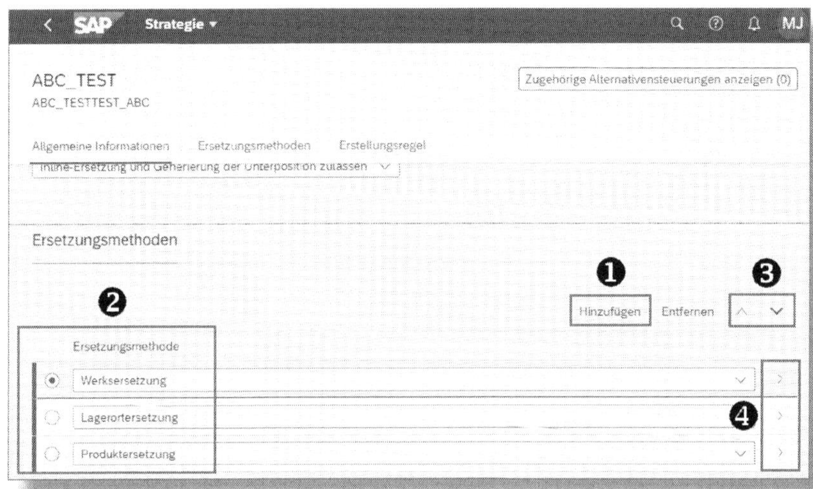

Abbildung 2.52: App »Ersetzungsstrategie konfigurieren« – Definition Ersetzungsmethoden

Über den Button HINZUFÜGEN ❶ kann ich folgende Optionen ❷ selektieren:

- *Werksersetzung*
- *Lagerortersetzung*
- *Produktersetzung*

Wichtig zu wissen ist, dass alle drei Methoden selektiert und über die Pfeilsymbole ❸ hierarchisch angeordnet werden können. Über den Pfeil ganz rechts in der Spalte ❹ springe ich in die Detailsicht ab, um dort erweiterte Einstellungen vorzunehmen.

Dabei besteht die Möglichkeit, eine ERSETZUNGSMETHODENQUELLE auszuwählen (siehe Abbildung 2.53).

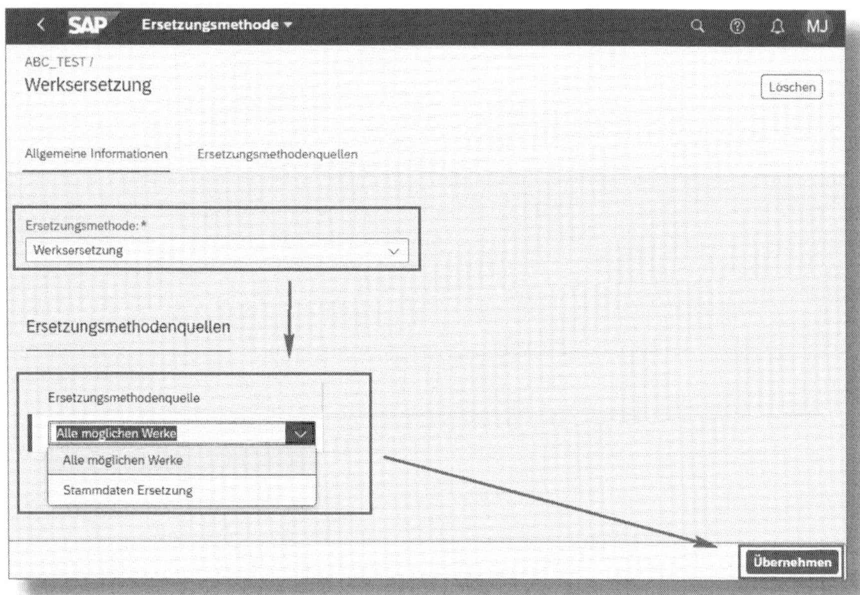

Abbildung 2.53: App »Ersetzungsstrategie konfigurieren« – Pflege Ersetzungsmethodenquelle

Hier kann ich zwischen den folgenden Werten selektieren:

- Die Einstellung *Alle möglichen Werke* (nur bei Werksersetzung vorhanden) lässt das System alle Werke berücksichtigen, in denen das Material des Kundenauftragsbedarfs definiert ist.
- Die *Stammdaten-Ersetzung* (bei Lagerort-, Werks- und Produktersetzung vorhanden) ermöglicht es, eine Liste alternativer Werke zu pflegen, die dann gemäß bestimmten Filterkriterien, wie beispielsweise verwendete Verkaufsorganisation oder Vertriebsweg, als Alternativen durchlaufen werden. Hierbei kann man zusätzlich die Reihenfolge/Priorität und eine Zeitabhängigkeit definieren.

Via ÜBERNEHMEN speichere ich meine Auswahl ab.

☛ Zusatzinformation zur Stammdaten-Ersetzung

Um eine Stammdaten-Ersetzung einstellen zu können, beispielsweise im Falle einer Produktersetzung, wird zusätzlich folgende Geschäftsrolle benötigt: *Stammdatenspezialist – Produktdaten (Rollen-ID: R0097-13)*

Folgende Fiori-Apps sind bei der Stammdaten-Ersetzung relevant:

- »Vertretungsgründe verwalten«
- »Vertretungsgruppen verwalten«
- »Substitutionskontrollen verwalten«
- »Vertretungen verwalten«
- »Ausschlüsse verwalten«

Ich selektiere die *Werksersetzung* und *Alle möglichen Werke* als ERSETZUNGSMETHODENQUELLE (siehe Abbildung 2.53).

Ich navigiere in den Bereich ERSTELLUNGSREGEL und anschließend auf HINZUFÜGEN (siehe Abbildung 2.54).

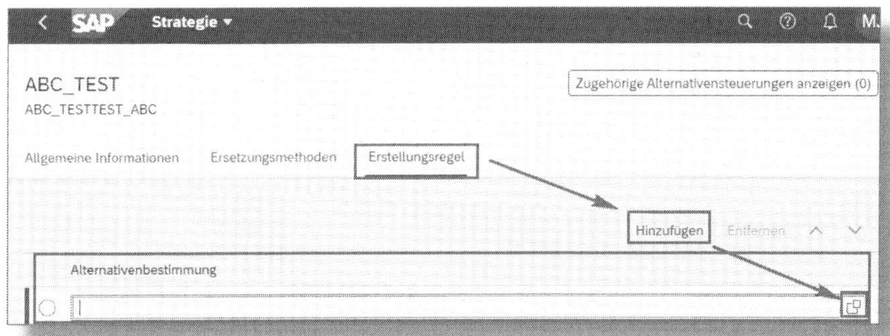

Abbildung 2.54: App »Ersetzungsstrategie konfigurieren« – Anlage Erstellungsregel

Über die Wertehilfe habe ich die Möglichkeit, Regeln für die ALTERNATIVENBESTIMMUNG zu selektieren (siehe Abbildung 2.55):

- *FULL_CONFIRMATION* zielt darauf ab, die vollständige Wunschmenge zu bestätigen. Ist dies nicht möglich, wird keine Bestätigung erzeugt.
- *MAX_EARLIER_CONFIRMATION* bestätigt die maximal mögliche Menge.
- *ON_TIME_CONFIRMATION* zielt darauf ab, nur zum Wunschlieferdatum bzw. die maximal mögliche Menge zum Wunschlieferdatum zu bestätigen.

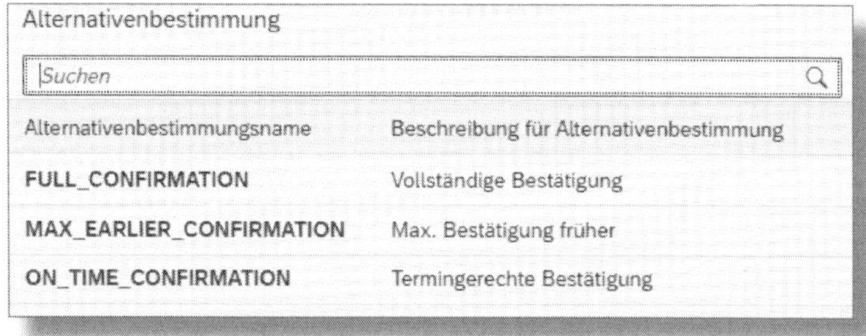

Abbildung 2.55: App »Ersetzungsstrategie konfigurieren« – Selektion Alternativenbestimmung

Ich selektiere die Bestätigungsregel *MAX_EARLIER_CONFIRMATION* und speichere meine Konfiguration via ANLEGEN (siehe Abbildung 2.56).

Die Ersetzungsstrategie wurde nun erfolgreich angelegt, gespeichert und kann nun jederzeit bearbeitet werden (siehe Abbildung 2.57).

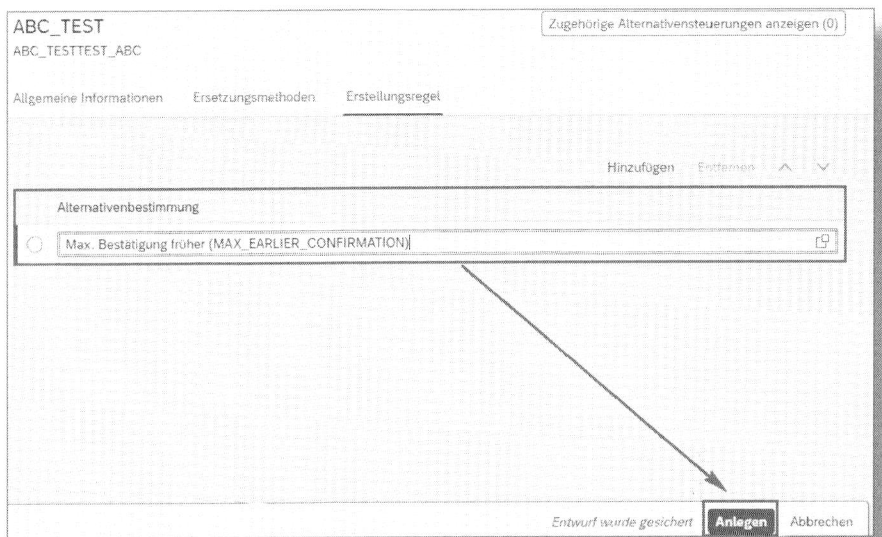

Abbildung 2.56: App »Ersetzungsstrategie konfigurieren« – Beispiel ABC_TEST speichern

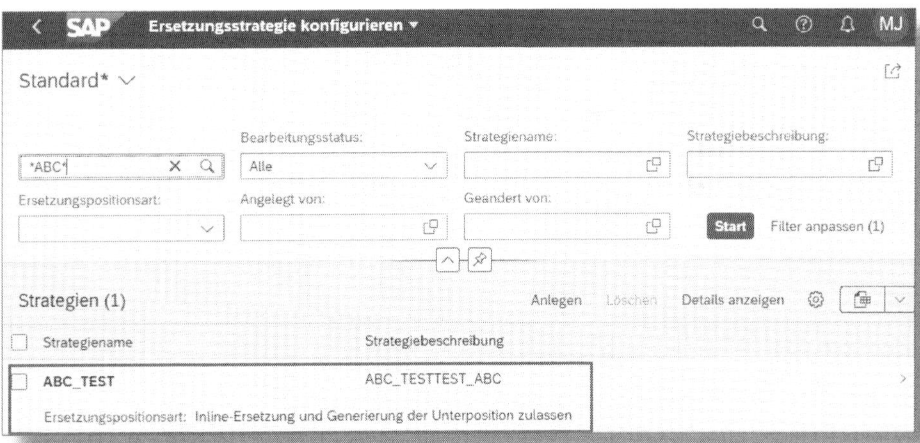

Abbildung 2.57: App »Ersetzungsstrategie konfigurieren« – Übersicht der angelegten Strategie ABC_TEST

Als Nächstes navigiere ich zu der App »Merkmalskombinationen verwalten«. Mit ihrer Hilfe kann ich im Bereich Verkauf Merkmalskombinationen für die Substitutionsregeln erstellen. Auch hier lassen sich zunächst bestehende Merkmalskombinationen filtern, suchen, anlegen oder löschen.

Ich navigiere auf ANLEGEN (siehe Abbildung 2.58).

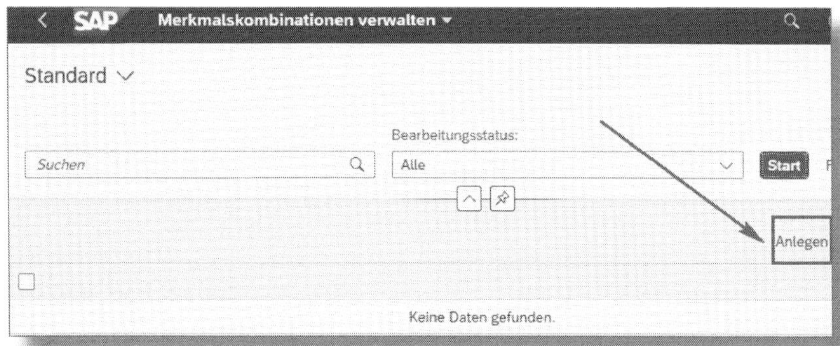

Abbildung 2.58: App »Merkmalskombinationen verwalten« –Neuanlage

Danach vergebe ich eine eindeutige KOMBINATIONSBESCHREIBUNG (siehe Abbildung 2.59).

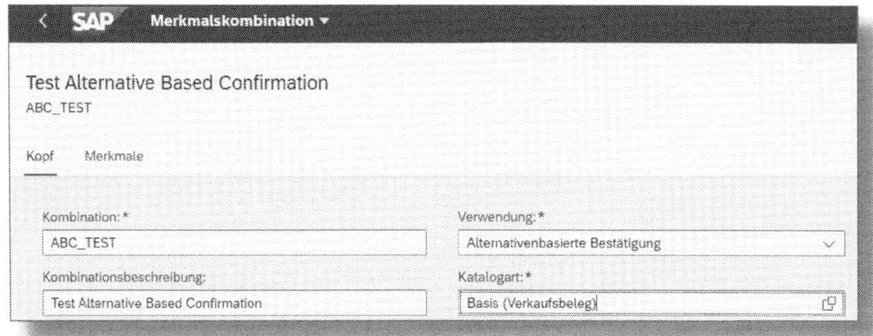

Abbildung 2.59: App »Merkmalskombinationen verwalten« –Neuanlage Kombination ABC_TEST

In meinem Fall entscheide ich mich für *Test Alternative Based Confirmation*. Dann selektiere ich die VERWENDUNG: *Alternativen-basierte Bestätigung* und die KATALOGART: *Basis (Verkaufsbeleg)*.

Unter dem Reiter MERKMALE werde ich die Auswahl von Merkmalen vornehmen. Hierzu navigiere ich auf ZUORDNEN (siehe Abbildung 2.60).

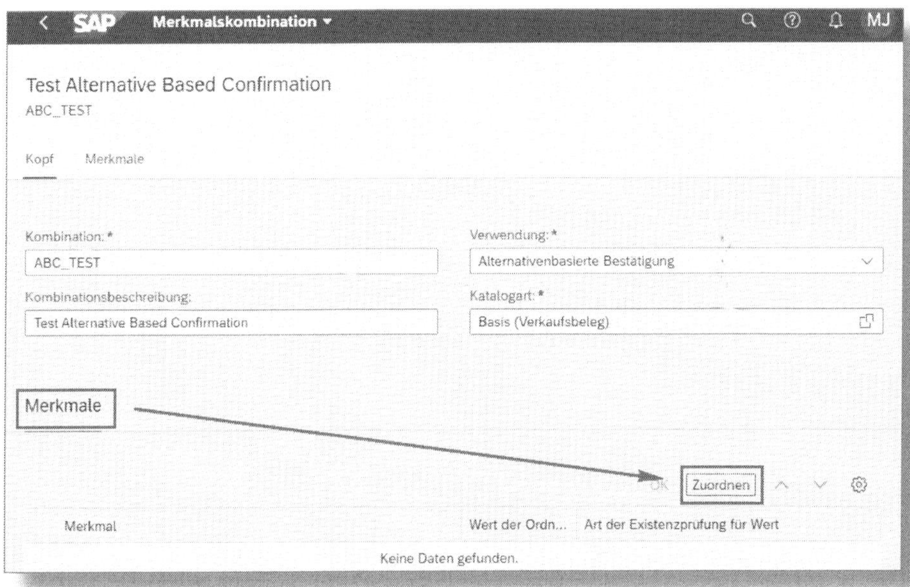

Abbildung 2.60: App »Merkmalskombinationen verwalten« – Merkmalszuordnung

In meinem Beispiel wähle ich die MATERIALNUMMER ❶ sowie die DEBITORENNUMMER des AUFTRAGGEBERS ❷ aus (siehe Abbildung 2.61).

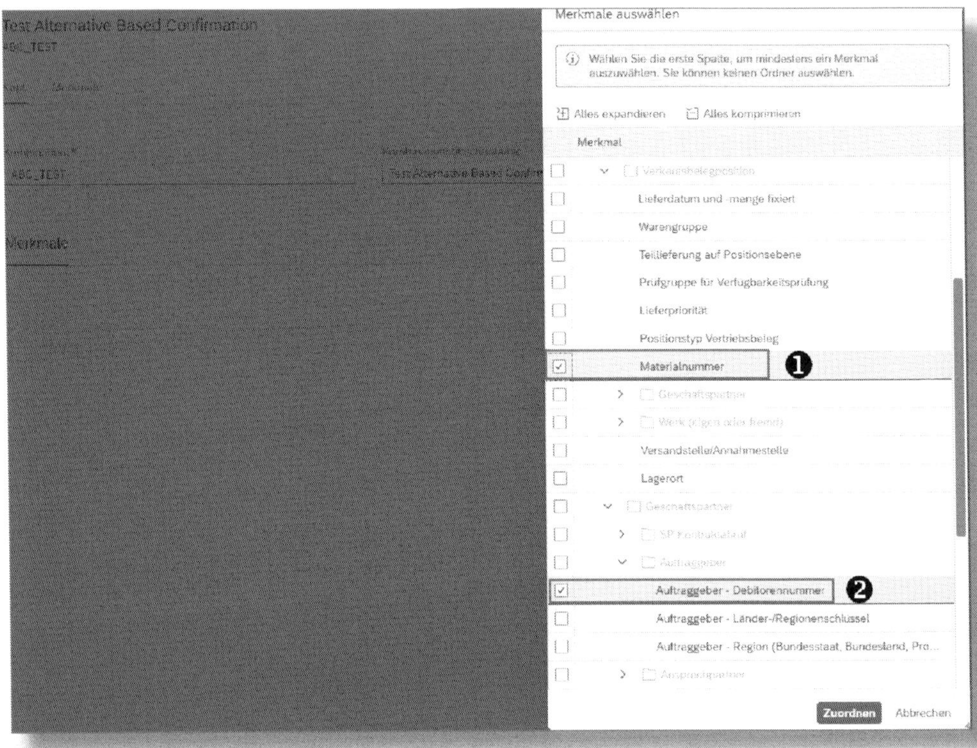

Abbildung 2.61: App »Merkmalskombinationen verwalten« – Merkmalszuordnung von Materialnummer und Auftraggeber

Mittels ZUORDNEN bestätige ich die Auswahl und springe zurück in den Bearbeitungsscreen. Anschließend bestätige ich die Einträge mit Klick auf ANLEGEN (siehe Abbildung 2.62).

In der Übersicht der App »Merkmalskombinationen verwalten« kann die Merkmalskombination jederzeit bearbeitet werden (siehe Abbildung 2.63).

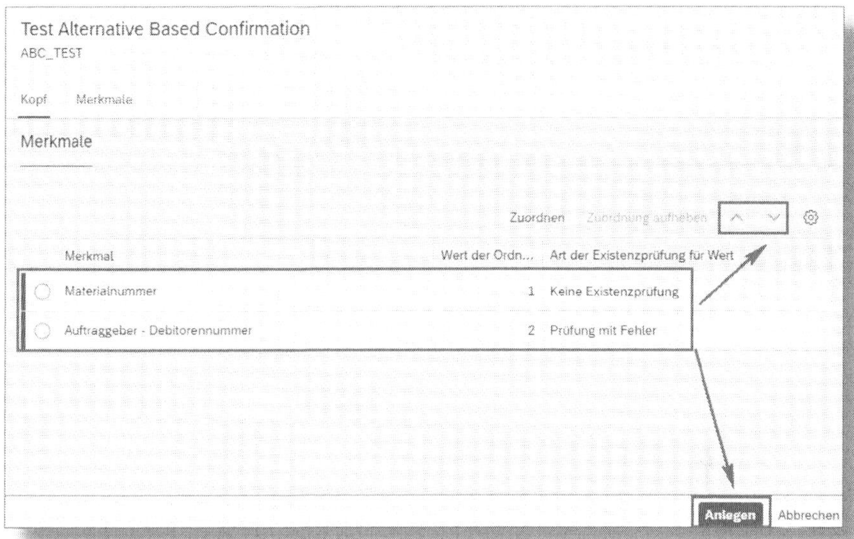

Abbildung 2.62: App »Merkmalskombinationen verwalten« –Sicherung Merkmalszuordnung

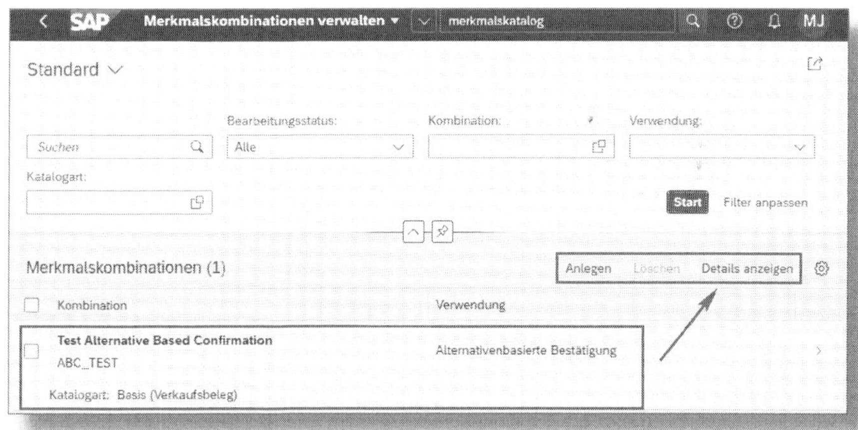

Abbildung 2.63: App »Merkmalskombinationen verwalten« – nachträgliche Bearbeitung

Im Folgeschritt öffne ich die App »Alternativensteuerung konfigurieren«. Die *Alternativensteuerung* basiert auf einer Definition von Merkmalen, die anschließend einer Ersetzungsstrategie zugeordnet werden. Ich navigiere im Startscreen direkt auf ANLEGEN (❶ in Abbildung 2.64).

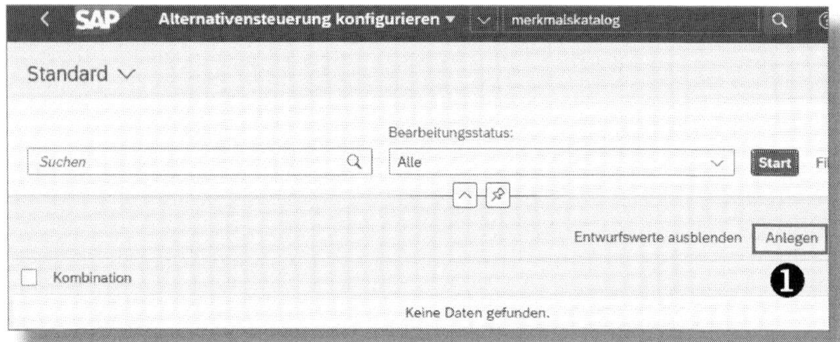

Abbildung 2.64: App »Alternativensteuerung konfigurieren« – Neuanlage

Anschließend selektiere ich die zuvor angelegte Merkmalskombination ABC_TEST (siehe Abbildung 2.65).

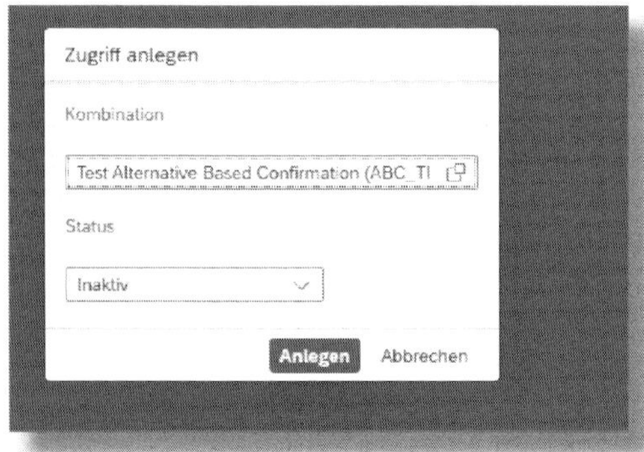

Abbildung 2.65: App »Alternativensteuerung konfigurieren« –Selektion Kombination ABC_TEST

Auch hier bestätige ich meine Eingaben wieder über ANLEGEN.

In der folgenden Eingabemaske (siehe Abbildung 2.66) kombiniere ich über den Button HINZUFÜGEN eine Merkmalswertkombination mit einer Ersetzungsstrategie.

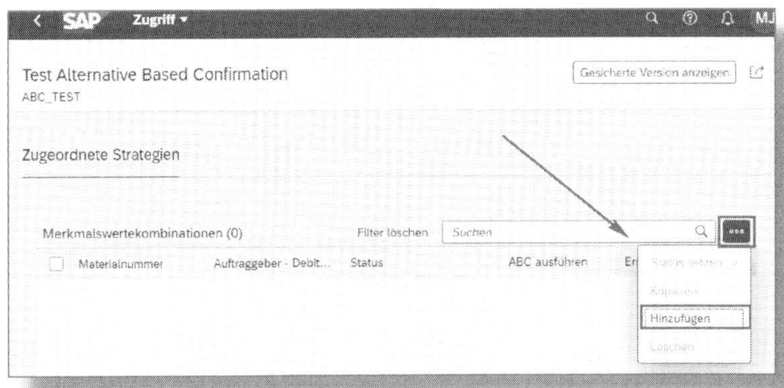

Abbildung 2.66: App »Alternativensteuerung konfigurieren« – Zuordnung Ersetzungsstrategie ABC_TEST

In meinem Beispiel selektiere ich das Material *TG10*, den Auftraggeber *1000001* ❶, die zuvor erzeugte Ersetzungsstrategie: *ABC_TEST* ❷ und klicke auf SICHERN ❸ (siehe Abbildung 2.67).

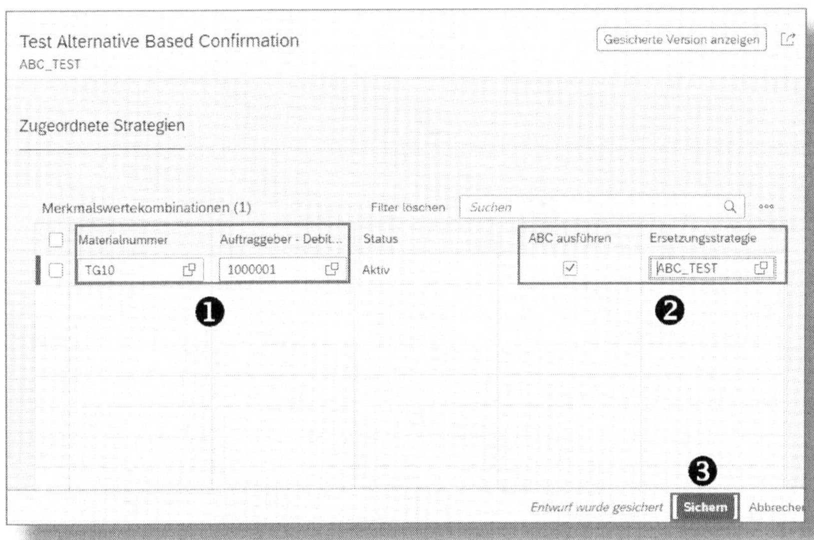

Abbildung 2.67: App »Alternativensteuerung konfigurieren« – Zuordnung Ersetzungsstrategie ABC_TEST und Materialnummer/ Auftraggeber

Via ANLEGEN speichere ich meine Einstellungen. Aber der STATUS ist zunächst auf INAKTIV gesetzt. Über den entsprechenden Button kann ich meine Einträge AKTIVIEREN (siehe Abbildung 2.68).

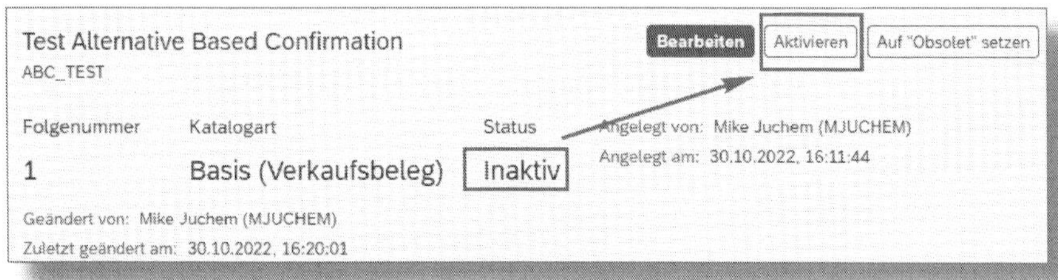

Abbildung 2.68: App »Alternativensteuerung konfigurieren« – Aktivierung Alternativensteuerung

Abbildung 2.69 zeigt den geänderten STATUS.

Abbildung 2.69: App »Alternativensteuerung konfigurieren« – Statusübersicht

Nach all diesen Einstellungen kann ich die ABC exemplarisch für das Material *TG10* und den Kunden *1000001* auf der Ebene der Werksersetzung nutzen.

2.4 Rückstandsbearbeitung

Die *Rückstandsbearbeitung*, auf Englisch *Back Order Processing (BOP)*, bezeichnet eine Methode der Auftragsbearbeitung und -bestätigung, bei der Kundenaufträge nach gewissen Priorisierungsstrategien umverteilt werden. Im Grunde genommen werden Premiumkunden und deren Bedarfe bzw. Kundenaufträge bevorzugt behandelt und die eingehenden Aufträge automatisiert durch das System entsprechend umverteilt.

Beispiel Rückstandsbearbeitung

Nehmen wir an, dass von Kopfhörern eine verfügbare Menge von 100 Stück existiert. Durch Kundenaufträge sind davon bereits 80 Stück reserviert. Nun tritt ein Premiumkunde mit besseren Konditionen, einer guten Kreditbewertung und vorteilhaften Zahlungsbedingungen an uns heran und bestellt 40 Kopfhörer. Davon sind aber durch die bereits existierenden Aufträge nur noch 20 Stück verfügbar. Der Premiumkunde würde im Normalfall also nur diese 20 Stück erhalten.

Durch die Rückstandsbearbeitung und eine passende Priorisierungsstrategie wurde jedoch festgelegt, dass der Premiumkunde immer bevorzugt wird. Daher verteilt das System automatisiert im Hintergrund die Auftragsbestätigung von einem weniger wichtigen Kunden um und weist die fehlenden 20 Stück ebenfalls dem Premiumkunden zu.

Das beschriebene Vorgehen zielt auf eine verbesserte Zufriedenheit des Premiumkunden ab, die die Kundenloyalität sowie die Servicequalität langfristig steigern soll.

Zudem sorgt das BOP dafür, dass die Daten zur Verfügbarkeit von Waren laufend aktualisiert und bei Kundenaufträgen eins zu eins berücksichtigt werden. Wenn eine Retoure der Kopfhörer eintrifft, die Ware unbeschädigt ist und parallel bereits eine Nachfrage weiterer Kunden vorliegt, kann die retournierte Ware durch das BOP mit in die Verfügbarkeit einbezogen werden. Bei Kundenaufträgen, für die aufgrund der fehlenden Menge eine verspätete Lieferung berechnet wurde, wird daraufhin das Lieferdatum automatisiert vorverlegt. Ebenso passt das System die Auftragsbestätigung an und sorgt für eine vorgezogene Lieferung an den jeweiligen Kunden.

Des Weiteren können durch das BOP Kundenaufträge jederzeit storniert werden. Die bereits allokierte Menge wird dann ebenfalls in die Verfügbarkeitsprüfung einbezogen.

Auch in diesem Abschnitt gibt es wieder Einstellmöglichkeiten, die entweder über das Customizing oder über Fiori-Apps prozessiert werden können. Ich wende mich zunächst der Pflege im Customizing im Backend-System zu, um einige wichtige Voraussetzungen zu schaffen.

2.4.1 Customizing

Ich navigiere über Customizing-Pfad: ANWENDUNGSÜBERGREIFENDE KOMPONENTEN • ERWEITERTES AVAILABLE-TO-PROMISE (AATP) • RÜCKSTANDSBEARBEITUNG (BOP).

Hier finde ich folgende Einstellungsmöglichkeiten:

1 Profil für die Parallelbearbeitung von Kundenaufträgen nach BOP definieren

2 Geschäftsszenario für Rückstandsauflösung konfigurieren

In der ersten Customizing-Aktivität kann ich, sofern ich sie nutze, ein Profil für die Parallelverarbeitung von *Kundenauftragsfortschreibungen* nach der Rückstandsbearbeitung anlegen.

In der zweiten Customizing-Aktivität erfolgt die Zuordnung einer Prüfregel zu einem Werk. Diese Prüfregel gibt vor, nach welchen Regeln die Verfügbarkeitsprüfung durchgeführt werden soll. Die hier gepflegte Kombination von Werk und Prüfregel wird später auch für die Produktionsplanung verwendet.

Abbildung 2.70 zeigt, wie ein entsprechendes Set-up aussehen kann.

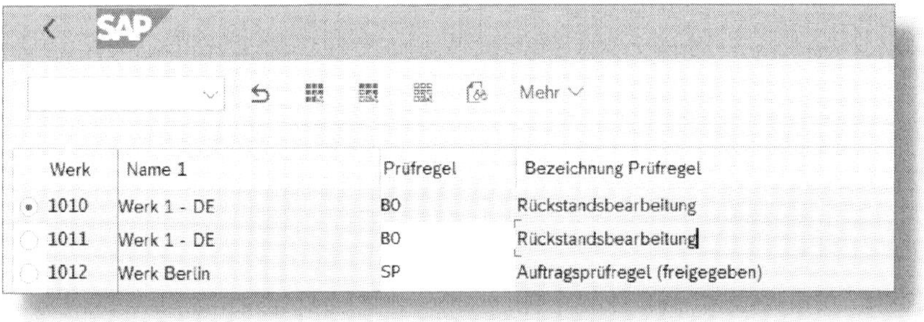

SAP

Mehr

Werk	Name 1	Prüfregel	Bezeichnung Prüfregel
1010	Werk 1 - DE	BO	Rückstandsbearbeitung
1011	Werk 1 - DE	BO	Rückstandsbearbeitung
1012	Werk Berlin	SP	Auftragsprüfregel (freigegeben)

Abbildung 2.70: Zuordnung Prüfregel BO zu Werk 1010 und 1011

Die relevante Prüfregel lautet hier: BO • RÜCKSTANDSBEARBEITUNG. Darüber hinaus muss ich für eine erfolgreiche Nutzung von BOP einige Voraussetzungen im Customizing schaffen. Diese einzelnen Customizing-Schritte werden nachfolgend beschrieben.

- Ich definiere eine Verfügbarkeitsprüfgruppe und Aktivierung von aATP (siehe Abbildung 2.71).

SAP Sicht "Verfügbarkeitsprüfungsgruppe" ändern: Übersicht

Neue Einträge Mehr

Vf	Bezeichnung	Sum.Verk.	Sum.Lfg.	Sperre Mng	Keine PVP	Kumul.	Rel.PrVorP	Erweitertes ATP
01	Tagesbedarf	A	A	✓				Nicht aktiv
02	Einzelbedarf	A	A	✓				Nicht aktiv
NC	Keine ProdVerfPrüf				✓			Nicht aktiv
SP	Bstnd u. gepl. Zgnge	A	A	✓		3		Nicht aktiv
SR	Bstnd u. sich. Zgnge	A	A	✓		3		Nicht aktiv
ST	Nur Bestand berücks.	A	A	✓				Nicht aktiv
W0	Einzelbedarf	A	A	✓				A Aktiv
W1	Einzelbedarf	A	A	✓		1		A Aktiv
W2	Einzelbedarf	A	A	✓		2		A Aktiv
W3	Einzelbedarf	A	A	✓		3		A Aktiv
W4	Einzelbedarf	A	A	✓		3		A Aktiv
Y1	Einzelbedarf	A	A	✓		3		A Aktiv
Y2	EinzBedÄnd. BedPrüf.	A	A	✓		3		A Aktiv

Abbildung 2.71: SAP-Standard-Verfügbarkeitsprüfungsgruppen – Übersicht

- Im relevanten EINTEILUNGSTYP muss unter TRANSAKTIONSABLAUF das Flag VERFÜGBARKEIT gesetzt sein (siehe Abbildung 2.72).

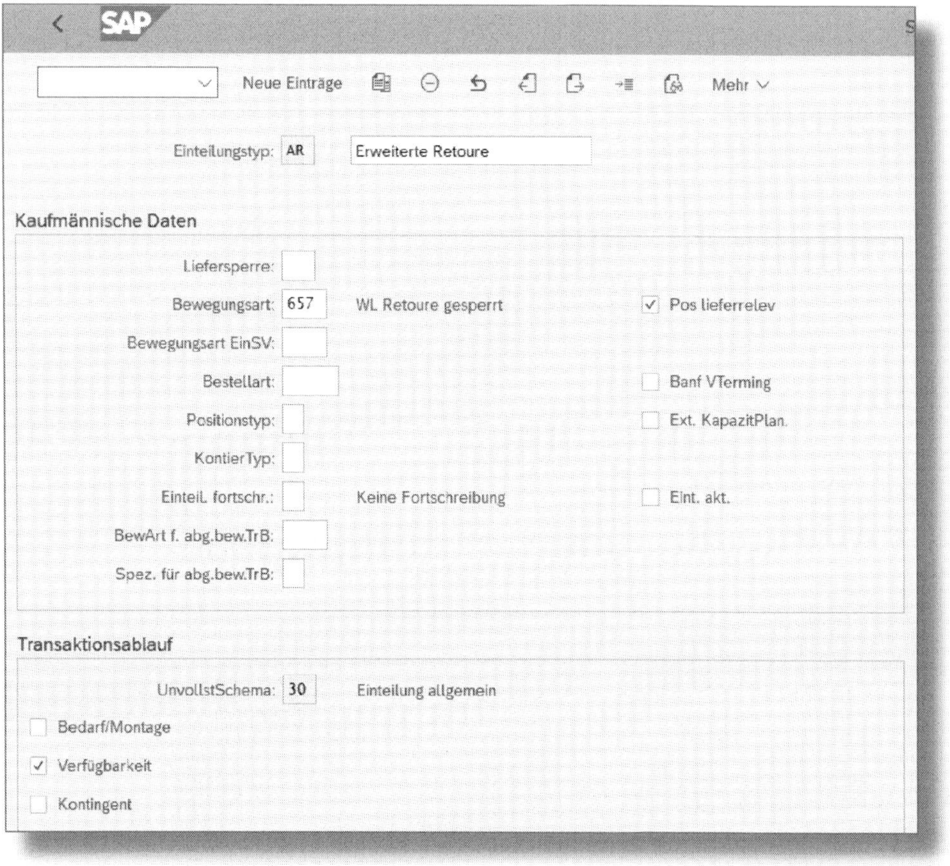

Abbildung 2.72: Flag Verfügbarkeit im Einteilungstyp

- Das Flag VERFÜGBARKEIT muss in der Bedarfsklasse aktiviert sein (siehe Abbildung 2.73).
- Im Kundenauftrag darf das Flag DATUM UND MENGE FIX unter AUFTRAGSPOSITION • EINTEILUNGEN nicht aktiviert sein (siehe Abbildung 2.74).

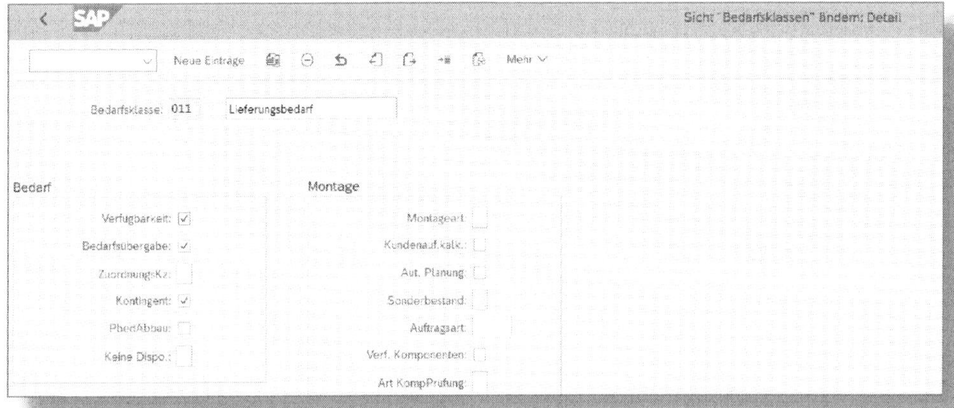

Abbildung 2.73: Flag Verfügbarkeit in der Bedarfsklasse

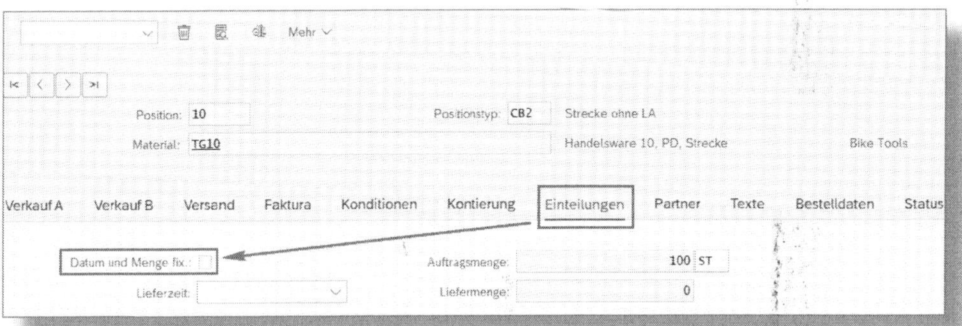

Abbildung 2.74: Kundenauftrag – Reiter »Einteilungen«, Feld »Datum und Menge fix«

2.4.2 Fiori-Apps

Nachdem nun alle Einstellungen und Voraussetzungen im Customizing vorgenommen worden sind, beschreibe ich in diesem Abschnitt die für die Rückstandsbearbeitung relevanten Fiori-Apps.

Für den Einsatz dieser Fiori-Apps ist folgende Benutzerrolle erforderlich:

- SAP_BR_ORDER_FULFILLMNT_MNGR

Abbildung 2.75 zeigt alle für die Rückstandsbearbeitung relevanten Apps.

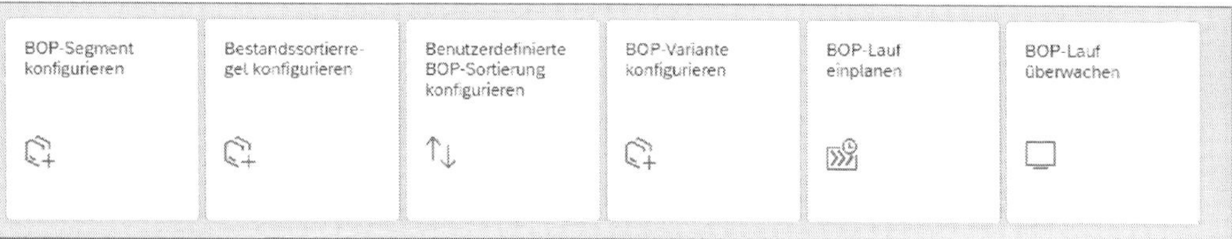

Abbildung 2.75: Fiori-Apps im Bereich BOP – Übersicht

Zunächst ist ein BOP-Segment zu konfigurieren. In der gleichnamigen App definiere ich die relevanten Regeln und Auswahlkriterien für die Rückstandsbearbeitung. Ich öffne die App und erhalte eine Übersicht über die bereits vorhandenen BOP-Segmente. Da ich ein neues Segment anlegen möchte, navigiere ich auf ANLEGEN (siehe Abbildung 2.76).

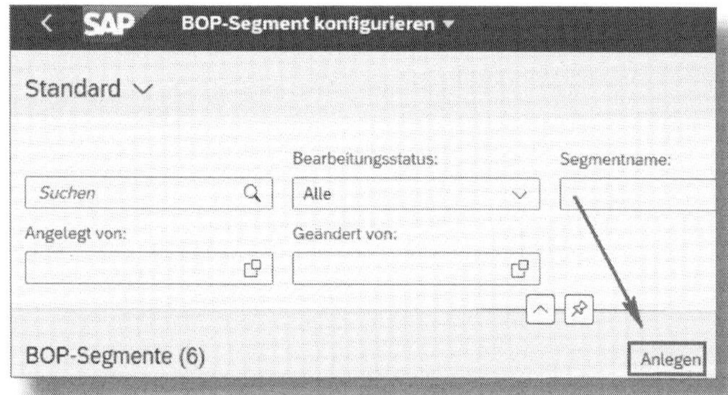

Abbildung 2.76: App »BOP-Segment konfigurieren« – Neuanlage

Ich gebe zunächst *BOP_TEST* als SEGMENTNAMEN ein, außerdem eine BESCHREIBUNG (siehe Abbildung 2.77).

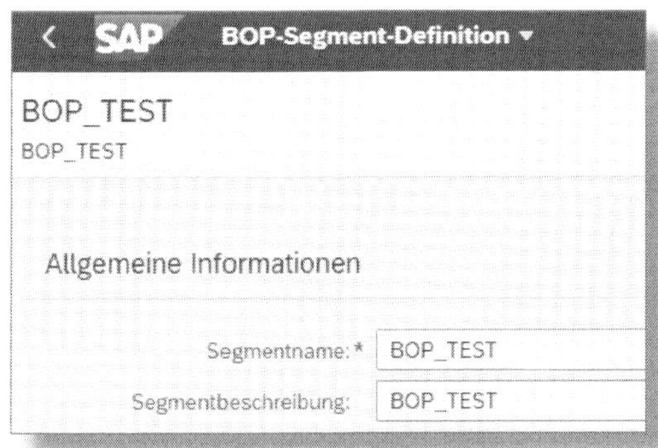

Abbildung 2.77: App »BOP-Segment konfigurieren« – Beispiel BOP_TEST, Neuanlage

Anschließend navigiere ich zum Reiter AUSWAHLKRITERIEN und definiere mehrere Kriterien und deren Ausprägungen. In meinem Beispiel ist die Basisbelegart der Verkaufsbeleg. Mein KRITERIUM 1 stellt die *Verkaufsbelegart TA* dar. Nur wenn diese vorkommt, soll die Logik greifen. Über das Plussymbol ❶ kann ich weitere Kriterien definieren (siehe Abbildung 2.78).

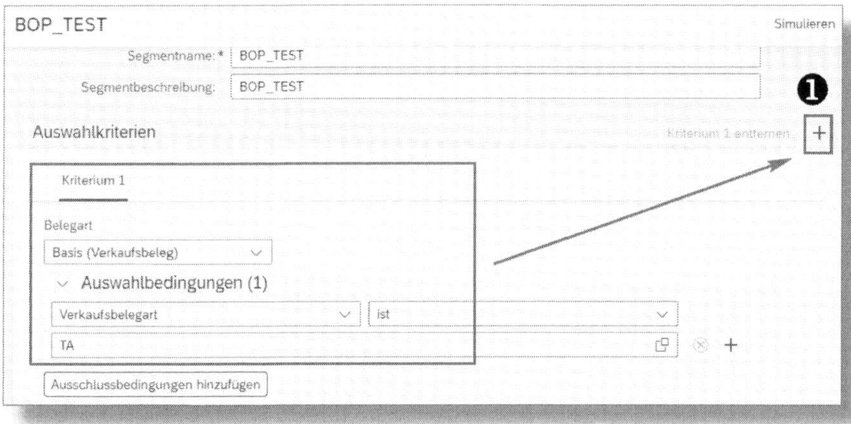

Abbildung 2.78: App »BOP-Segment konfigurieren« – Auswahlkriterium 1, Verkaufsbelegart TA

Als KRITERIUM 2 selektiere ich den AUFTRAGGEBER, der in meinem Beispiel einen Premiumkunden darstellt, in diesem Fall *1000001*. Als KRITERIUM 3 vergebe ich das *Werk* mit dem Wert *1010* (siehe Abbildung 2.79).

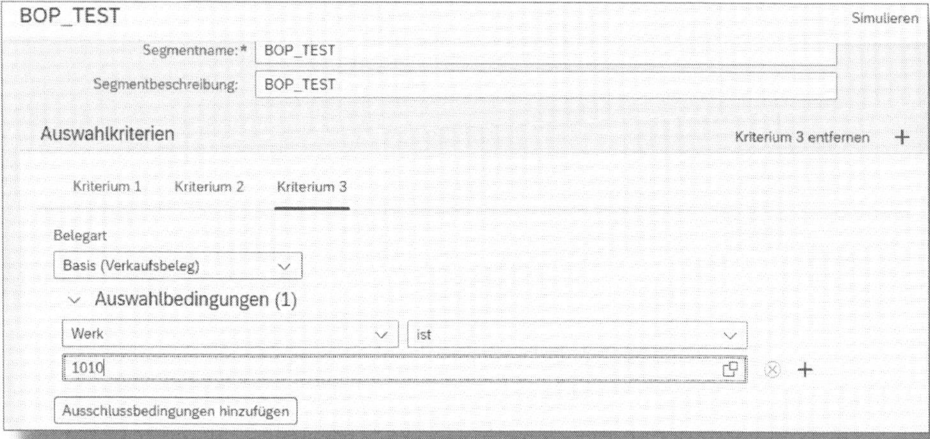

Abbildung 2.79: App »BOP-Segment konfigurieren« – Auswahlkriterien 2 (Auftraggeber) und 3 (Werk)

Optionale Pflege von Ausschlussbedingungen

Über den optionalen Button AUSSCHLUSSBEDINGUNGEN HINZUFÜGEN können Werte gepflegt werden, die definieren, wann die BOP-Logik nicht greifen soll.

Im Bereich SORTIERBEDINGUNGEN kann ich definieren, wann die Sortierung greifen soll. Auch hier lassen sich verschiedene Sortierbedingungen anlegen und anschließend eine Sortierreihenfolge bestimmen. Ich wähle die *Lieferpriorität* aus und navigiere dann auf SICHERN (siehe Abbildung 2.80).

Das BOP-Segment wurde nun erfolgreich angelegt und kann in der Übersicht aufgerufen sowie jederzeit bearbeitet werden. In der Spalte ganz rechts ist außerdem zu erkennen, dass aktuell noch keine ZUGEHÖRIGE VARIANTE ausgewählt wurde (siehe Abbildung 2.81).

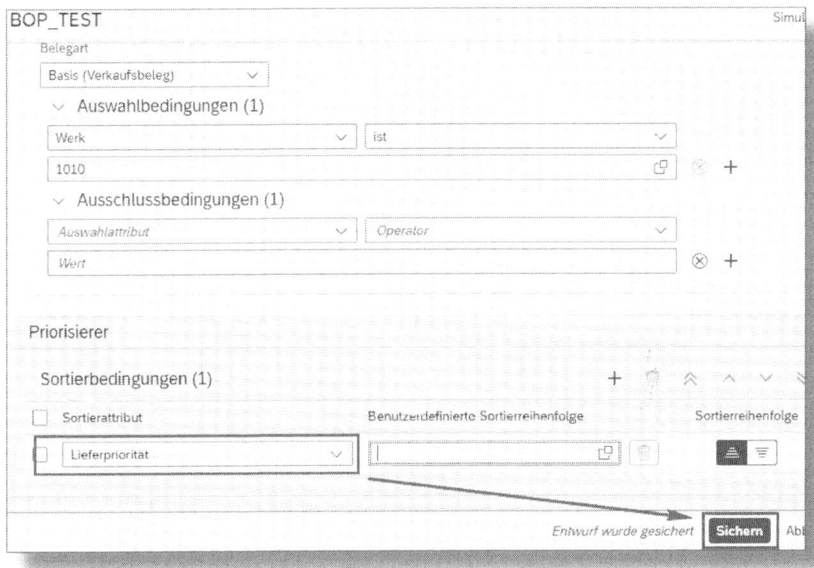

Abbildung 2.80: App »BOP-Segment konfigurieren« – BOP-Segment BOP_TEST sichern

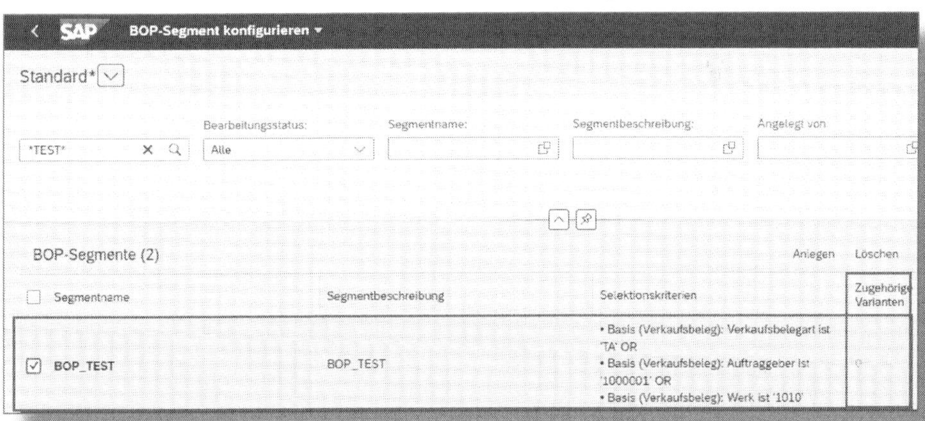

Abbildung 2.81: App »BOP-Segment konfigurieren« – Übersicht BOP-Segment BOP_TEST

Optionale Apps

- **»Bestandssortierregel konfigurieren«:** Mittels dieser App lassen sich ggf. komplexere statische oder dynamische Sortierregeln für den Bestand definieren.
- **»Benutzerdefinierte BOP-Sortierung konfigurieren«:** Im vorherigen Schritt konnte bereits eine Reihenfolge der Priorisierung von Bedarfen gemäß vorhandenen Attributen festgelegt werden. Diese App zielt auf komplexere und anspruchsvollere Anforderungen ab: Wenn die vorhandenen Attribute nicht ausreichen, kann ich über sie eine erweiterte Priorisierung mithilfe benutzerdefinierter Attribute festlegen.

Im nächsten Schritt erfolgen die Konfiguration der BOP-Variante und die Zuordnung zum dazugehörigen Segment. Ich öffne dazu die App »BOP-Variante konfigurieren« und gelange zur Übersichtsseite, wo sich vorhandene Varianten bearbeiten oder neue anlegen lassen. Ich klicke auf das Plussymbol, um eine neue Variante anzulegen (siehe Abbildung 2.82).

Abbildung 2.82: App »BOP-Variante konfigurieren« – Neuanlage

Es öffnet sich ein Pop-up (siehe Abbildung 2.83).

Hier hinterlege ich zunächst die ALLGEMEINEN INFORMATIONEN ❶. Als VARIANTENNAMEN wähle ich *PREMIUM_KUNDE* und hinterlege eine eindeutige Beschreibung. Dann selektiere ich alle kundenauftragsbezogenen Punkte unter dem Reiter AUSFÜHRUNGSOPTIONEN ❷ und navigiere zu KONFIGURATIONSOPTIONEN ❸. Dort wähle ich im Auswahlfeld NAME DES GLOBALEN SEGMENTS ❹ das zuvor erstellte Segment *BOP_TEST* aus. Bei der Nutzung mehrerer Segmente sollte ich das Feld leer lassen oder ein allgemeingültiges auswählen. Das AUSNAHMEVERHALTEN ❺ kann entweder wie im Bild mit *Fehlgeschlagene Material-Werk-Kombinationen beenden* oder mit *Vollständig beenden* versehen werden. Den Eintrag RESTPOSITIONEN belasse ich erst einmal auf *Ignorieren* und beende die Varianteneinstellung mit SCHLIESSEN.

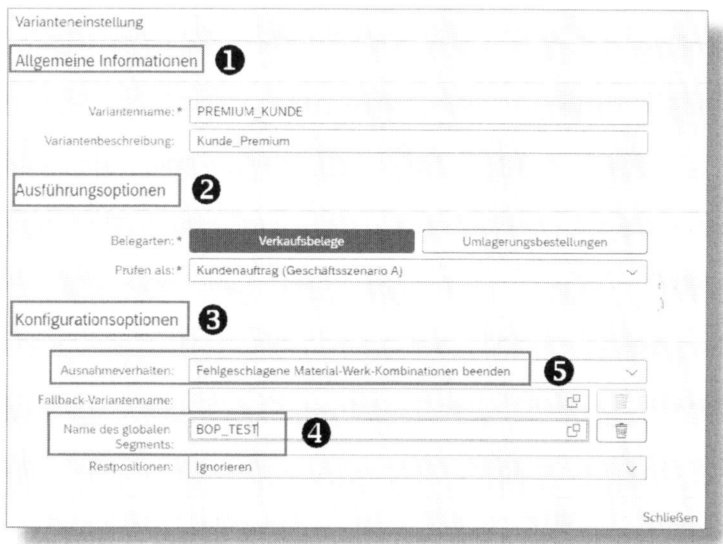

Abbildung 2.83: App »BOP-Variante konfigurieren« – Neuanlage, Detailsicht

In der darauffolgenden Bearbeitungsmaske habe ich die Möglichkeit, das relevante Segment für die BOP-Variante zu hinterlegen. Da ich im Vorschritt bereits das Segment unter ❹ zugeordnet habe, muss ich in diesem Fall keine Zuordnung mehr treffen.

Über das Drop-down-Menü ZU UMVERTEILEN HINZUFÜGEN kann ich einer Bestätigungsstrategie ein zusätzliches Segment zuordnen. Ich habe die Wahl zwischen folgenden Optionen:

- UMVERTEILEN: wird standardmäßig genutzt und vorgeschlagen und bedeutet, dass Bestätigungen gemäß den spezifisch definierten Kriterien umverteilt, also bestätigt oder abgelehnt werden können.

- GEWINNEN: bedeutet, dass die angeforderte Menge vollständig bestätigt wird.
- VERBESSERN: Frühere Bestätigungen werden beibehalten und können dadurch verbessert werden, beispielsweise durch eine optimierte Lieferzeit etc.
- AUFSTOCKEN: Bestätigungen können nicht verbessert werden, jedoch lassen sich vorherige Bestätigungen zu- oder absagen.
- VERLIEREN: Kunde verliert alle Bestätigungen. Dies ist sinnvoll, wenn für den Kunden eine Kreditsperre hinterlegt ist.

Ich selektiere VERBESSERN ❶ und gehe auf SICHERN ❷ (siehe Abbildung 2.84).

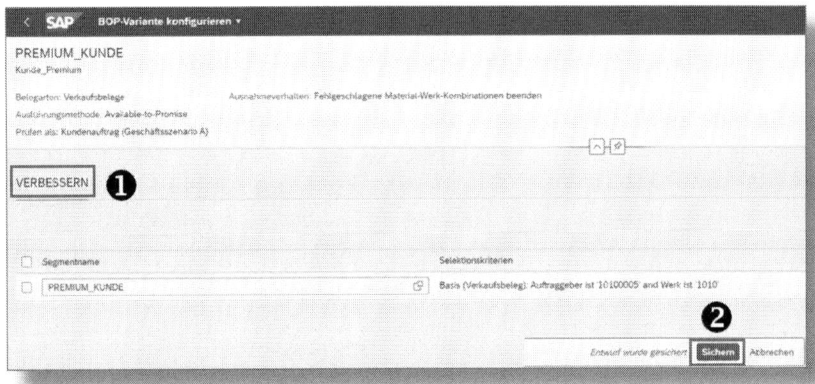

Abbildung 2.84: App »BOP-Variante konfigurieren« – Sichern

Die BOP-Variante wurde nun erfolgreich angelegt. Ich kann diese jederzeit BEARBEITEN (❶ in Abbildung 2.85). Zudem lässt sich über den Button SIMULIEREN ❷ eine Simulation der Einstellungen durchführen. Dies ist sehr sinnvoll, denn so kann ich bereits vor der Produktivnahme prüfen, ob die zuvor gepflegten Einstellungen zum gewünschten Ergebnis führen.

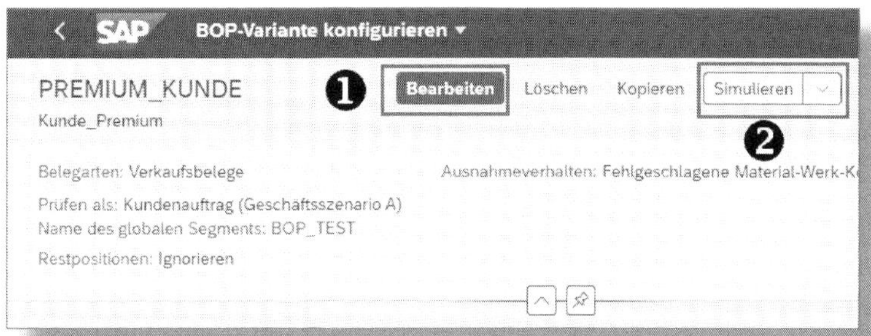

Abbildung 2.85: App »BOP-Variante konfigurieren« – Felder Bearbeiten und Simulieren

Wenn ich jetzt zurück in die Übersicht der App »BOP-Segment konfigurieren« navigiere, erkenne ich, dass das relevante BOP-SEGMENT mit dem Namen BOP_TEST meiner BOP-VARIANTE zugeordnet wurde (siehe Abbildung 2.86).

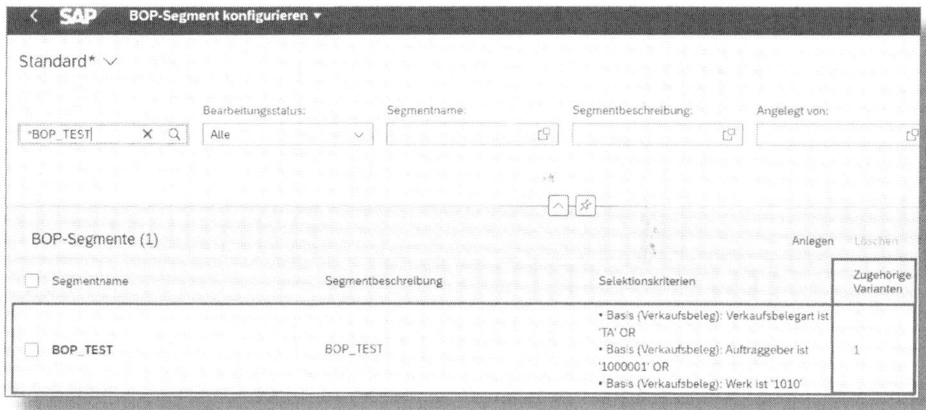

Abbildung 2.86: App »BOP-Segment konfigurieren« – Zuordnung BOP-Segment BOP_Test zu BOP-Variante BOP_TEST

Zuletzt gehe ich auf die beiden Apps »BOP-Lauf einplanen« und »BOP-Lauf überwachen« ein. Über beide Apps lassen sich relevante BOP-Läufe sehr einfach und schnell anlegen sowie überwachen. Daher können diese Tätigkeiten in Zukunft auch von Endanwendern übernommen werden. Wenn ich die App »BOP-Lauf einplanen« öffne, kann ich entweder vorhandene Läufe bearbeiten oder aber einen neuen ANLEGEN (siehe Abbildung 2.87).

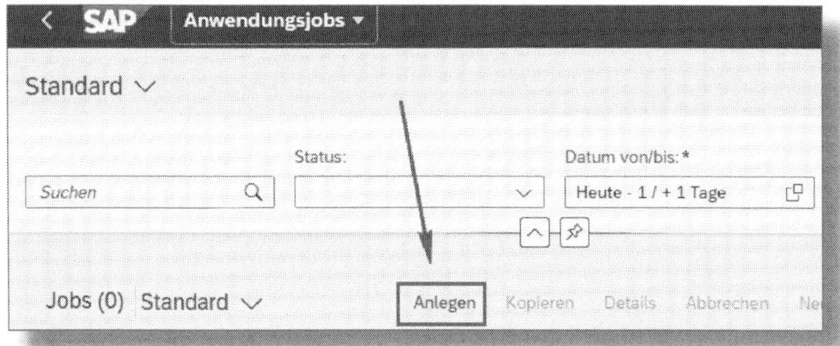

Abbildung 2.87: App »BOP-Lauf einplanen« – Neuanlage

Durch die *Guided Activity* führt mich das System nun Schritt für Schritt durch die Anlage des Jobs. Zuerst treffe ich die Jobauswahl (siehe Abbildung 2.88).

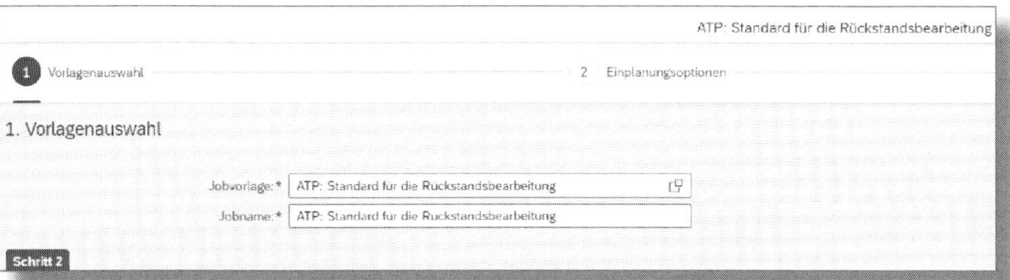

Abbildung 2.88: App »BOP-Lauf einplanen« – Vorlagenauswahl

Daraufhin folgt die Bestimmung des Zeitfensters (siehe Abbildung 2.89).

Im letzten Schritt wähle ich meine zuvor angelegte Variante *PREMIUM_KUNDE* aus ❶. Anschließend prüfe ich via PRÜFEN ❷ meine Einträge und klicke dann auf EINPLANEN ❸ (siehe Abbildung 2.90).

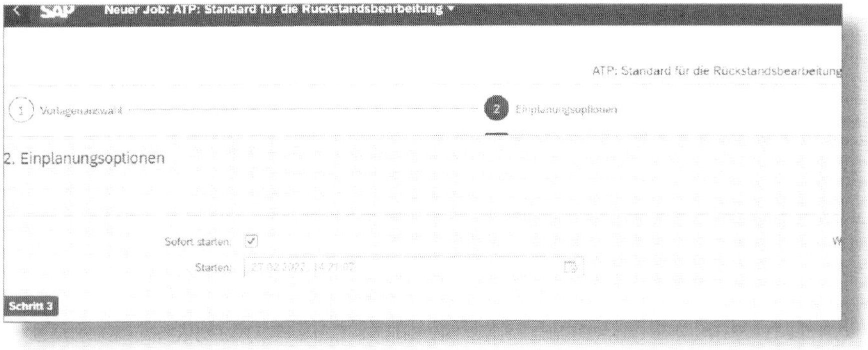

Abbildung 2.89: App »BOP-Lauf einplanen« – Einplanungsoptionen

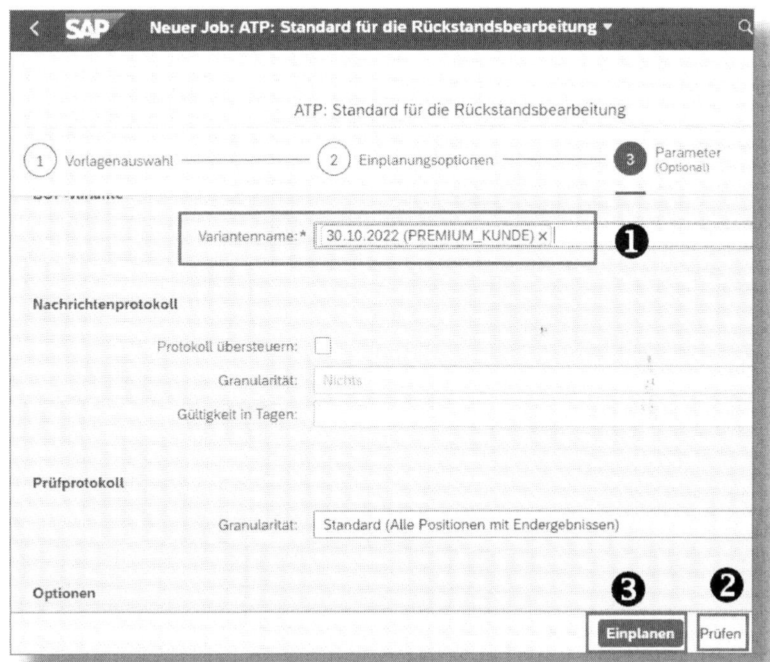

Abbildung 2.90: App »BOP-Lauf einplanen« – Parameterauswahl

Der Job ist also mit wenigen Klicks eingeplant und bereit zur Ausführung (siehe Abbildung 2.91).

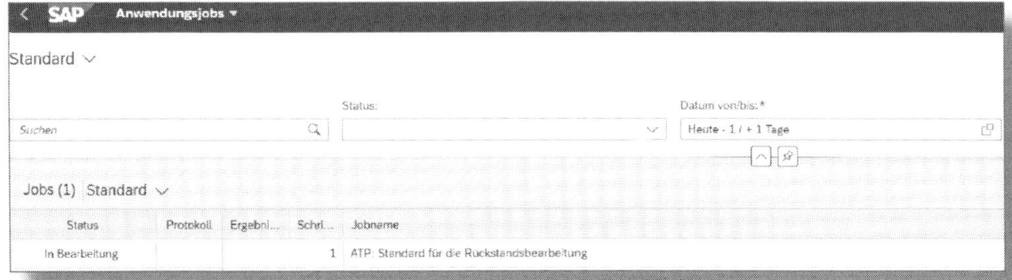

Abbildung 2.91: App »BOP-Lauf einplanen« – Übersicht geplante Jobs

Die App »BOP-Lauf überwachen« erlaubt es mir nachträglich, die geplanten Jobausführungen zu überprüfen und bei Bedarf in die Detailsicht abzuspringen (siehe Abbildung 2.92).

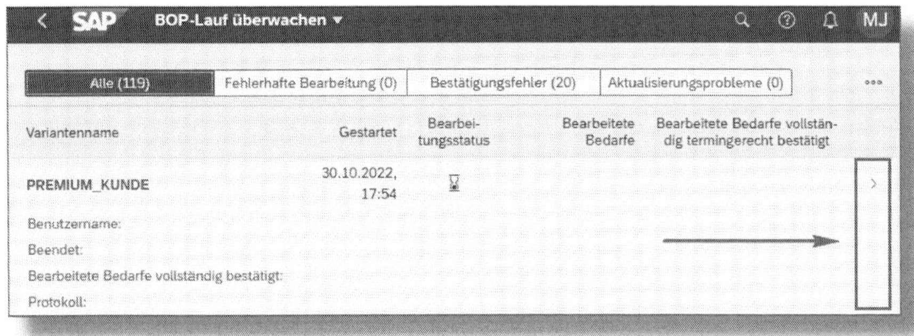

Abbildung 2.92: App »BOP-Lauf überwachen« – Prüfung des Joblaufs und Detailsicht

2.5 Lieferfreigabe

Die *Lieferfreigabe*, auf Englisch *Release for Delivery (RefDy)*, ist eine Funktionalität im Rahmen von aATP, die zuvor weder im ERP ATP noch in SAP APO gATP vorhanden war. Die Lieferfreigabe setzt vor dem Zeitpunkt der Lieferanlage ein und beinhaltet die Möglichkeit, Auftragsbestätigungen auch noch kurz vor Lieferungsanlage abzuändern. Prozessual kommt die Lieferfreigabe nach einem möglichen Einsatz des BOP und unmittelbar vor der Lieferanlage zum Einsatz.

Beispiel Lieferfreigabe

Zum Tag X liegt eine verfügbare Menge von 100 Fahrrädern vor. Diese Menge wurde bereits durch einen Großauftrag reserviert und bestätigt. Jetzt kommt an diesem Tag aber ein dringender Auftrag von einem wichtigen Premiumkunden herein, der 50 Fahrräder anfragt. In diesem Fall gibt es die Möglichkeit, trotz verschiedener Priorisierungsregeln zusätzlich eine Umverteilung der bereits reservierten Menge von 100 Fahrrädern einzusteuern und den Kunden mit der kurzfristigen Anfrage von 50 Fahrrädern zu bevorzugen. Die Lieferfreigabe übersteuert somit die vorher im Auftragsabwicklungsprozess definierten Priorisierungsregeln und ermöglicht auch kurz vor der Lieferanlage eine entsprechende Umverteilung.

Das Beispiel zeigt, dass es hauptsächlich darum geht, auf kurzfristige Änderungen und wichtige Aufträge reagieren zu können. Alle relevanten Einstellungsmöglichkeiten im Bereich der Lieferfreigabe werden mithilfe von Fiori-Apps gesteuert. Folgende zwei Benutzerrollen werden für einen Zugriff auf die einschlägigen Apps benötigt:

- SAP_BR_ORDER_FULFILLMNT_MNGR
- SAP_BR_ORDER_FULFILLMNT_SPCLST

Abbildung 2.93 zeigt die relevanten Fiori-Apps im Bereich der Lieferfreigabe.

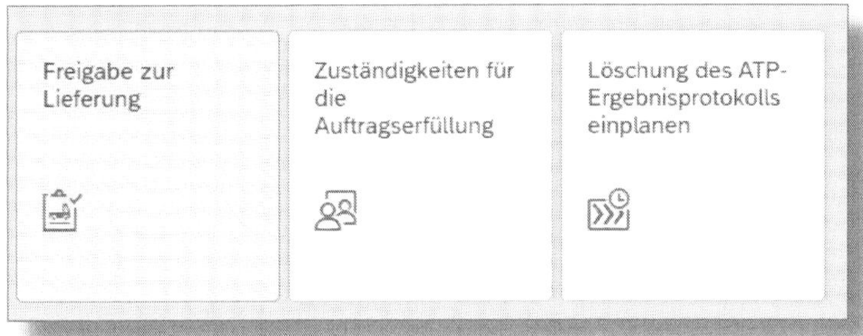

Abbildung 2.93: Fiori-Apps-Lieferfreigabe – Übersicht

Bevor ich in die App »Freigabe zur Lieferung« navigiere, müssen einige Voraussetzungen erfüllt sein, damit ich die Funktionalität der Lieferfreigabe nutzen kann:

- Zuordnung von mindestens einer Zuständigkeit für die Auftragserfüllung zum Benutzer
- Aktivierung der aATP-Funktionalitäten im Materialstamm

Ich starte mit der Zuordnung der Zuständigkeit und nutze hierzu die Fiori-App »Zuständigkeiten für die Auftragserfüllung«. Über den Button ANLEGEN springe ich in den Anlagemodus ab (siehe Abbildung 2.94).

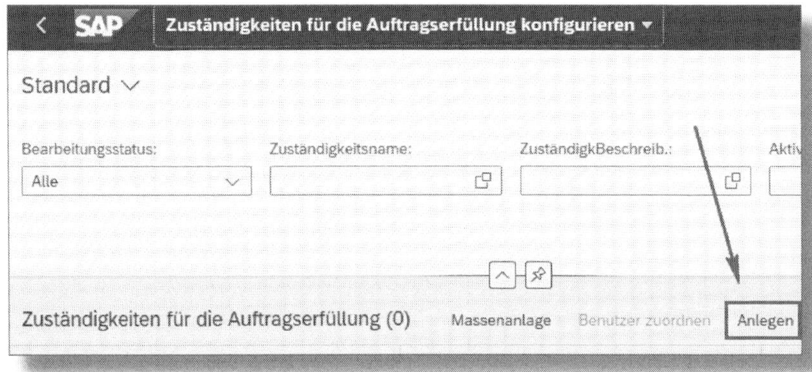

Abbildung 2.94: App »Zuständigkeiten für die Auftragserfüllung konfigurieren«

Zuerst befülle ich die ALLGEMEINEN INFORMATIONEN (siehe Abbildung 2.95).

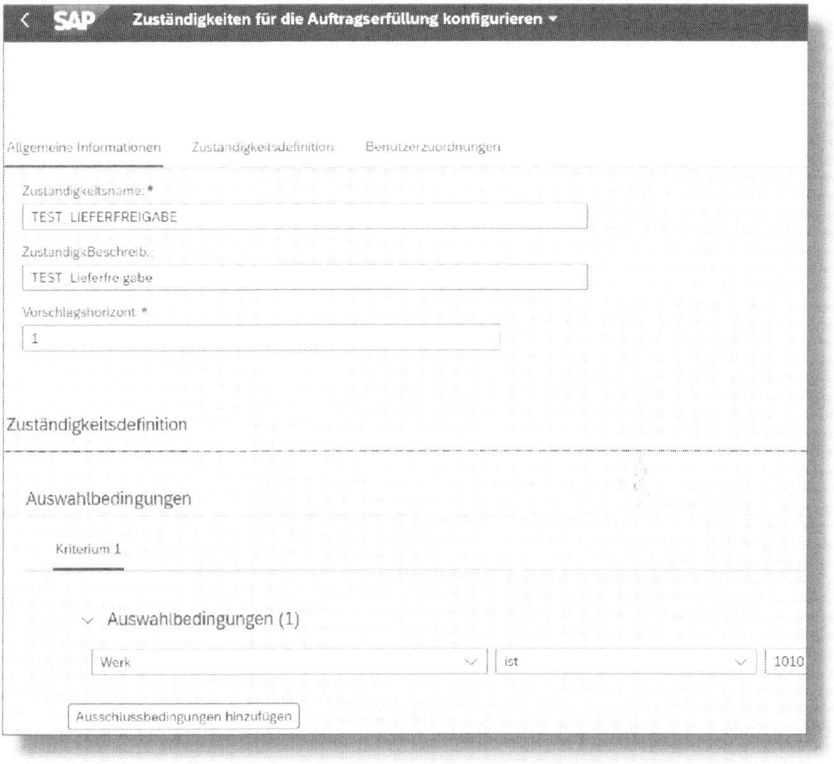

Abbildung 2.95: App »Zuständigkeiten für die Auftragserfüllung konfigurieren« – Neuanlage

Der ZUSTÄNDIGKEITSNAME soll *TEST_LIEFERFREIGABE* lauten. Über den VORSCHLAGSHORIZONT kann ich steuern, inwieweit der jeweilige Sachbearbeiter für die Bearbeitung von bestimmten Geschäftsbelegen und Materialien zeitlich zuständig sein soll. Die Angabe erfolgt immer in Tagen. Ich selektiere *1* Tag. Dann springe ich in die ZUSTÄNDIGKEITSDEFINITION ab. Dort definiere ich die Zuständigkeit für das *Werk 1010*.

Unter dem Reiter DETAILS FÜR BUSINESS TASK (siehe Abbildung 2.96) aktiviere ich die Funktion MIT KUNDENAUFTRÄGEN und wähle im Feld AKTUALIS.-STRATEGIE den Wert *Änderungswünsche berücksichtigen und protokollieren* aus.

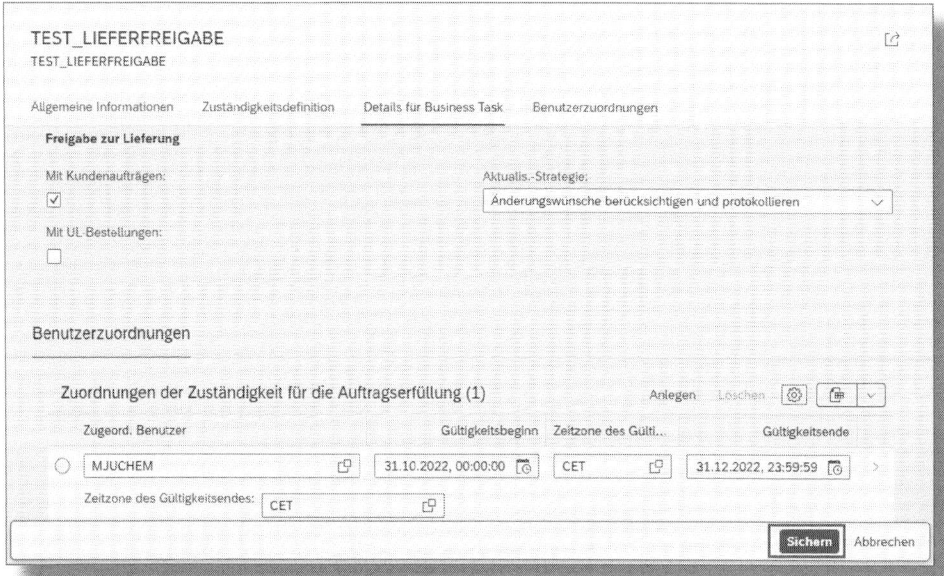

Abbildung 2.96: App »Zuständigkeiten für die Auftragserfüllung konfigurieren« – Details für Business Task und Benutzerzuordnungen

Folgende Werte können als Aktualisierungsstrategie selektiert werden:

- *Änderungswünsche ignorieren:* Dies steuert, dass der Arbeitsvorrat beim Auffrischen nicht aktualisiert wird. Eine größere Änderung wie beispielsweise eine Auftragsstornierung wird weiterhin im Arbeitsvorrat angezeigt.
- *Änderungswünsche berücksichtigen und protokollieren:* Alle Änderungen an Bedarfen werden im Arbeitsvorrat widergespiegelt und berücksichtigt. Der Arbeitsvorrat wird entsprechend aktualisiert und beinhaltet auch Änderungen, die ignoriert wer-

den könnten, wie beispielsweise eine Erhöhung der Auftragsmenge. Zudem wird dem Benutzer eine Erklärung zu den Änderungen angezeigt.

- *Änderungswünsche ohne Protokoll berücksichtigen:* Das Systemverhalten ist identisch zu dem Punkt zuvor. Lediglich die Erklärungen für den Benutzer werden nicht angezeigt.

Anschließend springe ich in den Reiter BENUTZERZUORDNUNGEN und weise meinen Benutzer und eine entsprechende Gültigkeitsdauer zu. Via SICHERN bestätige ich meine Einträge.

Die Zuständigkeit kann jederzeit bearbeitet und abgeändert werden (siehe Abbildung 2.97).

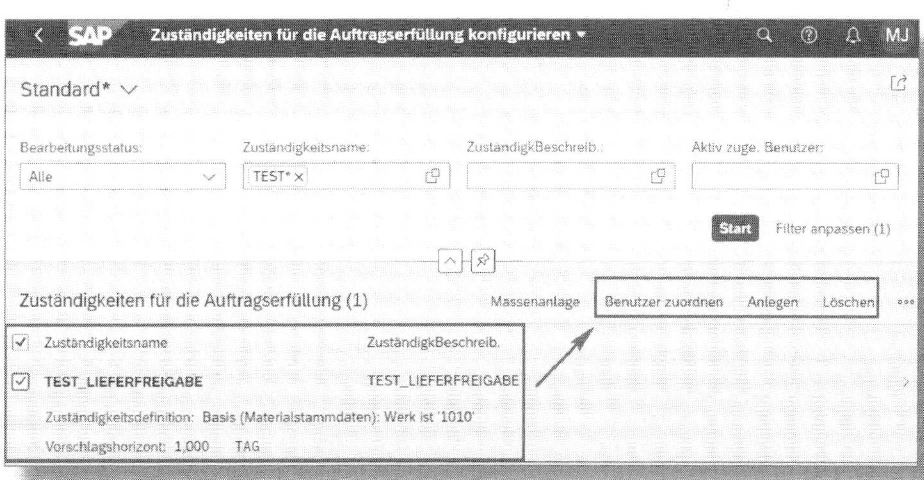

Abbildung 2.97: App »Zuständigkeiten für die Auftragserfüllung konfigurieren« – nachträgliche Änderung

Nun sind, wie schon angedeutet, noch einige Einstellungen im Materialstamm nötig, und zwar unter dem Reiter VERTRIEB: ALLG./WERK im Feld VERFÜGBARKEITSPRÜFUNG (siehe Abbildung 2.98).

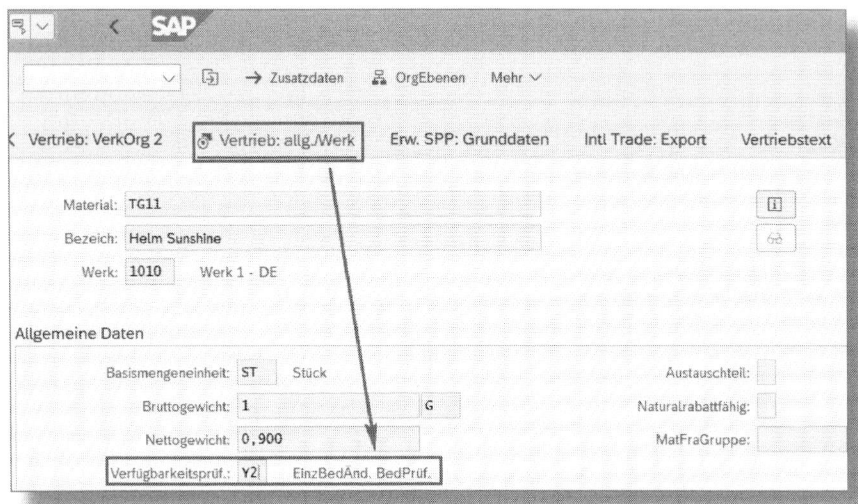

Abbildung 2.98: Materialstamm – Pflege Verfügbarkeitsprüfung Y2

Für die Aktivierung der aATP-Funktionalitäten habe ich den Wert *Y2* hinterlegt. In Abbildung 2.99 ist erkennbar, dass für die Verfügbarkeitsprüfgruppe Y2 das ERWEITERTE ATP AKTIV ist.

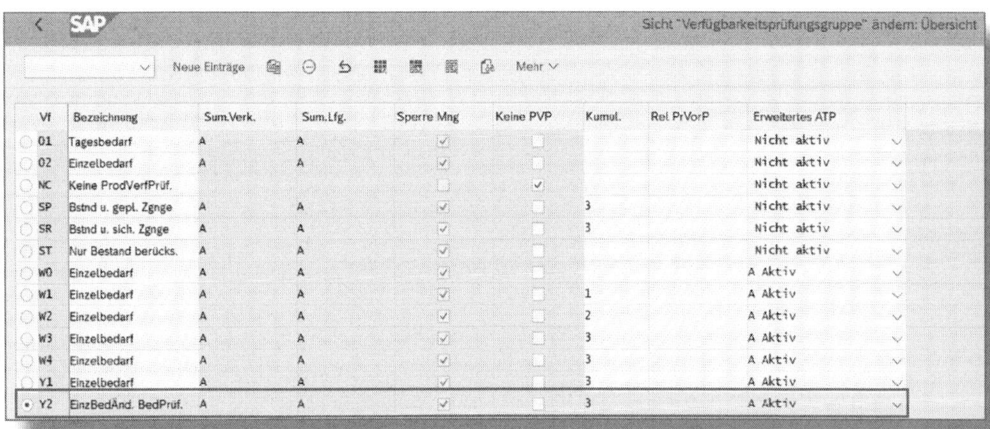

Abbildung 2.99: Customizing – Aktivierung von aATP für Verfügbarkeitsprüfungsgruppe Y2

Somit sind alle Voraussetzungen der Lieferfreigabe erfüllt, sodass ich nun in die App »Freigabe zur Lieferung« navigiere. In meinem Beispiel selektiere ich das Material *TG11* (siehe Abbildung 2.100).

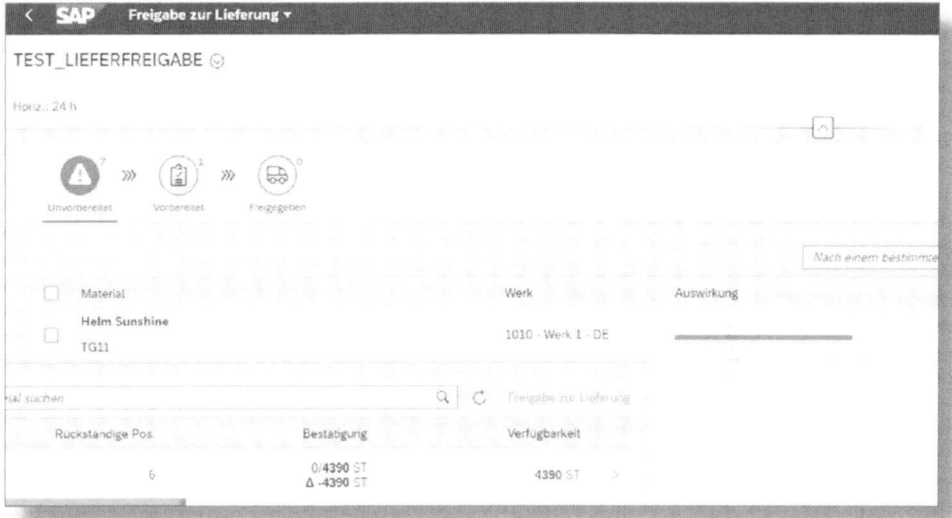

Abbildung 2.100: App »Freigabe zur Lieferung« – Beispiel TEST_ LIEFERFREIGABE, Einstieg

Die App gliedert sich in drei Teilbereiche:

1 UNVORBEREITET: Hier werden alle Materialien angezeigt, die mindestens einem Kundenauftrag o. Ä. zugeordnet sind, der jedoch noch nicht vollständig bestätigt wurde.

2. VORBEREITET: Hier landen alle Materialien, deren Menge bereits vollständig bestätigt wurde, für die aber noch keine Auslieferung stattgefunden hat. Zudem werden die bearbeiteten Kundenaufträge aus dem Reiter UNVORBEREITET nach deren Bearbeitung in diesen Bereich übertragen.

3. FREIGEGEBEN: Alle hier befindlichen Materialien können zur Lieferung freigegeben werden und sind somit bereit zur Auslieferung.

Jeder dieser Bereiche ist gleich aufgebaut und besteht aus einer Übersicht mit folgenden Informationen:

- relevantes MATERIAL
- WERK
- finanzielle AUSWIRKUNG (umso länger der Balken, desto größer die finanzielle Auswirkung)
- rückständige Positionen (RÜCKSTÄNDIGE POS.)
- BESTÄTIGUNGSübersicht
- verfügbare Menge (VERFÜGBARKEIT)

Wenn ich in die Detailsicht der ersten Zeile abspringe, gelange ich in den Bearbeitungsmodus der jeweiligen rückständigen Positionen. Zunächst erhalte ich eine Übersicht über alle rückständigen Positionen inklusive der zugehörigen Belege und Zeitangaben (siehe Abbildung 2.101).

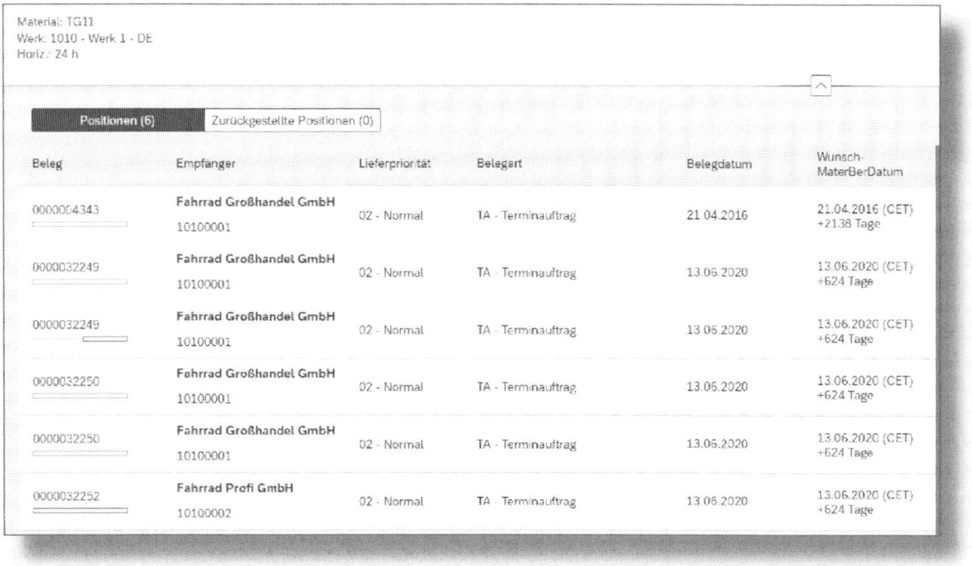

Material: TG11
Werk: 1010 - Werk 1 - DE
Horiz.: 24 h

Positionen (6) | Zurückgestellte Positionen (0)

Beleg	Empfänger	Lieferpriorität	Belegart	Belegdatum	Wunsch-MaterBerDatum
0000004343	Fahrrad Großhandel GmbH 10100001	02 - Normal	TA - Terminauftrag	21.04.2016	21.04.2016 (CET) +2138 Tage
0000032249	Fahrrad Großhandel GmbH 10100001	02 - Normal	TA - Terminauftrag	13.06.2020	13.06.2020 (CET) +624 Tage
0000032249	Fahrrad Großhandel GmbH 10100001	02 - Normal	TA - Terminauftrag	13.06.2020	13.06.2020 (CET) +624 Tage
0000032250	Fahrrad Großhandel GmbH 10100001	02 - Normal	TA - Terminauftrag	13.06.2020	13.06.2020 (CET) +624 Tage
0000032250	Fahrrad Großhandel GmbH 10100001	02 - Normal	TA - Terminauftrag	13.06.2020	13.06.2020 (CET) +624 Tage
0000032252	Fahrrad Profi GmbH 10100002	02 - Normal	TA - Terminauftrag	13.06.2020	13.06.2020 (CET) +624 Tage

Abbildung 2.101: App »Freigabe zur Lieferung« – Detailsicht Positionen

Des Weiteren zeigt mir das System in der Detailsicht je Position eine aufgeschlüsselte Übersicht über die entsprechenden Mengen. Ich sehe, dass aktuell 4390 Stück von Material TG11 verfügbar sind. Davon sind aktuell noch 0 bestätigt (siehe Abbildung 2.102).

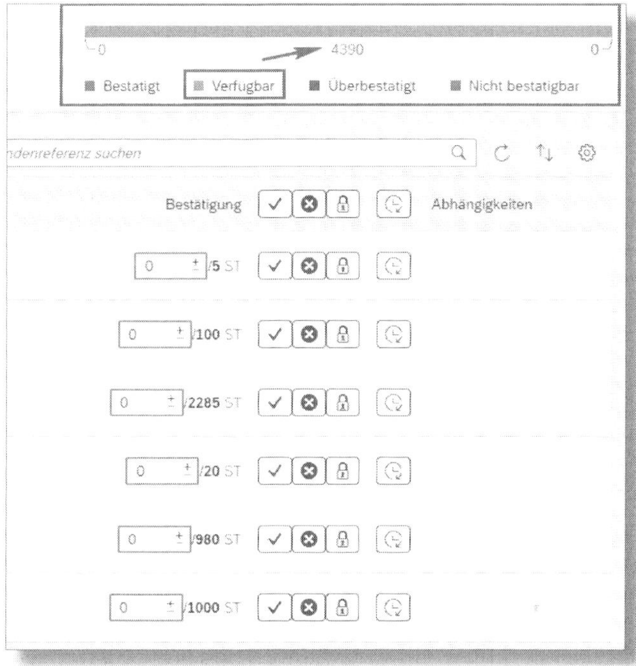

Abbildung 2.102: App »Freigabe zur Lieferung« – Detailsicht verfügbare Mengen von TG11

Gemäß Abbildung 2.103 nehme ich die Umverteilung und Bestätigung der Mengen zum jeweiligen Versandtermin vor und bestätige mittels des Buttons PUBLIZIEREN UND WEITER die Eingaben. Nachdem ich einen Teil der relevanten Mengen via ✓ bestätigt habe, verändert sich sofort die Verfügbarkeitsübersicht in der oberen rechten Ecke.

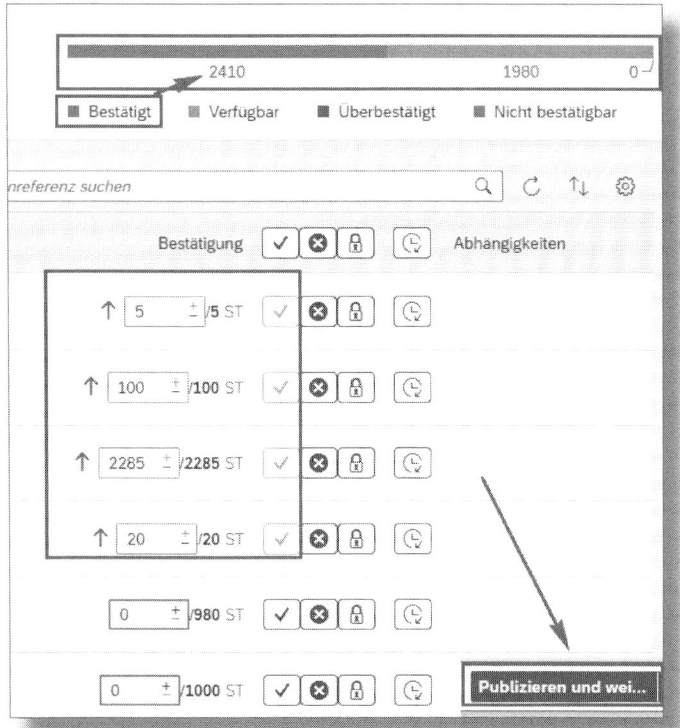

Abbildung 2.103: App »Freigabe zur Lieferung« – Anpassung Liefermenge

Über das Symbol [Schloss-Symbol] kann ich jederzeit bestimmte Liefermengen schützen und diese vorab reservieren. Via [Abbrechen-Symbol] kann ich die zuvor getätigte Bestätigung wieder aufheben. Das Material *TG11* befindet sich anschließend nicht mehr in dem Reiter UNVORBEREITET (siehe Abbildung 2.104).

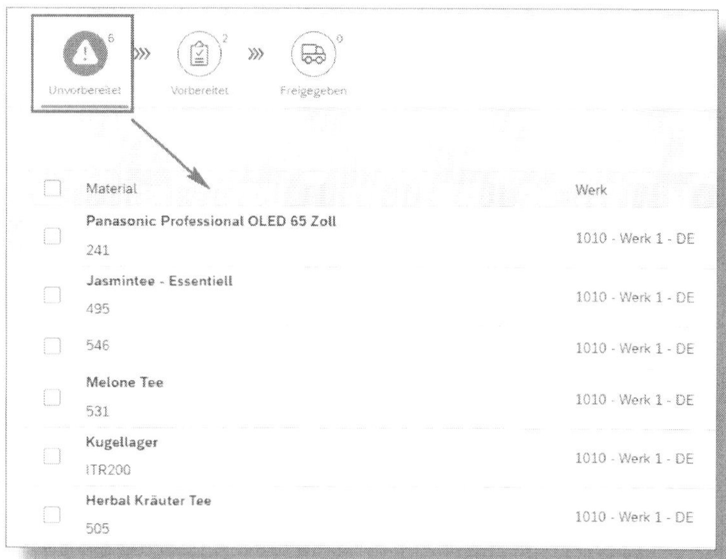

Abbildung 2.104: App »Freigabe zur Lieferung« – Übersicht Materialien im Reiter »Unvorbereitet«

Im Reiter VORBEREITET sehe ich, dass das Material *TG11* übertragen wurde (siehe Abbildung 2.105).

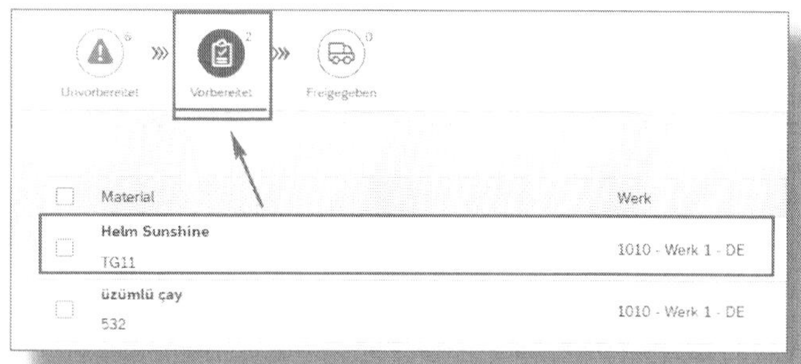

Abbildung 2.105: App »Freigabe zur Lieferung« – Übersicht Material TG11 im Reiter »Vorbereitet«

Via Absprung in die Detailsicht könnte ich, wenn nötig, die Mengen anpassen und somit eine Umverteilung vornehmen (siehe Abbildung 2.106).

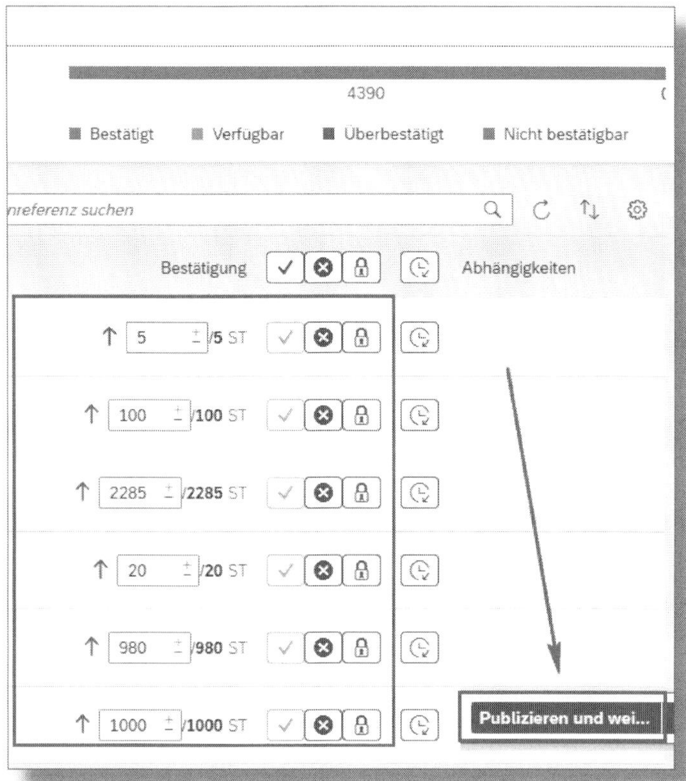

Abbildung 2.106: App »Freigabe zur Lieferung« – Detailsicht mit Option auf Umverteilung

Ich belasse es dabei und navigiere erneut auf PUBLIZIEREN UND WEITER. Anschließend markiere ich die Zeile und drücke auf den Button FREIGABE ZUR LIEFERUNG (siehe Abbildung 2.107).

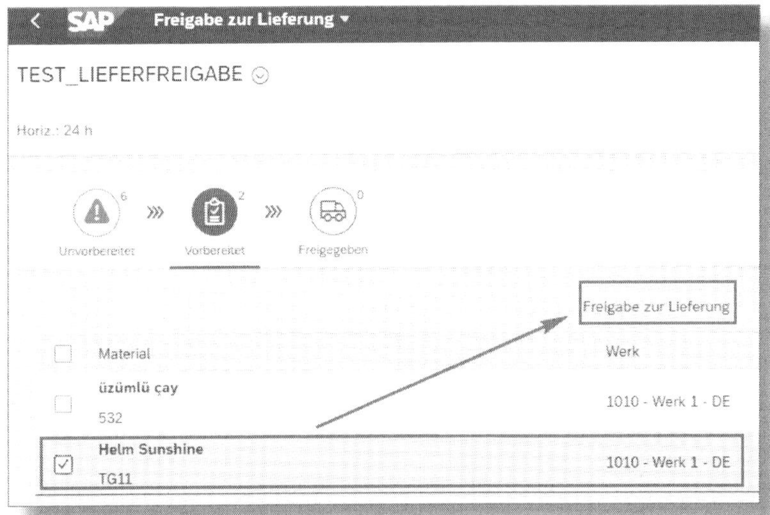

Abbildung 2.107: App »Freigabe zur Lieferung« – Material TG11 zur Lieferung freigeben

Das Material *TG11* befindet sich nun im Reiter FREIGEGEBEN und ist somit für die Lieferungsanlage bereit (siehe Abbildung 2.108).

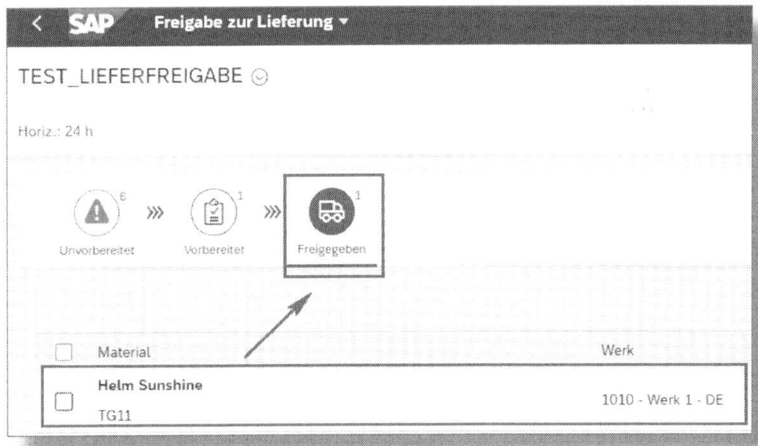

Abbildung 2.108: App »Freigabe zur Lieferung« – Übersicht Material TG11 im Reiter »Freigegeben«

Die letzte App im Kontext der Lieferfreigabe heißt »Löschung des ATP-Ergebnisprotokolls einplanen«. Mithilfe dieser App lösche ich rückständige Positionen aus der App »Freigabe zur Lieferung«, die ggf. veraltet sind oder nicht mehr gebraucht werden. Ich öffne die zuvor genannte App und navigiere auf ANLEGEN (siehe Abbildung 2.109).

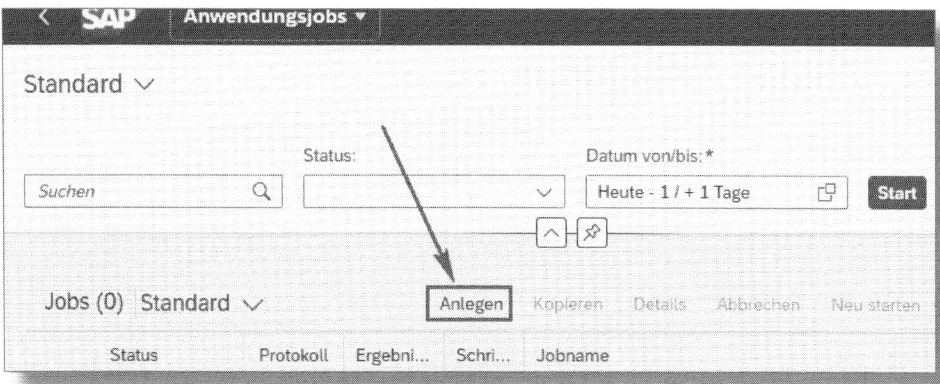

Abbildung 2.109: App »Löschung des ATP-Ergebnisprotokolls einplanen« – Neuanlage

In der App plane ich den Löschungsjob mit dem Namen *ATP: Standard für Löschung des Rückstandsbearbeitungsergebnisses* ein (siehe Abbildung 2.110).

Über Parameter wie beispielsweise ÄLTER ALS (TAGE) steuere ich, welche Rückstandsergebnisse gelöscht werden. Somit werden obsolete und überflüssige Werte aus der Bearbeitung der Lieferfreigabe entfernt und die zu bearbeitenden Daten aktuell gehalten. Mittels PRÜFEN und dann EINPLANEN ist der Job sehr einfach und schnell eingeplant (siehe Abbildung 2.111).

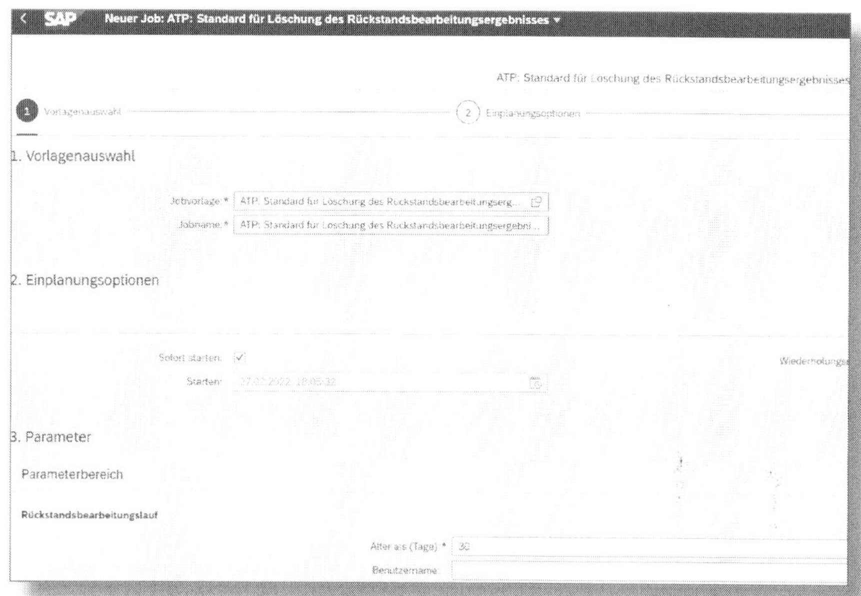

Abbildung 2.110: App »Löschung des ATP-Ergebnisprotokolls einplanen« – Vorlagenauswahl

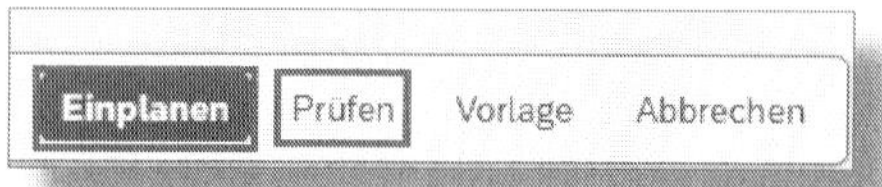

Abbildung 2.111 : App »Löschung des ATP-Ergebnisprotokolls einplanen« – Prüfung und Einplanung

Den eingeplanten Job kann ich nun in der Übersichtsseite der App einsehen und prüfen (siehe Abbildung 2.112).

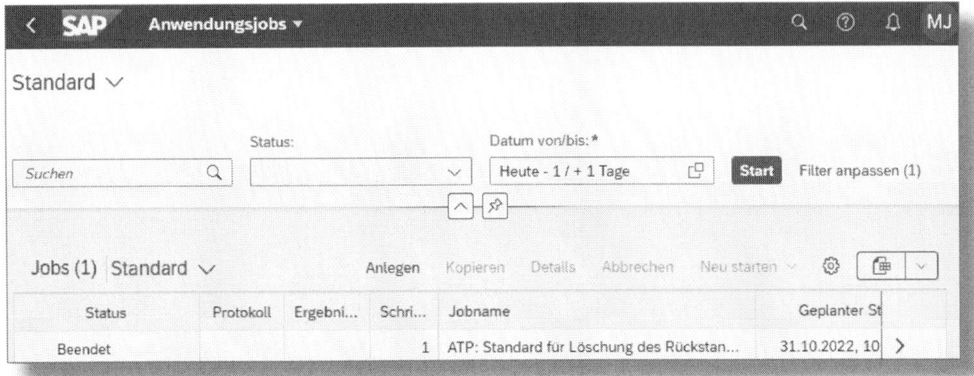

Abbildung 2.112: App »Löschung des ATP-Ergebnisprotokolls einplanen« – Übersicht eingeplante Jobs

Zusammenfassend lässt sich festhalten, dass in S/4HANA die Verfügbarkeitsprüfung im Rahmen der aATP-Funktionalitäten sowohl bei der Einrichtung als auch in der Bedienung erheblich verbessert wurde. Fiori-Apps ermöglichen es Endanwendern, die Einstellungen selbst vorzunehmen – eine IT-Unterstützung wird daher in der Regel nicht benötigt. Zudem sorgen die neuen, zuvor beschriebenen Funktionalitäten für einen hohen Grad an Automatisierung und Regelverwendung. Dies ist jedoch nur dann bestmöglich nutzbar, wenn man die einzelnen Funktionalitäten aufeinander abstimmt und diese zusammenspielen. Insgesamt birgt die neue aATP ein großes Potenzial, die Geschäftsprozesse im Vertrieb hinsichtlich Qualität von Lieferterminen enorm zu verbessern.

3 SAP Transportation Management – Basic Shipping S/4HANA

Das Thema Disposition bzw. Transportabwicklung gewinnt im Zusammenhang mit den globalen Herausforderungen hinsichtlich der Lieferketten immer mehr an Bedeutung, da aufgrund der weltweiten Vernetzung die Anforderungen in diesem Bereich rapide ansteigen. Dabei sind neben der Kontrolle von Transportkosten auch die Verteilung von Transportgütern und die Auswahl der Transportdienstleister von Relevanz. Dieses Kapitel beschreibt deshalb die grundlegenden Änderungen, die durch die Integration von SAP Transportation Management – Basic Shipping im Zuge der S/4HANA-Transformation implementiert wurden.

Im Jahre 1993 stellte die SAP mit »Logistics Execution – Transport« (LE-TRA) eine Komponente bereit, die die typischen Anforderungen rund um den Bereich Transportmanagement abdecken sollte. Jedoch wurden darin nicht alle Kundenanforderungen berücksichtigt. Aus diesem Grund führte das Unternehmen im Jahre 2010 die Stand-alone-Lösung *SAP Transportation Management (SAP TM)* ein. Diese Lösung bietet vollumfängliche Funktionen im Bereich des Transportmanagements an. Im Zuge der S/4HANA-Transformation wurde ein Teil der SAP-TM-Lösung unter dem Namen *S/4HANA – Basic Shipping* in den digitalen Kern zurückgeführt und ist seither integraler Bestandteil einer SAP-S/4HANA-Lösung. Des Weiteren wurde die bestehende LE-TRA-Komponente zum Jahre 2027 abgekündigt und wird somit ab diesem Zeitpunkt nicht mehr zur Verfügung stehen. Die Variante S/4HANA – Basic Shipping wird die LE-TRA-Funktionalitäten daher langfristig ersetzen.

S/4HANA – Basic Shipping umfasst folgende Funktionalitäten:

- Transportdisposition und -planung (Lieferobjekt als Basis)
- Frachtkostenberechnung und -abrechnung
- Planung und Überwachung von Frachtaufträgen
- Auswahl von Transportdienstleistern (Spediteuren)

Kurz erwähnt ist die weitere Variante *Advanced Transportation Management*. Für Kunden mit komplexen Anforderungen rund um das Thema Transport bietet dieser Lösungsumfang weitreichende Funktionalitäten, die technisch ebenfalls dem SAP TM zuzuordnen sind. Beide Varianten unterscheiden sich in den Lizenzmodellen. Die Advanced-TM-Variante erfordert eine spezielle Lizenz für *SAP S/4HANA Supply Chain for Transportation Management*. In Abbildung 3.1 sind die einzelnen Lösungen und Funktionsumfänge der verschiedenen Varianten im Vergleich dargestellt.

Die Abbildung zeigt, dass SAP TM – Basic Shipping die LE-TRA-Funktionalitäten vollumfänglich abdeckt. Zudem ist ersichtlich, dass die Advanced-TM-Lösung einen deutlich erweiterten Lösungsumfang bietet. In den folgenden Abschnitten werde ich im Detail auf die einzelnen Customizing-Einstellungen der S/4HANA-Variante TM – Basic Shipping eingehen, gegliedert nach den Hauptpunkten:

- Kundenauftragsintegration
- Frachtkostenabrechnung

Ich werde mich dabei auf die folgenden Customizing-Einstellungen konzentrieren:

- Frachteinheit
- Frachtauftrag
- Frachtabrechnung
- Speditionsabrechnung

Funktionalitäten	LE-TRA	TM - Basic Shipping	Advanced TM
SAP-GTS-Integration	✗	✗	✓
Frachtkostenabrechnung	O	O	✓
Data Aging	✗	✗	✓
Vehicle-Scheduling-and-Routing (VSR)-Optimierung	✗	✗	✓
Manuelle Planung	O	O	✓
Kostenverteilung	✓	✓	✓
Gefahrgutabwicklung	✓	✓	✓
Analytische Funktionalitäten	O	O	✓
Fahrerverwaltungsmanagement	✗	✗	✓
TM - Lieferungsbasiert	O	O	✓
Interne Verrechnung	✗	✗	✓
Rechnungseingangsprüfung	✓	✓	✓
Gutschriftsabwicklung	✓	✓	✓
Verwaltung von Serviceaufträgen	✗	✗	✓
Speditionsauftragsmanagement	✗	✗	✓
SAP-Event-Management-Integration	✗	✗	✓
Strategischer Frachteinkauf	✗	✗	✓
TM - Auftragsbasiert	✗	✗	✓
Spediteursauswahl	✗	✗	✓
Frachtkostenberechnung	O	O	✓
Strategischer Frachtverkauf	✗	✗	✓
Kombination – Wareneingang und -ausgang	✗	✗	✓
Terminplanung	✗	✗	✓
Speditionsabrechnungsbeleg	✗	✗	✓
Fakturierung im Versandprozess	✓	✓	✓
Ausschreibung – Frachtanfragen (FFs)	O	O	✓
Automatische Planung mithilfe des Transport-Cockpits	✗	✗	✓

✓ Funktionalität vorhanden O Funktionalität teilweise vorhanden ✗ Funktionalität nicht vorhanden

Abbildung 3.1: Vergleich Funktionalitäten von LE-TRA, TM – Basic Shipping und Advanced TM

3.1 Kundenauftragsintegration

Im Lösungsumfang der LE-TRA gibt es ein zentrales Objekt, das immer wieder Verwendung findet: der *Transportbeleg*. Er ermöglicht nicht nur Funktionalitäten wie Auswahl eines Spediteurs oder Routenfindung, sondern auch die direkte Zuordnung mehrerer unterschiedlicher Lieferungen zu einem Transport. Über einen anschließenden Frachtkostenbeleg kann dann, sofern notwendig, eine Spediteurs-Rechnung erstellt werden. Abbildung 3.2 zeigt einen Standardprozess unter der Nutzung der SAP-LE-TRA-Funktionalitäten.

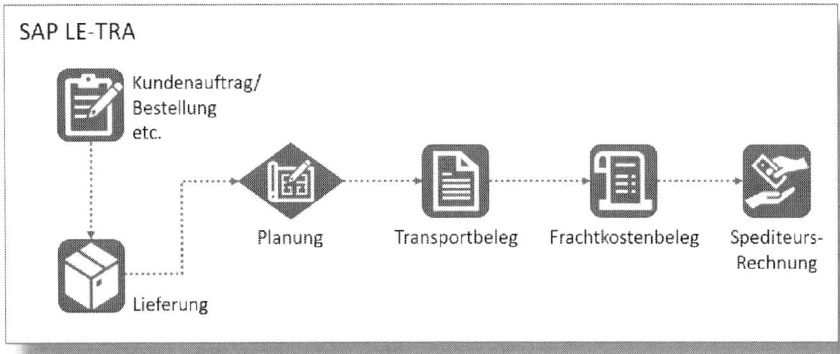

Abbildung 3.2: Standardprozess in LE-TRA

Der Standardprozess unter der Nutzung der TM-Basic-Shipping-Variante in S/4HANA weicht im Vergleich hierzu etwas ab (siehe Abbildung 3.3).

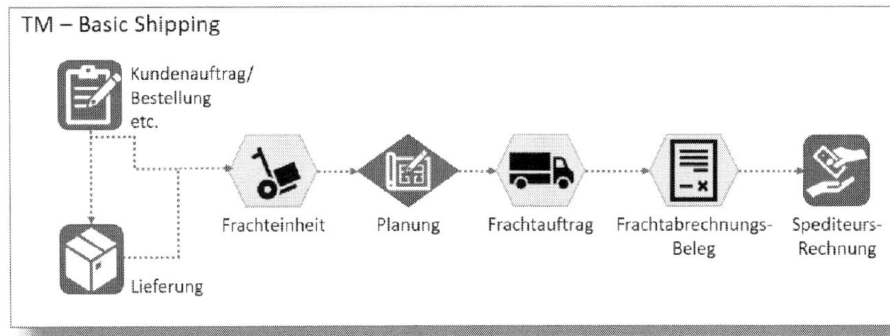

Abbildung 3.3: Standardprozess TM – Basic Shipping

Das Äquivalent zum Transportauftrag in LE-TRA ist in SAP TM der *Frachtauftrag*. Im Normalfall erfolgt über diesen die Kommunikation mit externen Dritten. Zudem erlaubt er beispielsweise die Spediteursbeauftragung oder die Erstellung relevanter Transportpapiere. Zudem wird in der Variante TM – Basic Shipping analog zur LE-TRA-Lösung eine Gefahrgutprüfung unterstützt. Wie man aber der Abbildung 3.3 entnehmen kann, gibt es im Vergleich zur LE-TRA-Lösung einen entscheidenden Unterschied: In S/4HANA erfolgt die Zuordnung zum Frachtauftrag über ein neues Objekt – die *Frachteinheit*. Diese wird auf der Lieferung basierend erzeugt. In LE-TRA geschieht die direkte Zuordnung von Lieferungen dagegen über den zentralen Transportbeleg. Des Weiteren läuft die Ausgabe des Frachtauftrags im Ausgabemanagement via Druck oder Mail über das *Post Processing Framework (PPF)*, während die Ausgabesteuerung des Transportbelegs in LE-TRA mittels der SAP-Konditionstechnik bewerkstelligt wurde.

Definition: Post Processing Framework

Das Post Processing Framework (PPF) stellt eine standardisierte Schnittstelle dar, über die bestimmte Aktionen wie der Druck von Lieferscheinen oder das Auslösen von Workflows zentral gesteuert werden können.

3.1.1 Customizing Frachteinheit

In diesem und dem folgenden Abschnitt gehe ich im Detail auf das Customizing der Auftrags- und Lieferintegration ein.

Definition Frachteinheit

Eine Frachteinheit ist die kleinstmögliche zu transportierende Einheit. Sie entspricht einer Zusammenstellung von Waren, die entlang der gesamten Transport-Prozesskette befördert werden.

Frachteinheiten dienen dazu, Auftrags- oder Lieferungspositionen zusammenzufassen, die gemeinsam transportiert werden sollen. Die zugehörigen Geschäftsbelege umfassen folgende Komponenten:

- Auftragsbasierter Transportbedarf (ATB)
- Lieferungsbasierter Transportbedarf (LTB)
- Speditionsauftrag

Im ersten Schritt ist die Auftrags- und Lieferintegration für das gewünschte Anwendungsszenario einzustellen. Ich beschreibe hier die Integration zum klassischen Verkaufsbeleg.

Zuerst pflege ich die Steuerschlüssel für die Belegintegration unter dem Customizing-Pfad TRANSPORTATION MANAGEMENT • INTEGRATION • LOGISTIKINTEGRATION • INTEGRATION INTERNE TM-KOMPONENTE • STEUERSCHLÜSSEL FÜR BELEGINTEGRATION DEFINIEREN.

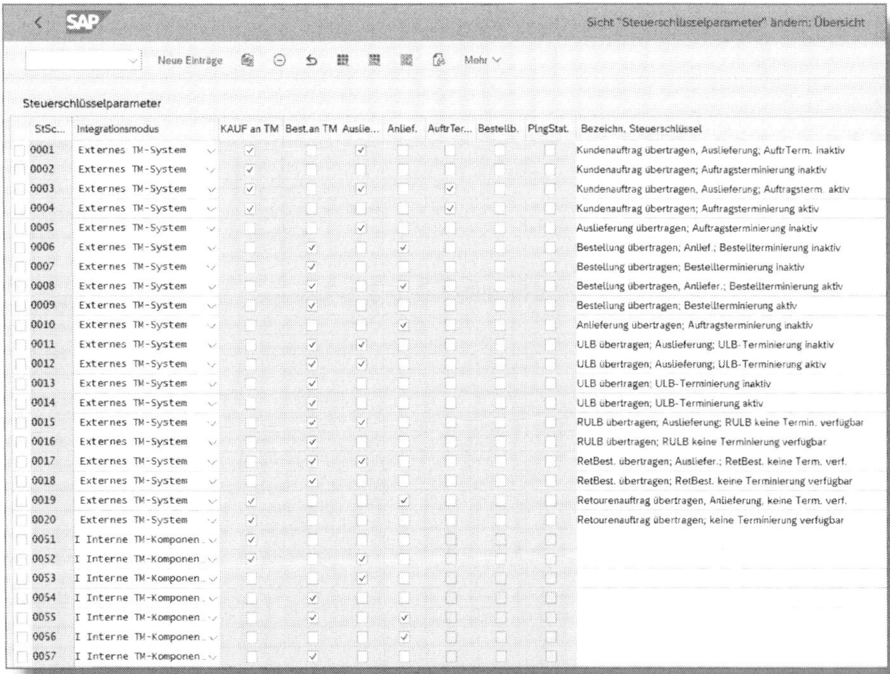

Sicht "Steuerschlüsselparameter" ändern: Übersicht

Neue Einträge Mehr

Steuerschlüsselparameter

StSc...	Integrationsmodus	KAUF an TM	Best.an TM	Auslie...	Anlief.	AuftrTer...	Bestellb.	PlngStat.	Bezeichn. Steuerschlüssel
0001	Externes TM-System	✓		✓					Kundenauftrag übertragen, Auslieferung; AuftrTerm. inaktiv
0002	Externes TM-System	✓							Kundenauftrag übertragen; Auftragsterminierung inaktiv
0003	Externes TM-System	✓		✓		✓			Kundenauftrag übertragen, Auslieferung; Auftragsterm. aktiv
0004	Externes TM-System	✓				✓			Kundenauftrag übertragen; Auftragsterminierung aktiv
0005	Externes TM-System			✓					Auslieferung übertragen; Auftragsterminierung inaktiv
0006	Externes TM-System		✓		✓				Bestellung übertragen; Anlief.; Bestellterminierung inaktiv
0007	Externes TM-System		✓						Bestellung übertragen; Bestellterminierung inaktiv
0008	Externes TM-System		✓		✓				Bestellung übertragen, Anliefer.; Bestellterminierung aktiv
0009	Externes TM-System		✓						Bestellung übertragen; Bestellterminierung aktiv
0010	Externes TM-System				✓				Anlieferung übertragen; Auftragsterminierung inaktiv
0011	Externes TM-System		✓	✓					ULB übertragen; Auslieferung; ULB-Terminierung inaktiv
0012	Externes TM-System		✓	✓					ULB übertragen; Auslieferung; ULB-Terminierung aktiv
0013	Externes TM-System		✓						ULB übertragen; ULB-Terminierung inaktiv
0014	Externes TM-System		✓						ULB übertragen; ULB-Terminierung aktiv
0015	Externes TM-System		✓	✓					RULB übertragen; Auslieferung; RULB keine Termin. verfügbar
0016	Externes TM-System		✓						RULB übertragen; RULB keine Terminierung verfügbar
0017	Externes TM-System		✓	✓					RetBest. übertragen; Ausliefer.; RetBest. keine Term. verf.
0018	Externes TM-System		✓						RetBest. übertragen; RetBest. keine Terminierung verfügbar
0019	Externes TM-System	✓			✓				Retourenauftrag übertragen, Anlieferung, keine Term. verf.
0020	Externes TM-System	✓							Retourenauftrag übertragen; keine Terminierung verfügbar
0051	I Interne TM-Komponen...	✓							
0052	I Interne TM-Komponen...	✓		✓					
0053	I Interne TM-Komponen...			✓					
0054	I Interne TM-Komponen...		✓						
0055	I Interne TM-Komponen...		✓		✓				
0056	I Interne TM-Komponen...				✓				
0057	I Interne TM-Komponen...		✓						

Abbildung 3.4: SAP-Standard-Steuerschlüsselparameter – Übersicht

Wie in Abbildung 3.4 zu sehen ist, gibt es bereits vordefinierte Steuerschlüssel, die sich entweder auf ein externes TM-System beziehen, also auf die nicht integrierte Variante, oder aber auf die interne TM-Komponente Bezug nehmen. In meinem Fall nutze ich den Steuerschlüssel *0052*, da dieser sowohl die KAUF- als auch die Auslieferungsvariante (Auslie...) berücksichtigt. An dieser Stelle kann ich entweder einen bestehenden und passenden Steuerschlüssel selektieren oder aber für abweichende Anforderungen einen neuen anlegen.

Im Folgeschritt muss ein *Logistikintegrationsprofil* definiert werden. Hierzu navigiere ich auf folgende Customizing-Aktivität: Transportation Management • Integration • Logistikintegration • Integration interne TM-Komponente • Logistikintegrationsprofil definieren. Hier muss ich ein neues Logistikintegrationsprofil anlegen. Zunächst vergebe ich eine eindeutige Bezeichnung – *Y001* – und definiere anschließend die Allgemeinen Einstellungen sowie Auftragseinstellungen (siehe Abbildung 3.5).

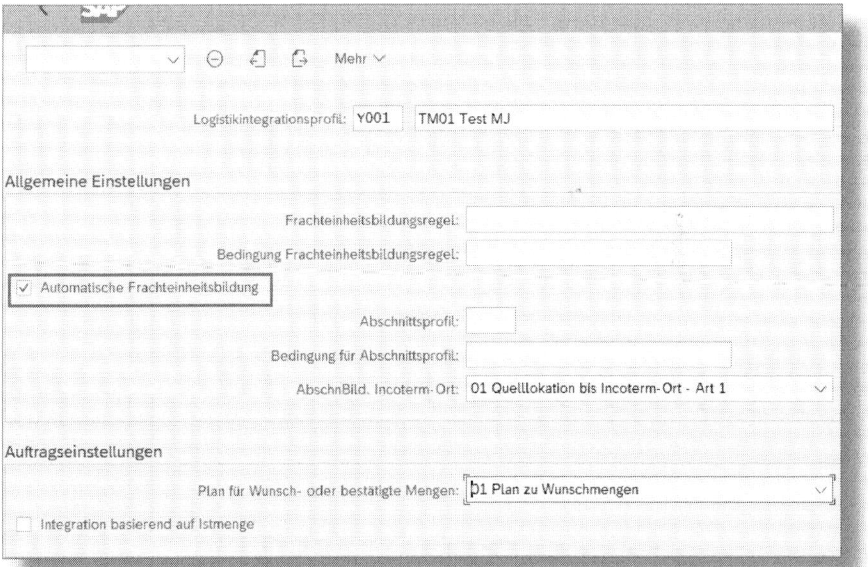

Abbildung 3.5: Logistikintegrationsprofil Y001 – Neuanlage

In meinem Beispiel soll eine AUTOMATISCHE FRACHTEINHEITSBILDUNG erfolgen. Das heißt, dass die Frachteinheitsbildung nach einer Sicherung des jeweiligen Geschäftsbeleges (Auftrag oder Lieferung) automatisch durchgeführt wird. Alternativ müsste die Frachteinheitsbildung in einem separaten Schritt manuell gestartet werden. Anschließend klicke ich in der unteren rechten Ecke (auf der Abbildung 3.5 nicht zu sehen) auf »Speichern«. Eine Übersicht über das erstellte Logistikintegrationsprofil gibt Abbildung 3.6.

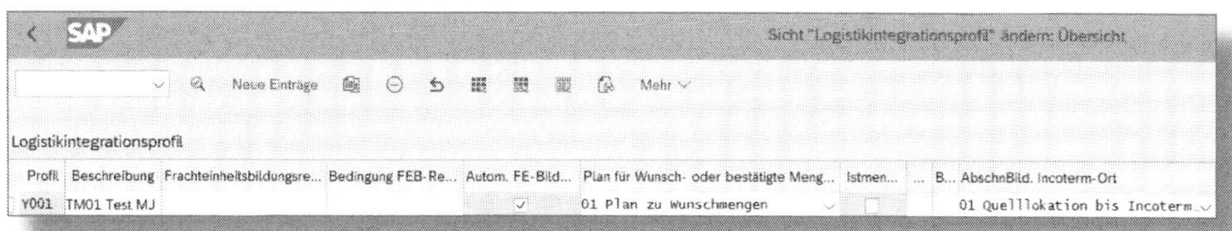

Profil	Beschreibung	Frachteinheitsbildungsre...	Bedingung FEB-Re...	Autom. FE-Bild...	Plan für Wunsch- oder bestätigte Meng...	Istmen...	...	B...	AbschnBild. Incoterm-Ort
Y001	TM01 Test MJ			✓	01 Plan zu Wunschmengen	☐			01 Quelllokation bis Incoterm...

Abbildung 3.6: Logistikintegrationsprofil Y001 – Übersicht

Nun kombiniere ich über die Customizing-Aktivität TRANSPORTRELEVANZ VON VERKAUFSBELEGEN DEFINIEREN die vorherigen Einstellungen miteinander (siehe Abbildung 3.7).

Mehr

Verkaufsbelegintegration

VerkOrg.	VertrWeg	Sparte	VerkBelegart	Versandbed	Steuerschlüssel	TM-Nr.	LogistikintegProfil
1010	10	00	ZTA	01	0052		Y001

Abbildung 3.7: Verknüpfung Verkaufsbelegintegration und Logistikintegrationsprofil

In meinem Beispiel möchte ich die Integration für die Verkaufsorganisation (VERKORG.) *1010*, die Verkaufsbelegart (VERKBELEGART) *ZTA* und die VERSANDBEDINGUNG *01* aktivieren. In der Spalte LOGISTIKINTEGPROFIL pflege ich das zuvor angelegte Profil *Y001* ein und verbinde somit die zuvor genannten Parameter mit dem entsprechenden LOGISTIKINTEGPROFIL.

Damit in SAP-TM-Dokumenten auch Geschäftspartner genutzt werden können, müssen die bestehenden Geschäftspartner zunächst in eine

Partnerfunktion aus Sicht des SAP TM gemappt werden. Hierzu öffne ich folgenden Customizing-Pfad: TRANSPORTATION MANAGEMENT • STAMMDATEN • GESCHÄFTSPARTNER • GP-ROLLEN ZU PARTNERFUNKTIONEN ZUORDNEN. Im SAP-Standard existiert bereits eine Vielzahl von vordefinierten Rollen, die GP-Rollen zugeordnet werden sollen. In meinem Beispiel ordne ich die ROLLE *Spediteur* der zuvor angelegten GP-ROLLE *ZFLC88 – Kunde* zu (siehe Abbildung 3.8).

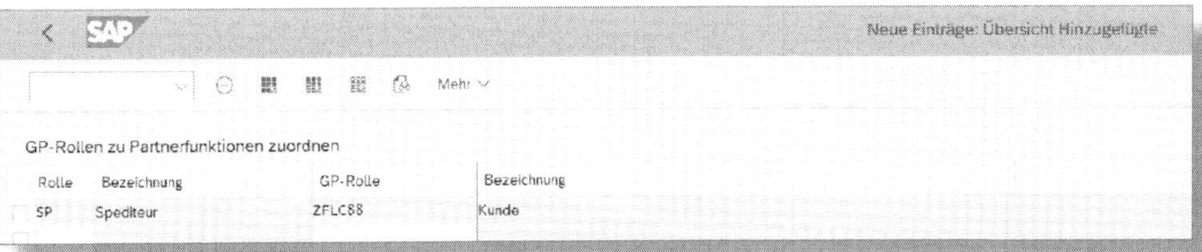

Abbildung 3.8: Integration SAP-Geschäftspartner für TM-Dokumente

Folgende Integrationsszenarien können nach den vorangegangenen Einstellungen eingerichtet werden:

- Auftragsintegration mit Liefervorschlag
- Lieferungsintegration ohne Liefervorschlag

Beim ersten Szenario wird ein Auftrag in SD angelegt und dann an die SAP-TM-Komponente weitergegeben. Dort werden automatisch Frachteinheiten angelegt. Anschließend findet eine Beplanung der Frachteinheiten auf sogenannten *Transportaufträgen* statt. Mit dem Abschluss der Planung steht der Liefertermin fest. Dieser wird wiederum zurück an SAP SD übertragen, wo die entsprechenden Lieferbelege erstellt werden. Da SAP SD am Ende entscheidet, ob und wie Lieferungen angelegt werden, bildet der Übertrag der Planungsinformationen, basierend auf den Frachteinheiten, lediglich einen *Liefervorschlag* ab.

Im zweiten Szenario, »Lieferungsintegration ohne Liefervorschlag«, löst die Erstellung von SD-Aufträgen keine automatisierte Frachteinheitenbildung aus. Erst die Lieferungsanlage, basierend auf dem jeweiligen SD-Auftrag, führt zur Anlage von Frachteinheiten. Anschließend findet die Beplanung der jeweiligen Objekte statt. In diesem Fall können die Ergebnisse der Planung aber keinen Einfluss mehr auf Liefertermine nehmen und bleiben daher in der Lieferung unberücksichtigt. Die Planungsergebnisse werden anschließend in der Transportplanung und -ausführung entsprechend berücksichtigt.

Nach diesen Vorbereitungen komme ich zum versprochenen Customizing der Frachteinheiten, das ich unter dem Customizing-Pfad TRANSPORTATION MANAGEMENT • PLANUNG • FRACHTEINHEIT • FRACHTEINHEITSARTEN DEFINIEREN finde. In Abbildung 3.9 ist zu erkennen, dass im Vergleich zu anderen SAP-SD-bezogenen Customizing-Aktivitäten keine Vorschlagswerte existieren.

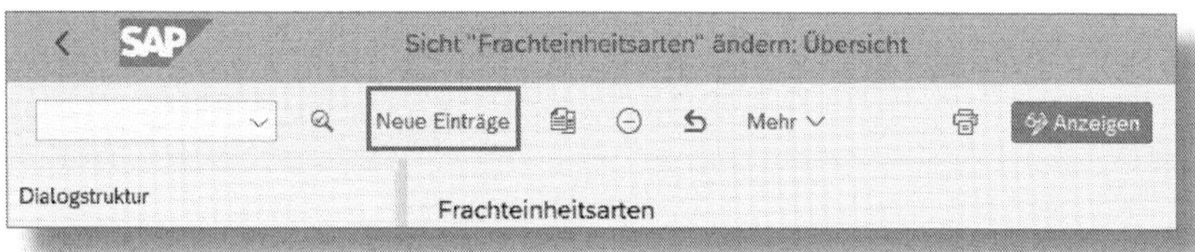

Abbildung 3.9: Frachteinheitsarten – Neuanlage

Deshalb sind jegliche Einstellungen von Grund auf ins System einzupflegen. Ich navigiere auf NEUE EINTRÄGE.

Im ersten Schritt hinterlege ich eine eindeutige Frachteinheitsartkennung mit passender Beschreibung. In meinem Beispiel nutze ich die FRACHTEINHEITSART *Z001 – Frachteinheit_Dummy* ❶ (siehe Abbildung 3.10).

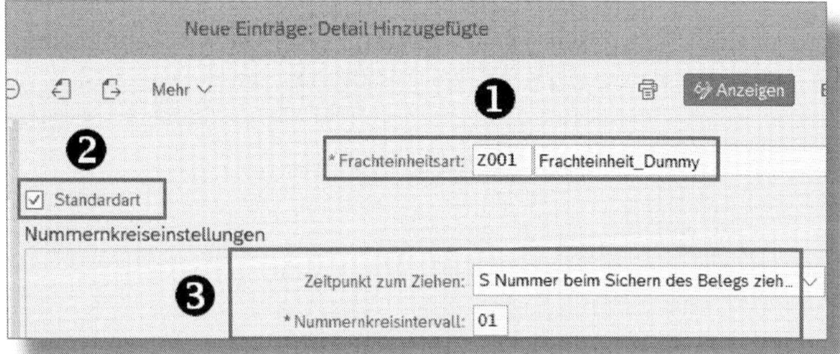

Abbildung 3.10: Frachteinheitsart Z001 – Detailsicht

Um diese Frachteinheit als Standard zu nutzen, setze ich den Haken bei der Checkbox STANDARDART ❷. Nun lege ich fest, wann das System die entsprechende Nummerierung ziehen soll. Hierzu muss das passende NUMMERNKREISINTERVALL ❸ selektiert werden.

Sofern kein Nummernkreisintervall in der Auswahl vorhanden ist oder ich ein spezifisches definieren möchte, kann ich dies über folgenden Customizing-Pfad einstellen: TRANSPORTATION MANAGEMENT • FRACHTAUFTRAGSMANAGEMENT • NUMMERNKREISINTERVALLE FÜR FRACHTAUFTRAGSMANAGEMENT DEFINIEREN.

☛ Zusatzinformation Nummernkreise Geschäftsbelege

In der hier beschriebenen Customizing-Aktivität definiert man die Nummernkreisintervalle für folgende Geschäftsbelege: Frachteinheit, Frachtauftrag, Frachtbuchung, Transporteinheit.

! Nur interne Nummernzuordnung möglich

Es wird nur die interne Nummernzuordnung unterstützt. Verwenden Sie daher nicht das Ankreuzfeld EXTERNER NUMMERNKREIS.

Ich klicke nun auf INTERVALLE und kann dort einen Intervallrahmen festlegen (siehe Abbildung 3.11).

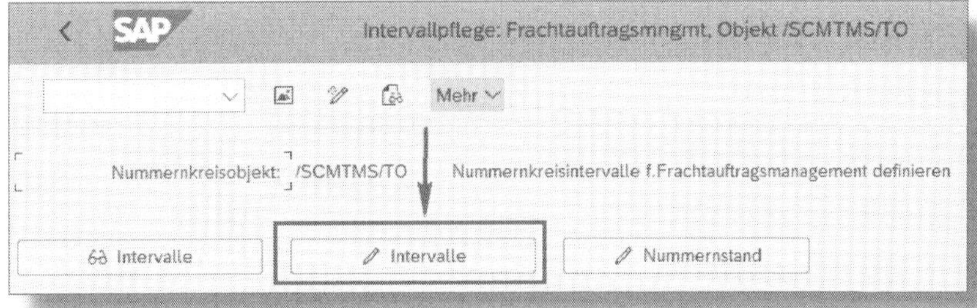

Abbildung 3.11: Pflege Nummernkreisintervall für Frachtauftragsmanagement

Ich fahre nun mit dem Customizing der Frachteinheitsart fort (siehe Abbildung 3.12).

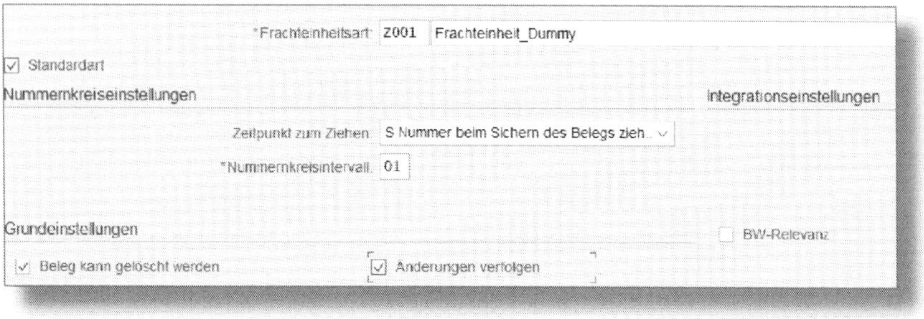

Abbildung 3.12: Frachteinheitsart Z001 – Grundeinstellung

Die INTEGRATIONSEINSTELLUNGEN lasse ich in meinem Beispiel außer Acht. Hier ließe sich eine Integration zum BW steuern, indem ich das Feld BW-RELEVANZ ankreuze.

Unter den GRUNDEINSTELLUNGEN empfehle ich das Feld ÄNDERUNGEN VERFOLGEN anzukreuzen, um jederzeit prüfen zu können, ob Änderungen vollzogen wurden, und wenn ja, um welche es sich dabei handelt. Ich setze ebenfalls den Haken bei BELEG KANN GELÖSCHT WERDEN. Ohne diesen Haken können bestehende Belege nicht gelöscht werden.

In den Reitern, die in Abbildung 3.13 und Abbildung 3.14 zu sehen sind, belasse ich es bei den vorbelegten Einstellungen.

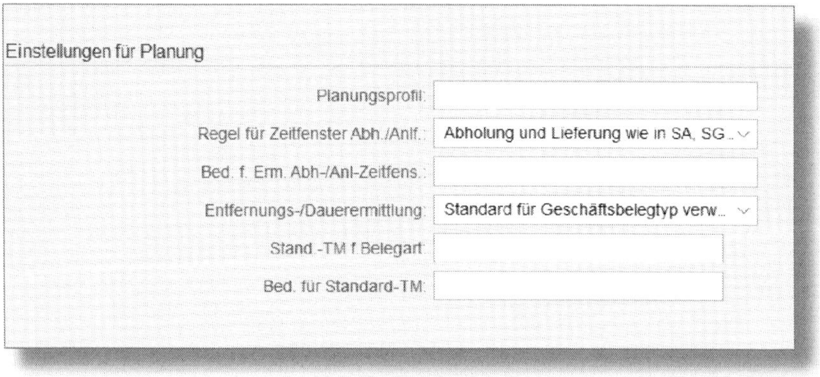

Abbildung 3.13: Frachteinheitsart Z001 – Einstellungen für Planung

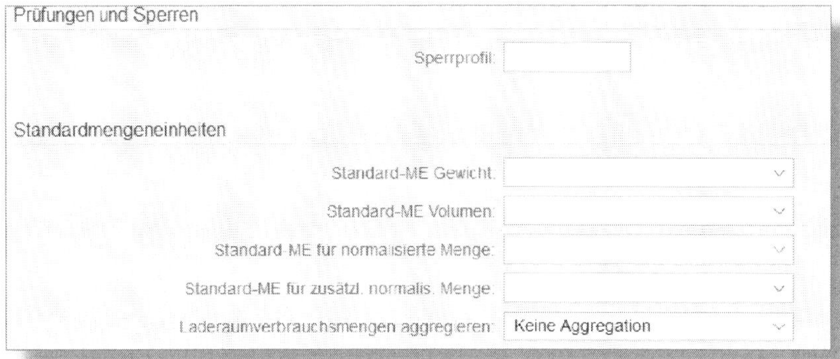

Abbildung 3.14: Frachteinheitsart Z001 – weitere Einstellungen

Unter dem Reiter Ausführungseinstellungen (siehe Abbildung 3.15) lege ich beispielsweise fest, ob bestimmte Belegarten überwacht werden sollen.

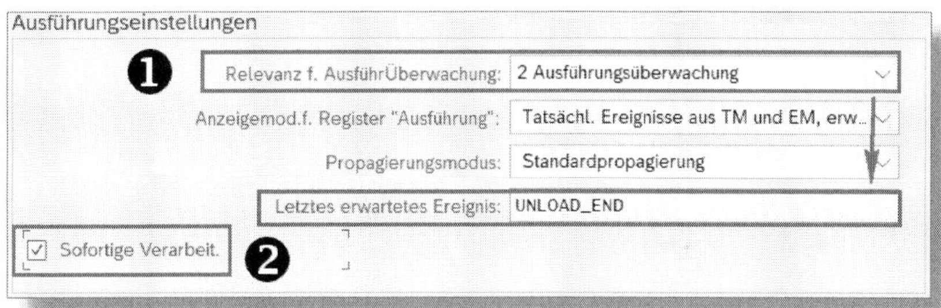

Abbildung 3.15: Frachteinheitsart Z001 – Ausführungseinstellungen

Im Feld Relevanz f. AusführÜberwachung habe ich folgende Werte zur Auswahl:

1 Keine Ausführungsüberwachung

2 Ausführungsüberwachung

3 Ausführungsüberwachung mit SAP-Event-Management

Falls ich *1 Keine Ausführungsüberwachung* auswähle, generiert das System automatisch einen initialen Belegausführungsstatus mit »Nicht relevant«.

Ich selektiere hier die *2 Ausführungsüberwachung* ❶.

Sobald ich mich für einen der Werte *2* oder *3* entscheide, wird zwingend ein Eintrag im Feld Letztes erwartetes Ereignis erforderlich. Dies dient zur Angabe, wann der relevante Beleg als abgeschlossen gilt. Ich wähle *UNLOAD_END*, also das Entladungsende.

Über das Ankreuzfeld Sofortige Verarbeit. ❷ lege ich schließlich fest, ob ein Beleg nach der Anlage direkt den Status »In Bearbeitung« erhält.

In den Change-Controller-Einstellungen kann ich definieren, inwiefern das System auf Änderungen u. a. an den folgenden Geschäftsbelegen reagieren soll:

- Frachtauftrag
- Frachteinheit
- Transporteinheit

Ich nehme hier keine Einträge vor (siehe Abbildung 3.16).

Change-Controller-Einstellungen

Change-Controller-Strateg.:

Bedingung Änderungsstrategiefindung:

Bedingung für Mengentoleranz:

Bedingung für Datumstoleranz:

Abbildung 3.16: Frachteinheitsart Z001 – Change-Controller-Einstellungen

Der nächste Schritt wäre der Reiter AUSGABEOPTIONEN. Wie anfangs erwähnt, beruht die Ausgabesteuerung von frachtrelevanten Belegen auf dem Post Processing Framework (PPF). Um die Funktionalitäten an dieser Stelle nutzen zu können, müsste ich zunächst ein Aktionsprofil im PPF anlegen und anschließend im Feld AUSGABEPROFIL zuordnen. Die Beschreibung der einzelnen Schritte würde aber an dieser Stelle den Rahmen sprengen.

Daher lasse ich die Felder leer und navigiere weiter zur FRACHTAUFTRAGSERMITTLUNG (siehe Abbildung 3.17).

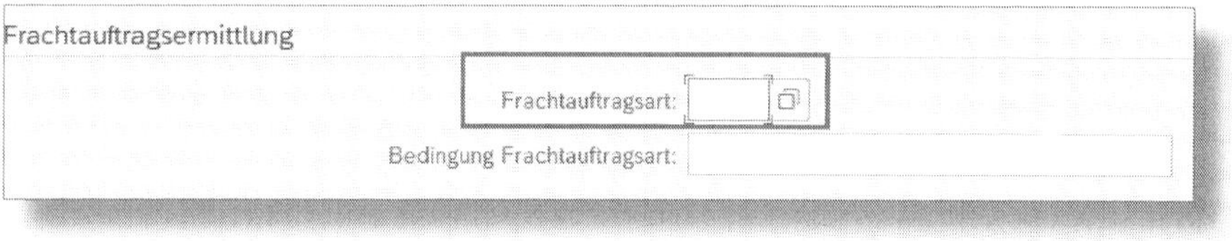

Frachtauftragsermittlung

Frachtauftragsart:

Bedingung Frachtauftragsart:

Abbildung 3.17 Frachteinheitsart Z001 – Frachtauftragsermittlung

Ich kann an dieser Stelle per Default festlegen, dass bei Nutzung einer bestimmten Frachteinheit immer eine bestimmte Frachtauftragsart gefunden werden soll. Das Customizing einer Frachtauftragsart wird im nächsten Abschnitt näher behandelt. Hier nehme ich zunächst keinen Eintrag vor, lasse die restlichen Reiter leer und klicke auf SICHERN (siehe Abbildung 3.18).

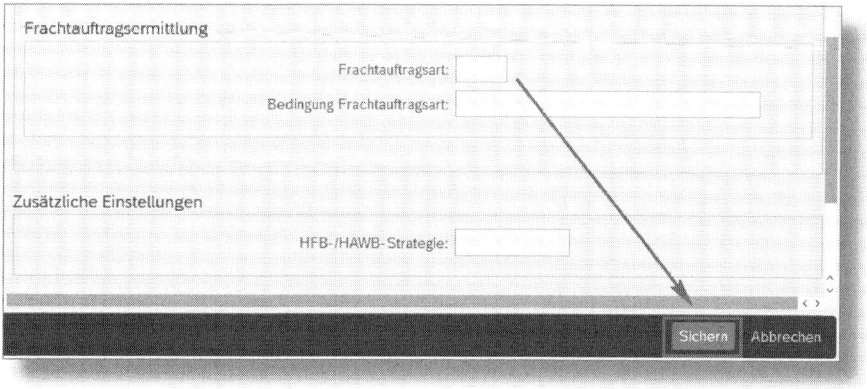

Frachtauftragsermittlung

Frachtauftragsart:

Bedingung Frachtauftragsart:

Zusätzliche Einstellungen

HFB-/HAWB-Strategie:

Sichern Abbrechen

Abbildung 3.18: Frachteinheitsart Z001 – Sichern

Die neue Frachteinheitsart ist nun angelegt (siehe Abbildung 3.19).

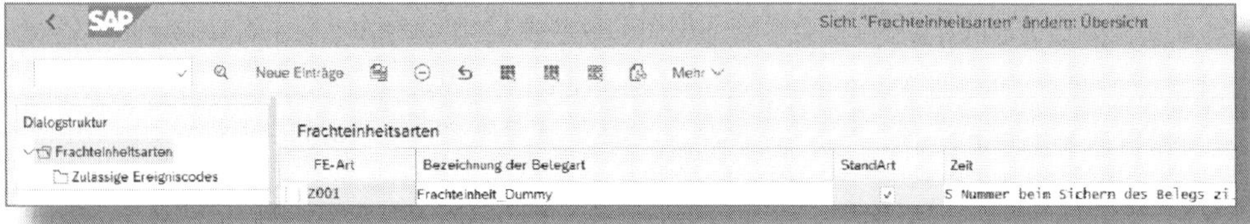

Abbildung 3.19: Frachteinheitsart Z001 – Übersicht nach Anlage

Abschließend gehe ich kurz auf die *Frachteinheitsbildung (FEB)* ein. Mit ihrer Hilfe wird definiert, inwieweit das System automatisiert Frachteinheiten bildet. Hierbei werden verschiedene Kriterien wie Mengeneinheiten, kritische Mengen oder Splitmengen berücksichtigt. In der nachfolgenden Customizing-Aktivität habe ich die Möglichkeit, diese Bildung individuell anzulegen. Sofern ich keine Einträge im Customizing mache, nutzt das System die Standardeinstellungen.

Alle dazugehörigen Einstellungen finde ich unter folgendem Customizing-Pfad: Transportation Management • Planung • Allgemeine Einstellungen • Standardeinstellungen für Frachteinheitsbildung vornehmen.

3.1.2 Customizing Frachtauftrag

Das nächste Objekt, um das ich mich kümmere, ist der *Frachtauftrag*. Abbildung 3.20 zeigt, an welcher Stelle im Prozess ich mich befinde.

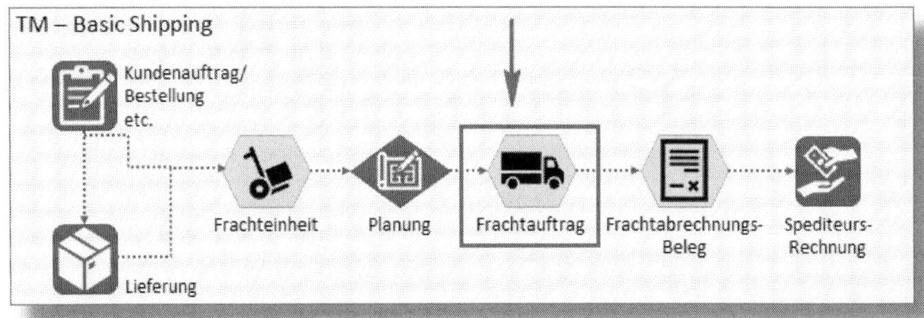

Abbildung 3.20: Standardprozess TM – Basic Shipping, Frachtauftrag

Definition Frachtauftrag

Der Frachtauftrag ist ein Auftrag, dessen Ausführung durch den Verlader oder den Spediteur geplant wird. Ein Frachtauftrag enthält in der Regel folgende Informationen:

- Ausführungsdaten
- geplante Abfahrtszeiten des Transportmittels
- Planung für die logistische Abwicklung

Frachtaufträge werden hauptsächlich für Landtransporte genutzt. Der Frachtauftrag bildet das Pendant zum Transportbeleg aus LE-TRA. Eine oder mehrere Frachteinheiten werden in den Frachtauftrag aufgenommen und können somit prozessual abgewickelt werden. Der Frachtauftrag bildet die Basis für die nachgelagerten Abrechnungsprozesse.

Ich steige in das Customizing ein und lege eine neue Frachtauftragsart an. Hierfür folge ich dem Customizing-Pfad Transportation Management • Frachtauftragsmanagement • Frachtauftrag • Frachtauftragsarten definieren und navigiere auf Neue Einträge (siehe Abbildung 3.21).

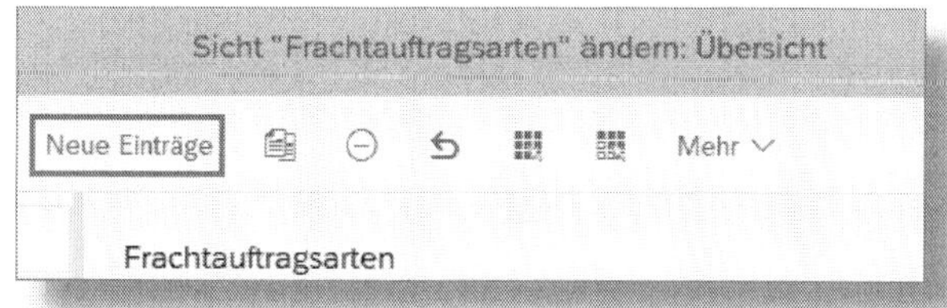

Abbildung 3.21: Frachtauftragsart – Neuanlage

Zu Beginn lege ich eine eindeutige Frachtauftragsart fest (siehe Abbildung 3.22).

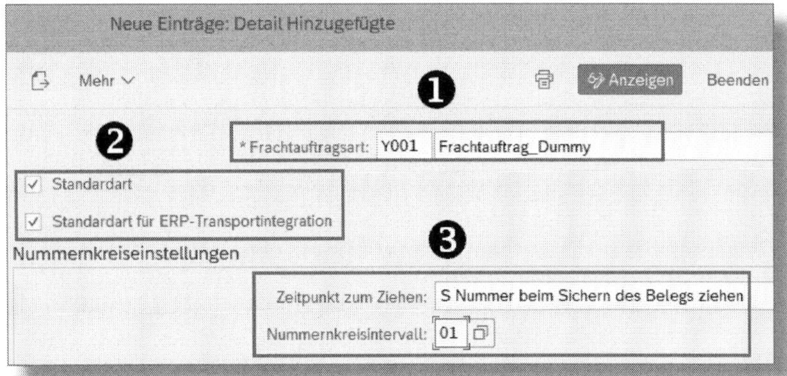

Abbildung 3.22: Frachtauftragsart Y001 – Detailsicht

In meinem Beispiel gebe ich ihr die Bezeichnung *001 – Frachtauftrag_ Dummy* ❶. Anschließend setze ich den Haken bei Standardart und Standardart für ERP-Transportintegration ❷. Dieser sorgt dafür, dass Frachtaufträge basierend auf ERP-Transportbelgen angelegt werden. Die Integrationseinstellungen bleiben unverändert.

Im nächsten Schritt definiere ich analog zum Customizing der Frachteinheit, wann die Nummerierung des Belegs greifen soll. Zudem kann ich hier ein Nummernkreisintervall selektieren ❸.

Unter den Grundeinstellungen pflege ich die Transportrichtung *1 – Export* und den Verkehrszweig *01* – Straße (❶ in Abbildung 3.23). Zudem lege ich fest, dass die neue Frachtauftragsart *nicht relevant für* eine *Unterbeauftragung* ist ❷. Der Frachtauftrag soll gelöscht, Änderungen am Frachtauftrag nachverfolgt und der Beleg beim Sichern fixiert werden ❸.

Exkurs: Customizing Verkehrszweige in SAP TM

Die Angabe eines Verkehrszweigs ist im Frachtauftragsarten-Customizing verpflichtend. Da die Verkehrszweige in SAP TM aber gesondert gepflegt werden müssen, gibt es hierzu folgenden Customizing-Pfad: Transportation Management • Stammdaten • Transportnetz • Transportbeziehung • Verkehrszweig definieren.

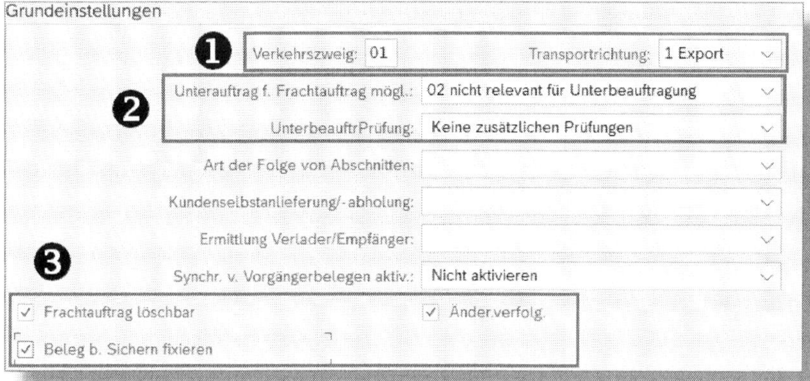

Abbildung 3.23: Frachtauftragsart Y001 – Grundeinstellungen

Ich fahre mit der Anlage der Frachtauftragsart fort und selektiere unter EINSTELLUNGEN FÜR PLANUNG das PLANUNGSPROFIL *DEFAULT_PLANNING_PROFILE* (❶ in Abbildung 3.24). Das Planungsprofil steuert im System die Durchführung von Planungsläufen und die Erzeugung von Transportvorschlägen. Ich wähle als Standardtransportmittel *0001 – Lastwagen* ❷ aus.

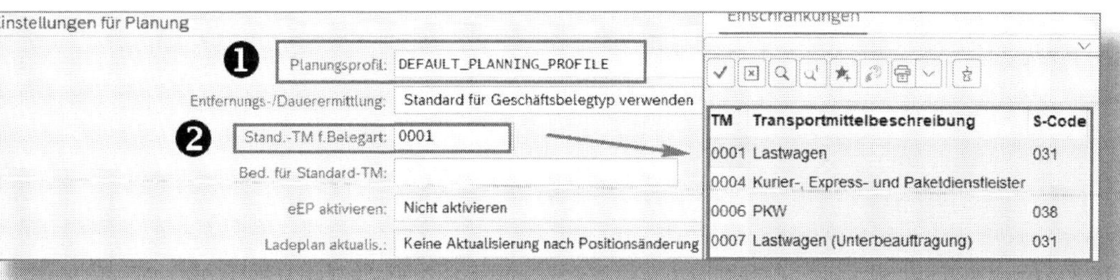

Abbildung 3.24: Frachtauftragsart Y001 – Einstellungen für Planung

Bei den AUSFÜHRUNGSEINSTELLUNGEN lege ich erneut eine *Ausführungsüberwachung* ❶ fest. Die Ankunft am Zielort *(ARRIV_DEST)* dient ALS LETZTES ERWARTETES ERGEBNIS ❷ und sorgt dafür, dass der Ausführungsstatus bei Erreichen des Ziels auf »Ausgeführt« gesetzt wird (siehe Abbildung 3.25).

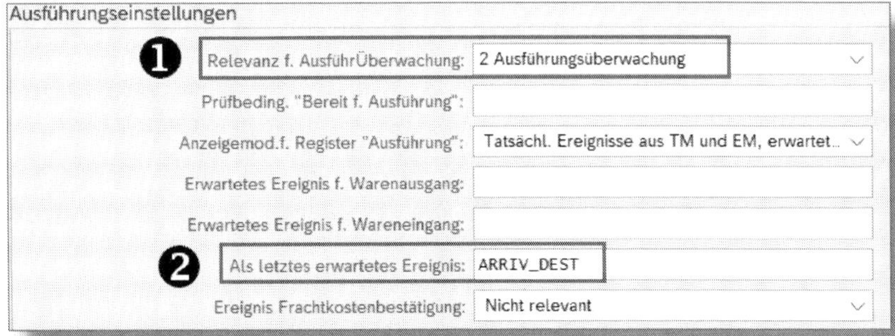

Abbildung 3.25: Frachtauftragsart Y001 – Ausführungseinstellungen

Die AUSGABEOPTIONEN und insbesondere das Feld AUSGABEPROFIL beziehen sich wie bei der Anlage der Frachteinheitsarten auf die PPF-Einstellungen. Ich übernehme hier wiederum die Voreinstellungen ohne Änderungen und navigiere zum Reiter EINSTELLUNGEN FÜR KOSTENBERECHNUNG UND ABRECHNUNGSBELEGE (siehe Abbildung 3.26).

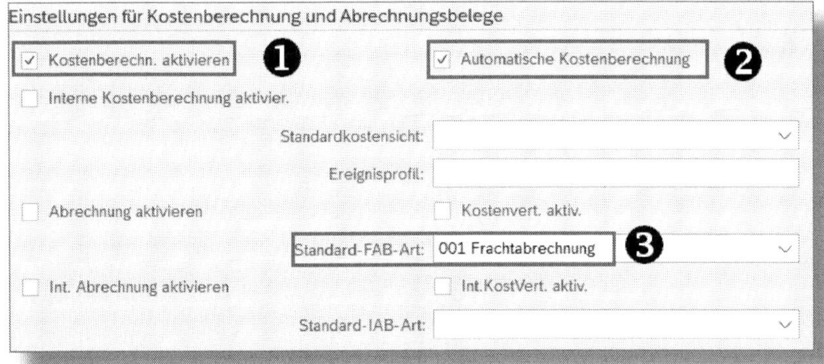

Abbildung 3.26: Frachtauftragsart Y001 – Einstellungen für Kostenberechnung und Abrechnungsbelege

Hier definiere ich die Steuerung der Frachtkosten sowie der Frachtabrechnung je Frachtauftragsart. Ich setze den Haken bei KOSTENBERECHN. AKTIVIEREN ❶. Dadurch wird die systemseitige Kostenberechnung aktiviert. Dies bedeutet, dass das System anhand von vordefinierten Stammdaten die entsprechenden Kosten wie beispielsweise Transportkosten eigenständig ermittelt. Alternativ müssten die Kosten manuell berechnet werden. Durch den Haken AUTOMATISCHE KOSTENBERECHNUNG wird gesteuert, ob Kosten wie beispielsweise Transportkosten automatisiert berechnet werden sollen. Das System führt die Berechnung dann nach Sichern des Frachtauftrags automatisiert durch. Wenn man den Haken weglässt, müsste diese Berechnung manuell angestoßen werden. Ich setze den Haken ❷. Über das Feld STANDARD-FAB-ART bestimme ich die Ermittlung der Frachtabrechnungsbelegart ❸.

Darüber hinaus gibt es noch eine Vielzahl von Einstellmöglichkeiten, die zu befüllen wären, aber an dieser Stelle außer Acht gelassen werden. Ich speichere meine Einstellungen via SICHERN (siehe Abbildung 3.27).

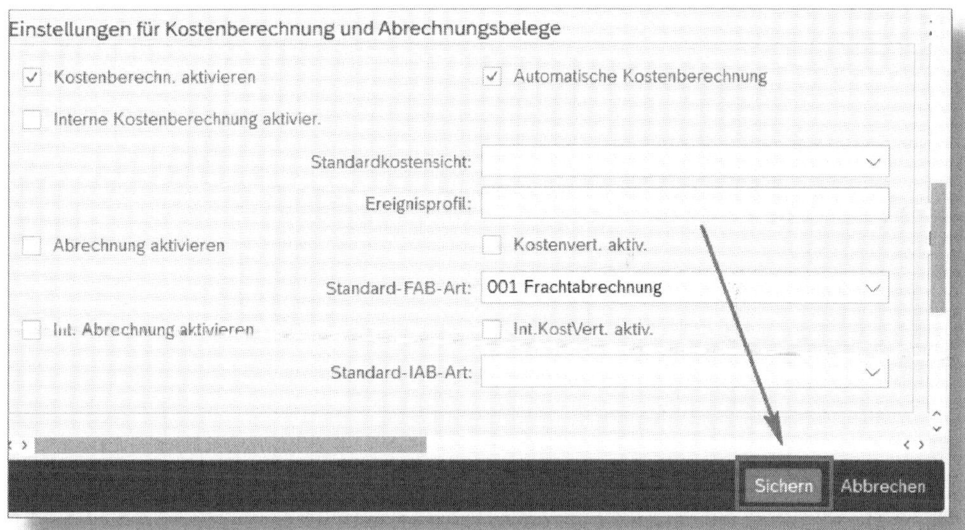

Abbildung 3.27: Frachtauftragsart Y001 – Sicherung

Die neue Frachtauftragsart Y001 liegt nun vor (siehe Abbildung 3.28).

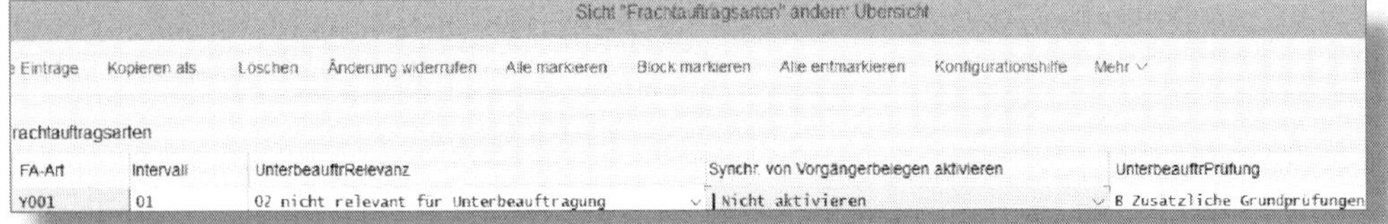

Abbildung 3.28: Frachtauftragsart Y001 – Übersicht nach Anlage

Nun ordne ich meiner Frachteinheitsart aus dem vorherigen Abschnitt die neu erstellte Frachtauftragsart zu. Dazu öffne ich unter dem Customizing-Pfad Transportation Management • Planung • Frachteinheit • Frachteinheitsarten definieren erneut die Frachteinheitsart *Z001* (siehe Abbildung 3.29).

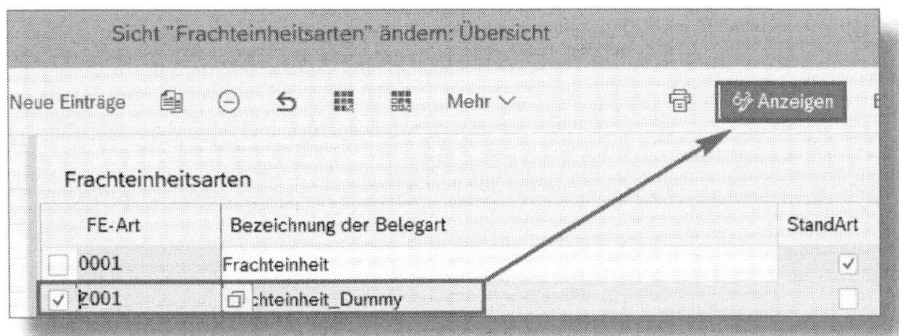

Abbildung 3.29: Bearbeitung Frachteinheitsart Z001

Ich navigiere zum Reiter Frachtauftragsermittlung. Dort gebe ich in das Feld Frachtauftragsart *Y001* ein (siehe Abbildung 3.30).

Die Verknüpfung beider Belegarten führt dazu, dass bei einer Nutzung der Frachteinheitsart Z001 automatisch die Frachtauftragsart Y001 gefunden und angelegt wird.

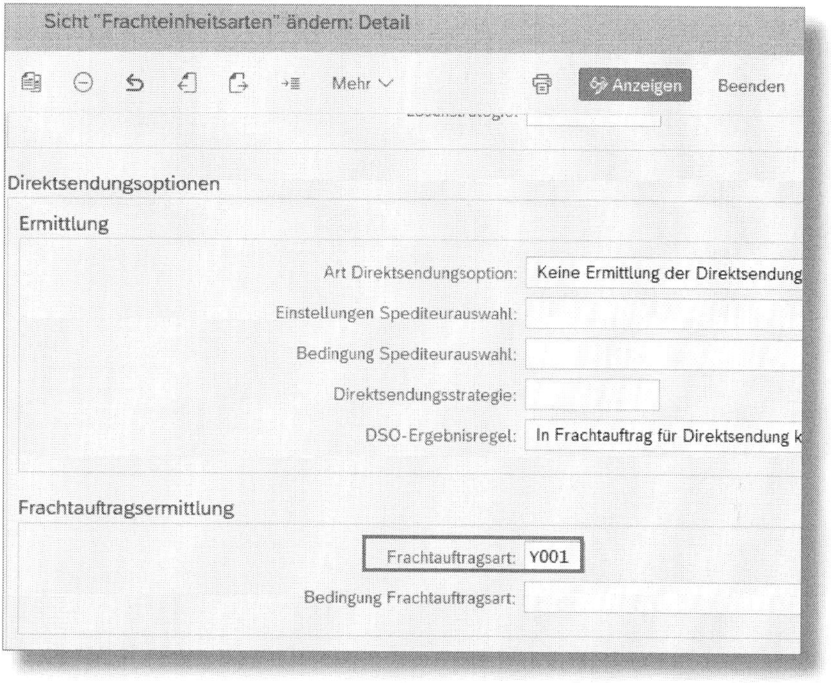

Abbildung 3.30: Zuordnung Frachteinheitsart Z001 zu Frachtauftragsart Y001

3.2 Frachtkostenabrechnung

Nachdem ich zuvor den Fokus auf die Objekte Frachteinheit und Frachtauftrag gelegt habe, beschreibe ich in diesem Abschnitt die Frachtkosten- und die Spediteursabrechnung. Abbildung 3.31 zeigt auf, an welcher Stelle im Standardprozess ich mich befinde.

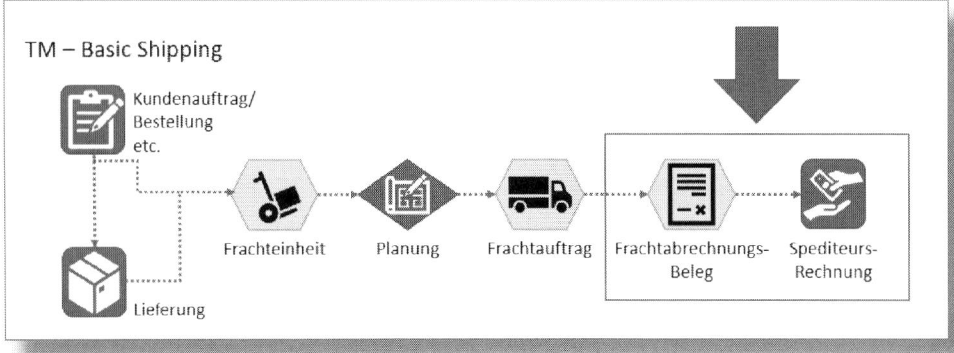

Abbildung 3.31: Standardprozess TM – Basic Shipping, Frachtabrechnung

Ich kann sowohl für die Abrechnung von Frachtkosten an einen Kunden als auch für die Abrechnung eingekaufter Dienstleistungen einen SAP-TM-Abrechnungsbeleg erzeugen. Dieser *Spediteursabrechnungsbeleg* erzeugt eine Kundenrechnung in SAP SD und bildet somit die Einnahmenseite ab. Der *Frachtabrechnungsbeleg* stellt hingegen die Abrechnung mit dem jeweiligen Dienstleister dar. Er löst in S/4HANA die Anlage einer MM-Bestellung und eines Leistungserstellungsblatts aus. Daraus wird dann eine entsprechende Buchung, beispielsweise eine Rückstellung oder Gutschrift, erzeugt.

3.2.1 Customizing Frachtabrechnung

Um den Prozess der Frachtabrechnung zu ermöglichen, müssen zunächst folgende Customizing-Schritte durchlaufen werden:

1. Frachtabrechnungsbelegart
2. Abrechnungsprofil

Damit bei der Erzeugung von Frachtabrechnungsbelegen ein Nummernkreisintervall gefunden wird, muss dieses zu Beginn definiert und angelegt werden. Daher starte ich mit der Definition eines Nummernkreisintervalls. Hierzu rufe ich den folgenden Customizing-Pfad auf:

Transportation Management • Abrechnung • Frachtabrechnung • Nummernkreisintervalle für Frachtabrechnungsbelege definieren. Im ersten Schritt navigiere ich auf Intervalle (siehe Abbildung 3.32).

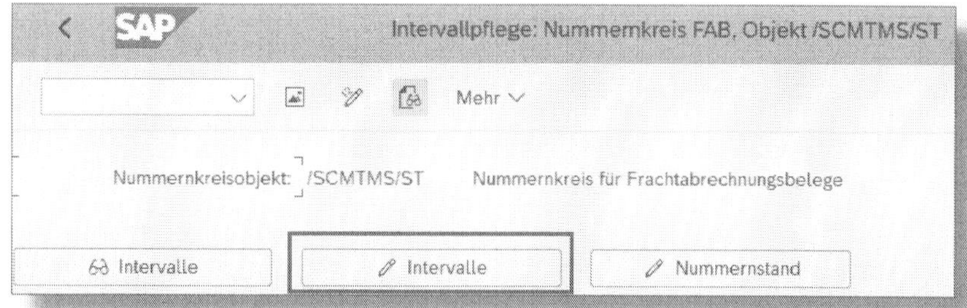

Abbildung 3.32: Nummernkreisintervallpflege für Frachtabrechnungsbelege

Anschließend selektiere ich ein für mich passendes Nummernintervall und speichere meinen Eintrag. In Abbildung 3.33 habe ich den Nummernkreis *01* definiert.

Intervallpflege: Nummernkreis FAB, Objekt /SCMTMS/ST

Nummernkreisnummer	von Nummer	bis Nummer	Nummernstand
01	00000000008100000000	00000000008199999999	0

Abbildung 3.33: Nummernkreisintervallpflege für Frachtabrechnungsbelege – Nummernkreisnummer 01

Im nächsten Schritt definiere ich eine *Frachtabrechnungsbeleg (FAB)-Art*. Hierzu öffne ich den Customizing-Pfad Transportation Management • Abrechnung • Frachtabrechnung • Frachtabrechnungs-Belegarten definieren. Wie bei den vorherigen Customizing-Einstellungen der Frachteinheits- und Frachtauftragsarten gibt es keine vordefinierten Belegarten im System. Aus diesem Grund muss auch an dieser Stelle das Customizing von Grund auf eingestellt werden. Via NEUE EINTRÄGE lege ich eine neue Frachtabrechnungsbelegart an (siehe Abbildung 3.34).

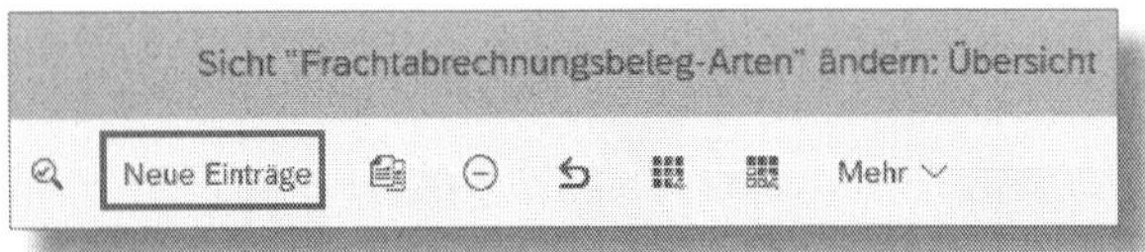

Abbildung 3.34: Frachtabrechnungsbelegart – Neuanlage

Zuerst vergebe ich eine FAB-ART und nenne diese *X001 – Frachtabrechnungsbeleg_Dummy*. Zudem wähle ich den FAB-TYP *10 – Frachtabrechnungsbeleg* aus (❶ in Abbildung 3.35). Durch Ankreuzen des Checkbox-Feldes STANDARDART FÜR TYP ❷ bewirke ich, dass diese FAB-Art als Standard genutzt wird. Damit Änderungen nachverfolgt werden können, hake ich zudem das entsprechende Feld ❸ an.

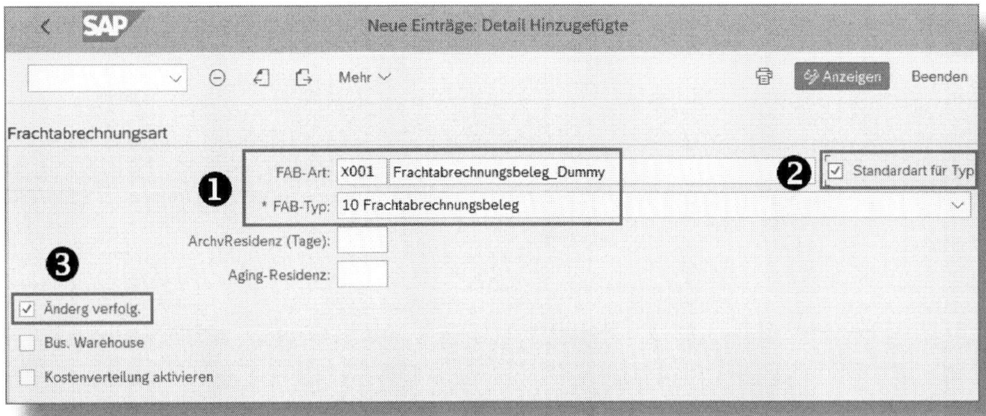

Abbildung 3.35: Frachtabrechnungsbelegart X001 – Detailsicht

Ich wähle das neu angelegte Nummernkreisintervall *01* aus (siehe Abbildung 3.36).

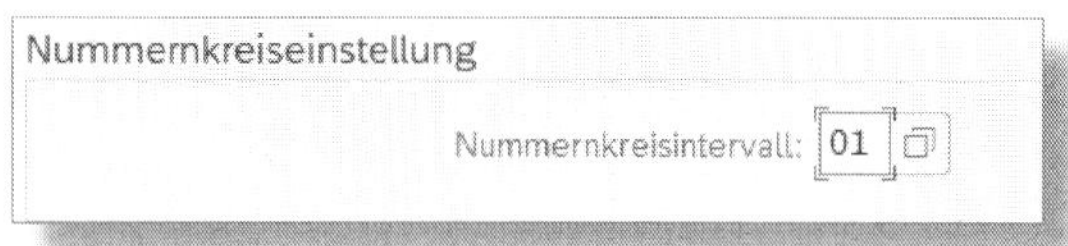

Abbildung 3.36: Frachtabrechnungsbelegart: X001 – Zuordnung zu Nummernkreisintervall 01

Alle weiteren Voreinstellungen übernehme ich und speichere meine Einstellung via SICHERN ab. Die neue Frachtabrechnungsbelegart ist nun angelegt (siehe Abbildung 3.37).

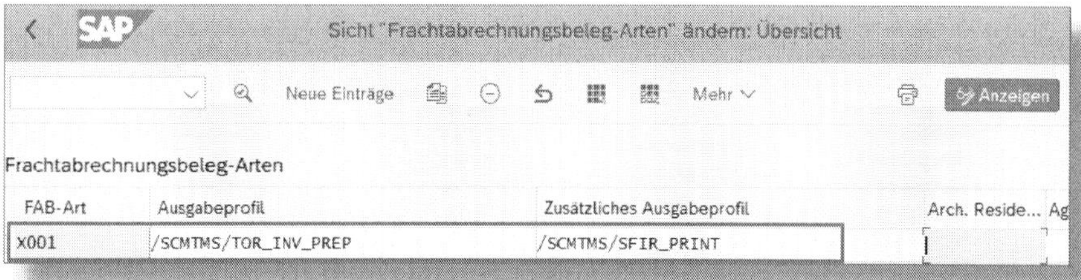

Abbildung 3.37: Frachtabrechnungsbelegart X001 – Übersicht nach Anlage

Im nächsten Schritt lege ich ein *Abrechnungsprofil* an. Hierzu öffne ich folgende Customizing-Aktivität: TRANSPORTATION MANAGEMENT • ABRECHNUNG • ABRECHNUNGSPROFILE DEFINIEREN. Ein Abrechnungsprofil kann sowohl für Fracht- als auch für Spediteursabrechnungen genutzt werden. Das relevante Abrechnungsprofil muss anschließend einem Geschäftspartner oder einem Kostenprofil zugeordnet werden. Via NEUE EINTRÄGE navigiere ich in die Anlagemaske (siehe Abbildung 3.38).

Abbildung 3.38: Abrechnungsprofil – Neuanlage

Zunächst vergebe ich eine eindeutige Profil-ID, hier *Y0001*, und eine BESCHREIBUNG (❶ in Abbildung 3.39).

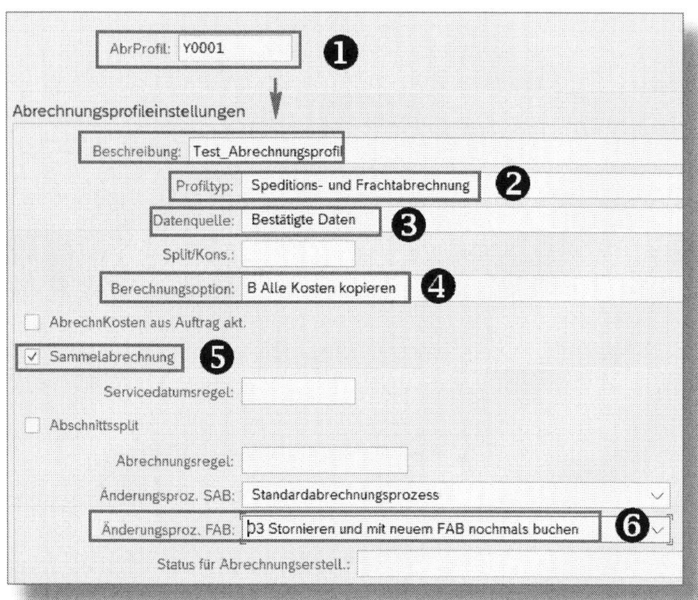

Abbildung 3.39: Abrechnungsprofil Y0001 – Detailsicht

Über das Feld PROFILTYP kann ich steuern, ob das Abrechnungsprofil für beide Abrechnungsbelegtypen – *Speditions- und Frachtabrechnung* ❷ – genutzt werden soll oder nur für einen. Über das Feld DATENQUELLE ❸ lege ich fest, welche Daten als Basis für die Abrechnung genommen werden sollen. Hier kann ich zwischen *Plandaten*, *Istdaten* und *Bestätigte Daten* auswählen. Ich selektiere in meinem Beispiel *Bestätigte Daten*, da das System in diesem Falle nur bestätigte Mengen aus einem Speditionsauftrag oder Planmengen aus einem Frachtauftrag verwendet. Bei *Plandaten* würde das System die Bestellmengen aus einem Speditionsauftrag verwenden. Selektierte ich hingegen den Wert *Istdaten*, so würde das System die Istmengen aus einem Speditionsauftrag verwenden. Des Weiteren bestimme ich über die BERECHNUNGSOPTION ❹, inwieweit die Kosten aus den Vorgängerbelegen kopiert werden sollen. Ich selektiere den Wert: *B Alle Kosten kopieren*, da in dem Falle das System alle Kostenzeilen aus dem Auftrag in die

Abrechnung übernimmt und keine neue Kostenermittlung stattfindet. Des Weiteren könnte ich an dieser Stelle auch den Wert *A Feste Kosten kopieren und andere neu ermitteln* auswählen. Damit kopiert das System die Kostenzeilen mit festen Kosten aus dem Auftrag in die Abrechnung und stößt für diese Kostenzeilen keine neue Kostenermittlung an. Für alle anderen Kostenzeilen wird eine neue Kostenermittlung angestoßen. Ich definiere außerdem, dass eine SAMMELABRECHNUNG ❺ stattfinden soll. Das Feld ÄNDERUNGSPROZ. FAB gibt das Verfahren an, wie das System mit Änderungen und Aktualisierungen von Geschäftsbelegen umgeht, sofern die Frachtabrechnungsbelege im Hintergrund gebucht werden. Ich selektiere hier den Wert *03 Stornieren und mit neuem FAB nochmals buchen* ❻.

Auch in dieser Customizing-Aktivität kann ich weitaus mehr Einstellungen vornehmen, die für mein Beispiel jedoch nicht notwendig sind. Via SICHERN speichere ich mein Profil (siehe Abbildung 3.40).

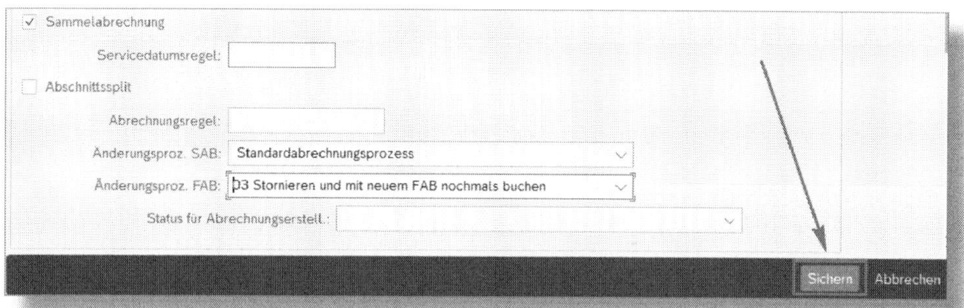

Abbildung 3.40: Abrechnungsprofil Y0001 – Sichern

Das Abrechnungsprofil *Y0001* wurde erfolgreich angelegt und kann jederzeit bearbeitet werden (siehe Abbildung 3.41).

Sicht "Abrechnungsprofileinstellungen" ändern: Übersicht

Neue Einträge Mehr

Abrechnungsprofileinstellungen

AbrPro...	Beschreibung	Profiltyp	DatQuelle	Split/Ko...	BerechnOpt	Sammelabr.	DatRegel	AbschnSplt
Y0001	Test_Abrechnungsprofil	Speditions- und Frachtabrechn...	Bestätigte Da...		B Alle Kosten kopie...	☐		☐

Abbildung 3.41: Abrechnungsprofil Y0001 – Übersicht nach Anlage

Damit fehlerhafte Abrechnungsbuchungen ausgeglichen werden können, lassen sich sogenannte *Gutschriften* erzeugen. Diese Aktivität finde ich unter Transportation Management • Abrechnung • Frachtabrechnung • Gutschriftsgründe und -arten für FABs definieren.

3.2.2 Customizing Speditionsabrechnung

Für die Pflege entsprechender Einstellungen im Bereich der Spediteursabrechnungs-Belegarten ist ein separater Customizing-Pfad vorgesehen: Transportation Management • Abrechnung • Speditionsabrechnung. Die Customizing-Einstellungen sind dabei analog zu den zuvor beschriebenen Schritten für die Frachtabrechnungsbelege. Die Details können daher den vorangegangenen Abschnitten entnommen werden.

SAP-Hinweis

Der SAP-Hinweis 3065464 bietet einen sehr guten Einstieg und Übersicht in die Definition von Basic Shipping in SAP S/4HANA.

4 Abrechnungsmanagement (Settlement Management)

Das SAP-Abrechnungsmanagement (Settlement Management) bündelt zentral alle Abrechnungsprozesse in Unternehmen. Dadurch werden Zeitersparnisse und Kostensenkungspotenziale realisiert.

In diesem Kapitel werde ich beschreiben, inwiefern sich das Customizing im Bereich der SD-Bonusabwicklung in SAP S/4HANA geändert hat und wie man hier eine entsprechende Steuerung vornimmt.

4.1 Allgemeiner Überblick

Im Zuge der S/4HANA-Transformation änderte die SAP grundlegend die Funktionalitäten rund um das Thema *nachträgliche Vergütung*. Der alte SD/MM-Bonusprozess wird abgeschaltet und die vorhandenen Lösungen, etwa zum Abbilden von Bonusvereinbarungen in SD, können in S/4HANA nicht weiter genutzt werden. Die SAP führt mit der Umstellung auf S/4HANA stattdessen das Modul *Abrechnungsmanagement* ein. Des Öfteren werden auch andere Bezeichnungen wie *Condition Contract Management (CCM)* oder *Condition Contract Settlement (CCS)* genutzt, die alle dieselbe Funktionalität/Lösung beschreiben. Die Funktionen des Abrechnungsmanagements sind allerdings nicht neu implementiert worden, sondern beruhen auf dem bereits in SAP ERP 6.0 vorhandenen Lösungsumfang »Condition Contract Settlement«. Das heißt, dass es auch vor S/4HANA möglich gewesen wäre, den Lösungsumfang zu nutzen.

CCS kommt in SAP ERP 6.0 vor allem im Agenturgeschäft (LO-AB) und im Global-Trade-Vergütungsmanagement (LO-GT-CHB) zum Einsatz. Beide Umfänge müssen zwar über Business Functions aktiviert werden, es entstehen aber keine weiteren Lizenzgebühren. Die zuvor genannten Lösungsumfänge werden nun in S/4HANA in den Digital Core übertragen und Teils des neuen Moduls Abrechnungsmanagement. Die gesamte Bonusabwicklung wird unter dem Namen CCM im oben genannten Modul abgebildet. Durch die punktuellen Änderungen der Prozessintegration in den Order-to-Cash-Prozess und durch die Anpassungen im Customizing erhofft sich die SAP, dass der Abrechnungsprozess im Allgemeinen vereinfacht und eine erhöhte Automatisierung durch eine bessere Integration in die Standardprozesse erzielt wird.

Da die klassische Bonusabwicklung im Bereich von Kundenboni sehr verbreitet ist, werde ich in diesem Kapitel den Hauptfokus auf das Abrechnungsthema *Kontraktabrechnung – Kundenbonus* legen und auf das relevante Customizing eingehen.

4.2 Customizing Konditionskontrakte

In der Kontraktabrechnung gibt es drei wesentliche Aspekte, die im Customizing zu berücksichtigen sind:

- Konfiguration der Preisfindung, insbesondere von Konditionskontrakt-Konditionsarten
- Konfiguration der Pflege von Konditionskontrakten
- Konfiguration der Abrechnung von Konditionskontrakten

Im Anschluss gehe ich durch die einzelnen aufgeführten Customizing-Blöcke und beginne dabei mit der Preisfindung im Hinblick auf Konditionskontrakte. Der allgemeine Customizing-Pfad zum Modul Abrechnungsmanagement lautet: Logistik Allgemein • Abrechnungsmanagement.

4.2.1 Customizing der Preisfindung für Konditionskontrakte

Um die Preisfindung im Bereich der Konditionskontrakte nach den eigenen Anforderungen aufzusetzen, beginne ich genau wie im klassischen SD-Modul mit der Konfiguration von relevanten Konditionstabellen. Die Besonderheiten in S/4HANA sind:

- Die Customizing-Einstellungen sind nicht mehr unter dem Customizing-Pfad VERTRIEB, sondern unter LOGISTIK ALLGEMEIN zu finden.
- Es gibt spezielle vorgefertigte Konditionstabellen, die als Schlüsselfeld »Konditionskontrakt« (COCO_NUM) aufweisen.

Die hierzu relevanten Customizing-Einstellungen finde ich wie folgt: LOGISTIK ALLGEMEIN • ABRECHNUNGSMANAGEMENT • GRUNDEINSTELLUNGEN • PREISFINDUNG • VERTRIEB (SD) • KONDITIONSTABELLEN DEFINIEREN.

Wenn ich eine dieser Konditionstabellen öffne, beispielsweise *4AM*, so erkenne ich, dass das Feld KONDITIONSKONTRAKT immer als Schlüsselfeld (KEY) definiert ist (siehe Abbildung 4.1).

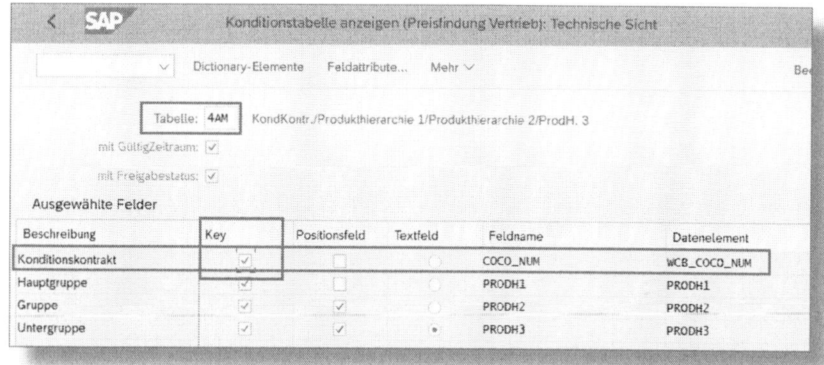

Abbildung 4.1: Customizing Konditionstabellen – Beispiel 4AM

Falls die standardmäßig ausgelieferten Konditionstabellen nicht ausreichen, kann ich gemäß meinen Anforderungen eigene anlegen. Wichtig ist hierbei nur, dass das Feld KONDITIONSKONTRAKT als KEY hinterlegt wird. Auf die Anlage von Konditionstabellen gehe ich nicht weiter ein, da es hier keine Abweichung zum bestehenden SD-Prozess gibt.

Im nächsten Schritt muss eine passende Zugriffsfolge ausgewählt oder angelegt werden. Hierzu rufe ich die folgende Customizing-Aktivität auf: LOGISTIK ALLGEMEIN • ABRECHNUNGSMANAGEMENT • GRUNDEINSTELLUNGEN • PREISFINDUNG • VERTRIEB (SD) • ZUGRIFFSFOLGE DEFINIEREN.

Hier bietet der SAP-Standard ebenfalls ausgelieferte Zugriffsfolgen, die ich entweder nutze oder aber eigene definiere. Öffne ich nun beispielsweise die ZUGRIFFSFOLGE *RE01* und navigiere auf ZUGRIFFE (siehe Abbildung 4.2), so finde ich die Konditionstabellen aus Abbildung 4.3 vor.

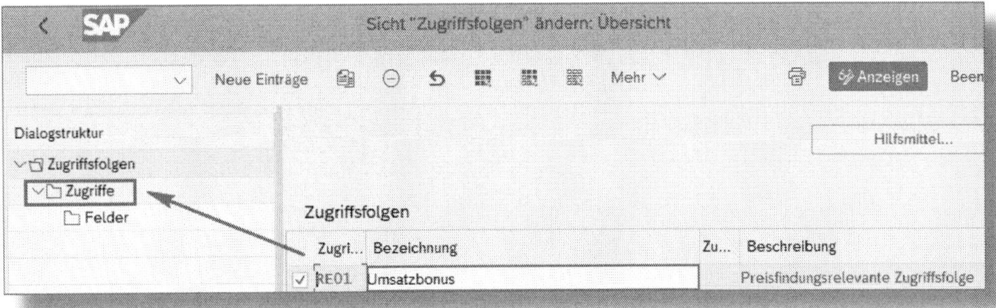

Abbildung 4.2: Customizing Zugriffsfolgen – Beispiel RE01

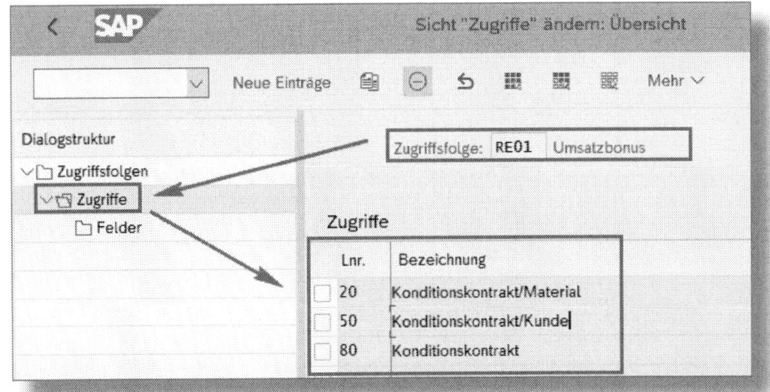

Abbildung 4.3: Customizing Zugriffsfolgen – Beispiel RE01, Zugriffe

Ich selektiere exemplarisch *Lnr. 20 – Konditionskontrakt/Material* und navigiere auf FELDER.

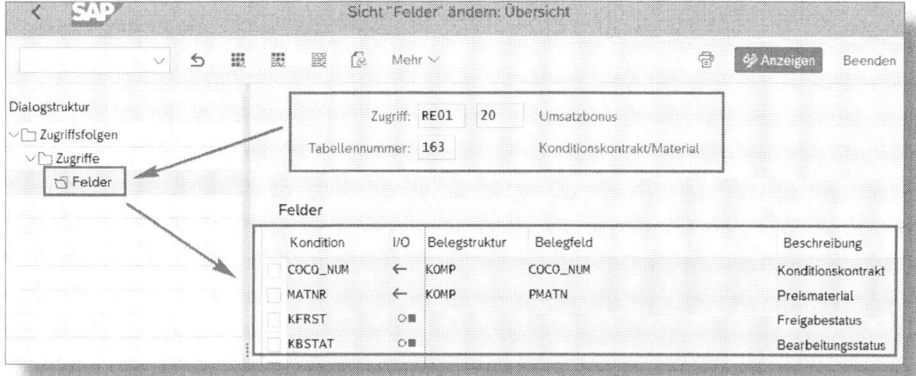

Abbildung 4.4: Customizing Zugriffsfolgen – Beispiel RE01, Felder

In Abbildung 4.4 finde ich alle relevanten Felder, die in dieser Zugriffsfolge berücksichtigt werden.

An dieser Stelle lassen sich standardmäßig eigene Zugriffsfolgen anlegen und mit den Konditionstabellen mappen. Diese Funktionalitäten sind im SD-Standard in identischer Form vorhanden, sodass ich nicht näher darauf eingehe.

Im Folgeschritt pflege ich die relevanten *Konditionsarten*. Der SAP-Standard hält auch hiervon entsprechende Modelle bereit, die bzgl. der Konditionskontraktabrechnung genutzt werden können. Die Pflege der Konditionsarten erfolgt unter folgendem Customizing-Pfad: LOGISTIK ALLGEMEIN • ABRECHNUNGSMANAGEMENT • GRUNDEINSTELLUNGEN • PREISFINDUNG • VERTRIEB (SD) • KONDITIONSARTEN DEFINIEREN.

Ich navigiere in die Konditionsart REA1. Hierzu markiere ich die Zeile und klicke auf den Button 🔍 (siehe Abbildung 4.5).

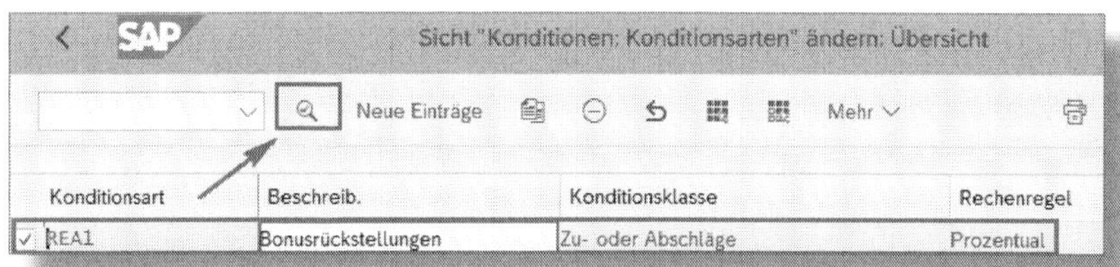

Abbildung 4.5: Customizing Konditionsarten – Beispiel REA1

Ich erkenne, dass die Detailsicht der Konditionsart identisch zum klassischen Customizing in SD ausgelegt ist und es hier keine Neuerungen gibt (siehe Abbildung 4.6).

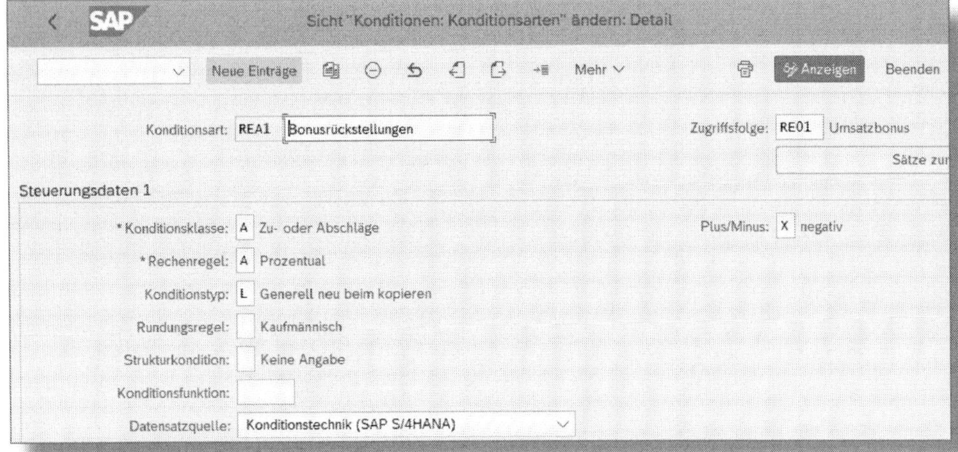

Abbildung 4.6: Customizing Konditionsarten – Beispiel REA1, Detailsicht

Ich kann darüber hinaus jederzeit neue, den Anforderungen entsprechende Konditionsarten anlegen und diese dann einer passenden Zugriffsfolge zuordnen. Auch dies ist analog zu den klassischen SD-Einstellungen aufgebaut.

Im nächsten Schritt sind die Konditionsarten als relevant für die Verwendung von Konditionskontrakten festzulegen. Der dazu passende Customizing-Pfad lautet:

LOGISTIK ALLGEMEIN • ABRECHNUNGSMANAGEMENT • KONDITIONSKONTRAKTMANAGEMENT • KONDITIONSKONTRAKTKONDITIONEN • VERKAUF • KONDITIONSKONTRAKTRELEVANZ UND KOPIERSTEUERUNG F. KONDITIONSARTEN FESTLEGEN.

In der Spalte RELEV. FÜR KONDKONTRAKTERMITT. (❶ in Abbildung 4.7) erkenne ich, ob eine Konditionsart (KART) bei der Preisfindung einer Belegart für die Ermittlung der gültigen Konditionskontrakte relevant ist. Bei der Konditionsart REBD sehe ich, dass der entsprechende Haken gesetzt ist. Wenn ich eine Konditionsart neu anlegen würde, müsste an dieser Stelle der entsprechende Haken gesetzt werden. Zudem kann ich die KOPIERSTEUERUNG ❷ von Konditionsarten in Abrechnungsbelegen in der gleichnamigen Spalte AKTIVIEREN. Über die Spalte VERWENDUNG ❸ lege ich fest, unter welchen Umständen eine Konditionsart im Konditionskontraktmanagement genutzt werden kann. Es können z. B. nur solche Konditionsarten abgerechnet werden, die die Verwendung *1 Abrechnungskondition* aufweisen.

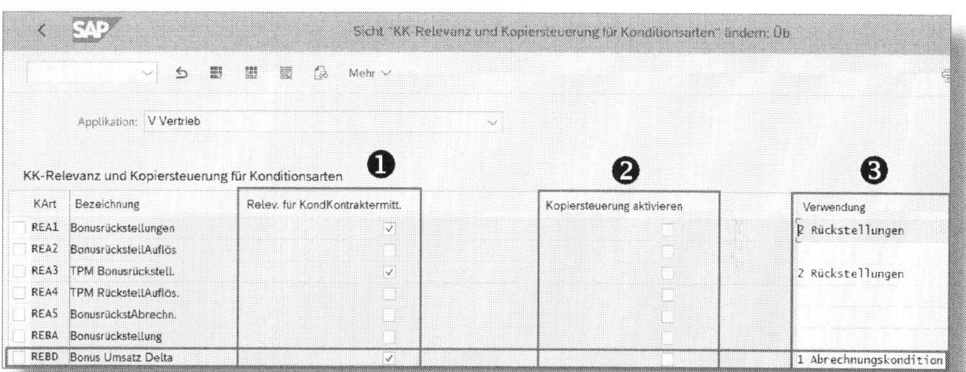

Abbildung 4.7: Customizing Konditionskontrakt – Relevanz und Kopiersteuerung für Konditionsarten

Im nächsten Schritt definiere ich eine Konditionsartengruppe.

Über sogenannte *Konditionsartengruppen* lassen sich verschiedene Konditionsarten zusammenfassen und in die Bonusabwicklung integrieren. Dies ist nicht zwingend erforderlich, kann aber bei komplexen Anforderungen durchaus hilfreich sein. Beispielsweise kann ich dieselbe Konditionsart mehrmals in einer Konditionsartengruppe verwenden und ihr jeweils unterschiedliche Konditionstabellen und Schlüsselkombinationen zuweisen. Auf diese Weise kann einerseits die Bonusabrechnung innerhalb einer Vereinbarung aufgeschlüsselt und unterschiedlichen Konten zugewiesen werden. Andererseits besteht damit nicht zwingend die Notwendigkeit, neue Konditionsarten anzulegen.

Das Customizing findet sich unter:

LOGISTIK ALLGEMEIN • ABRECHNUNGSMANAGEMENT • KONDITIONSKONTRAKTMANAGEMENT • KONDITIONSKONTRAKTKONDITIONEN • VERKAUF • KONDITIONSARTENGRUPPEN DEFINIEREN.

Ich navigiere auf NEUE EINTRÄGE, vergebe den Wert *ZS01 – Sales Rebate* und speichere meinen Eintrag via SICHERN (siehe Abbildung 4.8 und Abbildung 4.9).

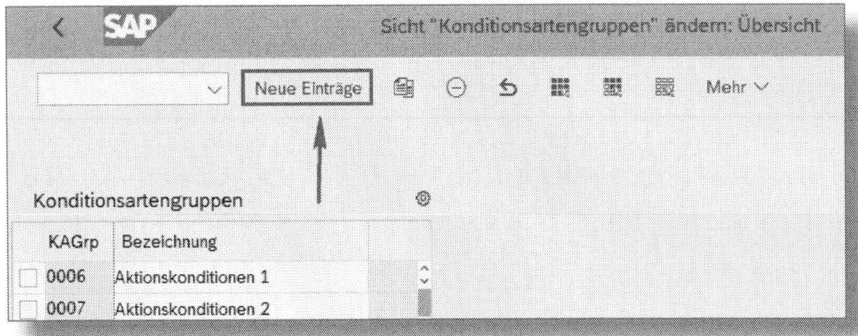

Abbildung 4.8: Konditionsartengruppen – Neuanlage

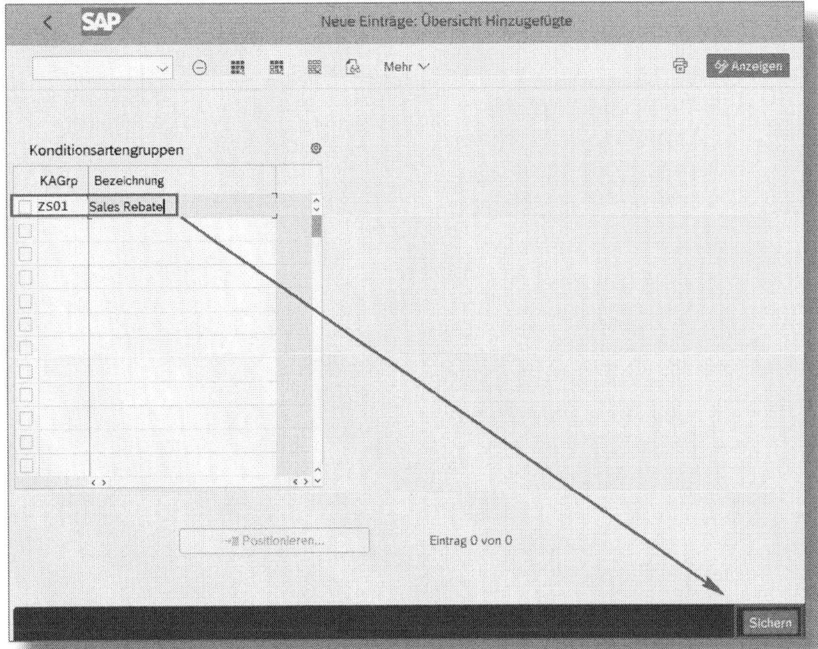

Abbildung 4.9: Konditionsartengruppen – Beispiel ZS01, Neuanlage

Im Folgeschritt ordne ich Konditionsarten der zuvor angelegten Konditionsartengruppe zu, und zwar unter: LOGISTIK ALLGEMEIN • ABRECHNUNGSMANAGEMENT • KONDITIONSKONTRAKTMANAGEMENT • KONDITIONSKONTRAKTKONDITIONEN • VERKAUF • KONDITIONSARTEN ZU KONDITIONSARTENGRUPPE ZUORDNEN.

Via NEUE EINTRÄGE pflege ich die zuvor angelegte Konditionsartengruppe *ZS01* ein und selektiere die VERWENDUNG *A Konditionskontraktnummer muss in Zugriffsfolge erscheinen* (siehe Abbildung 4.10).

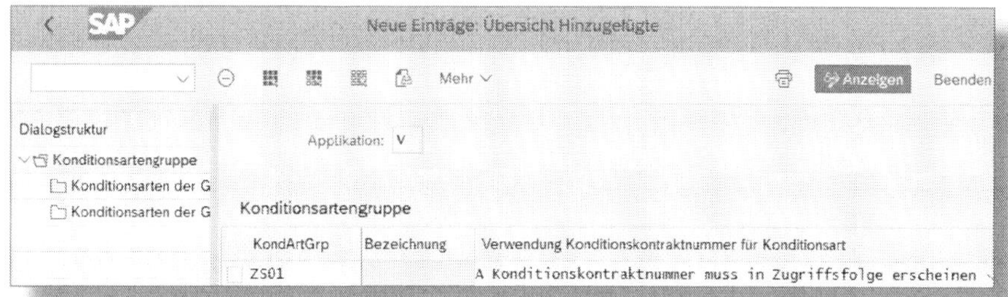

Abbildung 4.10: Zuordnung Konditionsartengruppe ZS01 zu Verwendung A

Ich wähle meine Konditionsartengruppe aus und navigiere auf KONDITIONSARTEN DER GRUPPE (siehe Abbildung 4.11).

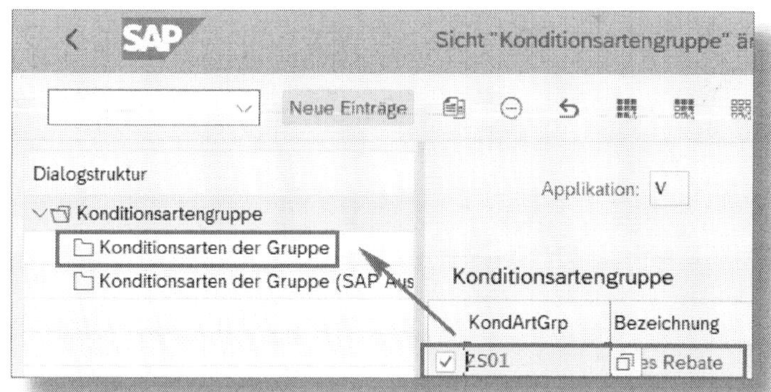

Abbildung 4.11: Zuordnung Konditionsartengruppe ZS01 zu Verwendung A – Navigation auf Konditionsarten der Gruppe

Wie in Abbildung 4.12 zu sehen ist, liegen initial noch keine Zuordnungen zu Konditionsarten vor. Indem ich auf *Neue Einträge* klicke, kann ich diese Aufgabe nun erledigen.

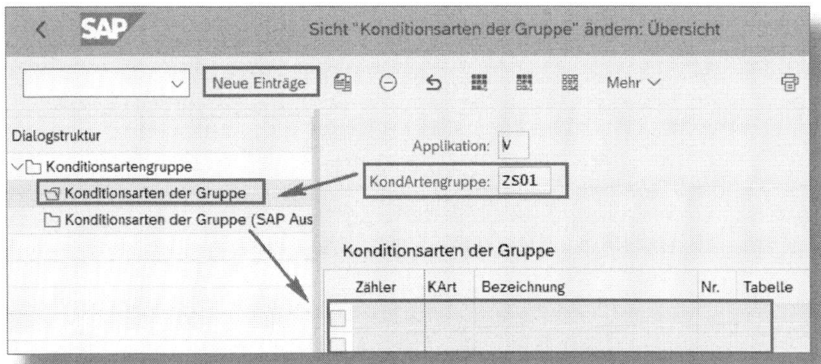

Abbildung 4.12: Zuordnung Konditionsartengruppe ZS01 zu Verwendung A – Neuzuordnung zu Konditionsarten

Ich selektiere die Konditionsarten *RES1 – Bonus, REA1 – Bonusrückstellungen* und *REBD – Bonus Umsatz Delta* (❶ in Abbildung 4.13). Zudem muss ich einen ZÄHLER mitgeben ❷. Dieser definiert, welche Konditionen in welcher Reihenfolge durchlaufen werden. In der Spalte NR. ❸ vergebe ich die gewünschte KonditionsTABELLE und habe theoretisch die Möglichkeit, dieselbe Konditionsart mit einer abweichenden Konditionstabelle zu hinterlegen. Dies zeigt das Beispiel der KART *RES1*, die einmal zu der Konditionstabelle 4AB und einmal zu 163 zugeordnet ist. Der Einfachheit halber belasse ich es bei meinen Einträgen.

In der Spalte REIHENFOLGE (❶ in Abbildung 4.14), lege ich fest, welche Konditionsarten im Konditionskontrakt zuerst angezeigt werden. Die Spalte FARBE ❷ steuert, mit welchen Farbtönen die verschiedenen Konditionsarten dargestellt werden.

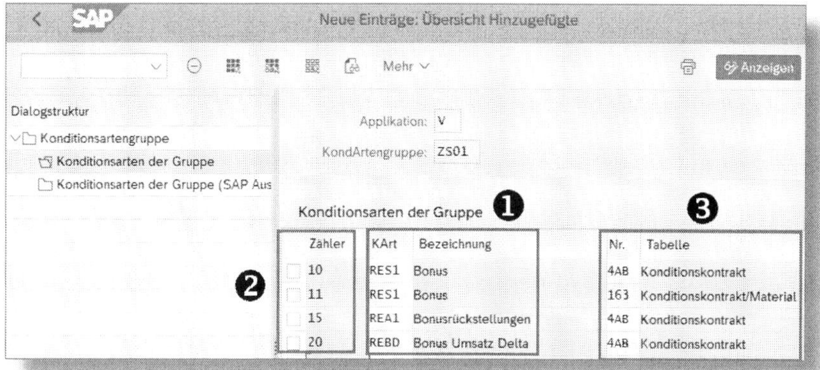

Abbildung 4.13: Zuordnung Konditionsartengruppe ZS01 zu Verwendung A – Neuzuordnung zu Konditionsarten, Details

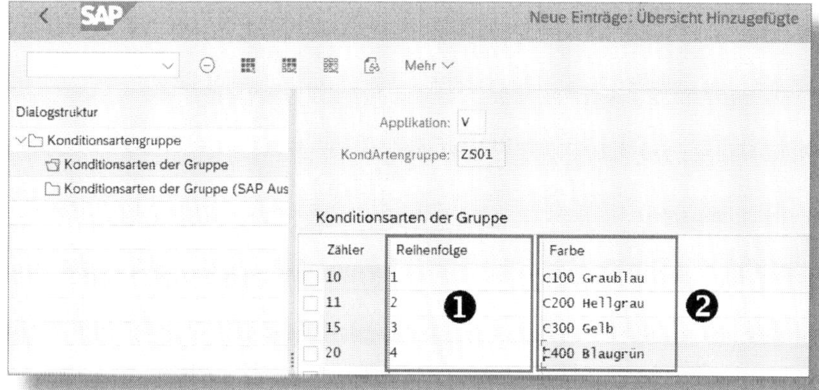

Abbildung 4.14: Zuordnung Konditionsartengruppe ZS01 zu Verwendung A – Neuzuordnung zu Konditionsarten, weitere Details

Um nun zu bestimmen, auf welche Konten die zuvor getroffenen Einstellungen gebucht werden sollen, navigiere ich zu LOGISTIK ALLGEMEIN • ABRECHNUNGSMANAGEMENT • GRUNDEINSTELLUNGEN • KONTENFINDUNG • ERLÖSKONTENFINDUNG (SD) • KONTOSCHLÜSSEL DEFINIEREN UND ZUORDNEN.

Zunächst definiere ich den Kontoschlüssel *ZS0 – Sales Rebate* via NEUE EINTRÄGE und speichere diesen mithilfe von SICHERN ab (siehe Abbildung 4.15).

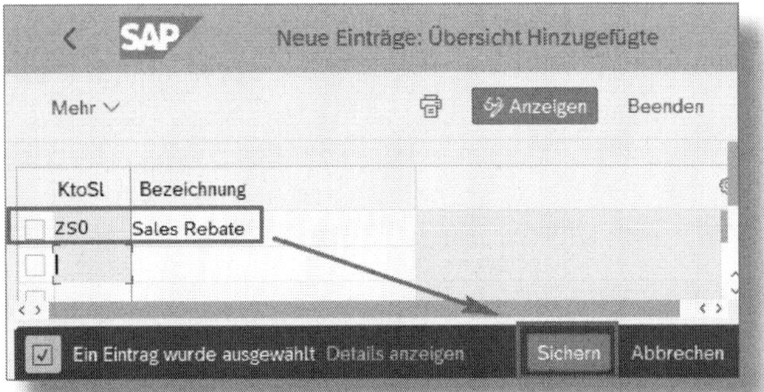

Abbildung 4.15: Customizing – Beispiel ZS0, Neuanlage

Anschließend ordne ich den neu erstellten Kontoschlüssel *ZS0* bestimmten Konditionsarten zu. Hierzu navigiere ich einen Schritt zurück und springe auf die Aktivität KONTOSCHLÜSSEL ZUORDNEN (siehe Abbildung 4.16).

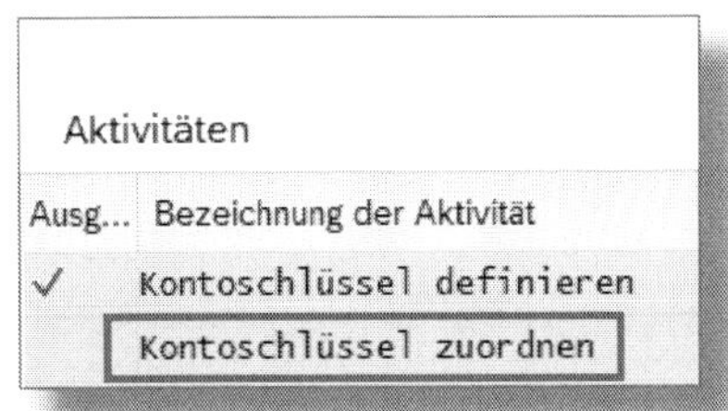

Abbildung 4.16: Customizing – Kontoschlüssel Konditionsarten zuordnen

In der folgenden Maske kann ich je Kalkulationsschema die gewünschten Konditionsarten zuweisen und den angelegten Schlüssel vergeben (siehe Abbildung 4.17).

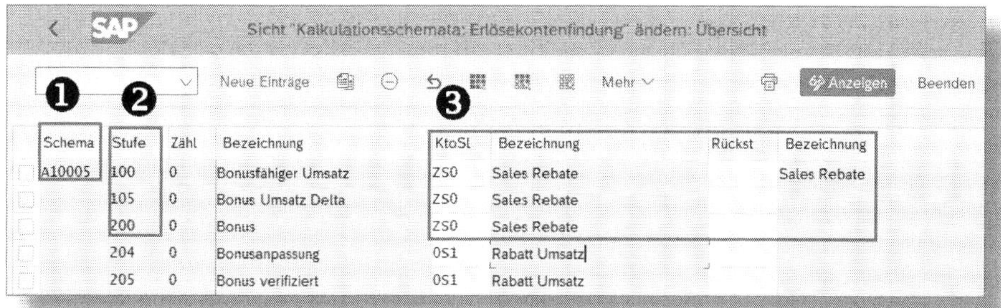

Abbildung 4.17: Zuordnung Kalkulationsschema A10005 zu Kontoschlüssel ZS0

In meinem Beispiel selektiere ich das SCHEMA *A10005* ❶ und vergebe in den STUFEN *100*, *105* und *200* ❷ den neuen Kontoschlüssel (KTOSL) *ZS0* ❸.

Mit dieser Zuordnung steuere ich, dass bei den Stufen 100, 105 und 200 die Erlöse auf das neue Konto ZS0 gebucht werden. Um die Schemata wie beispielsweise A10005 zu prüfen, zu bearbeiten oder gar neu anzulegen, öffne ich folgende Customizing-Einstellung: LOGISTIK ALLGEMEIN • ABRECHNUNGSMANAGEMENT • GRUNDEINSTELLUNGEN • PREISFINDUNG • VERTRIEB (SD) • KALKULATIONSSCHEMAS FESTLEGEN.

Entsprechend Abbildung 4.18 markiere ich das Schema *A10005* und navigiere zum Unterpunkt SCHEMATA – STEUERUNGSDATEN.

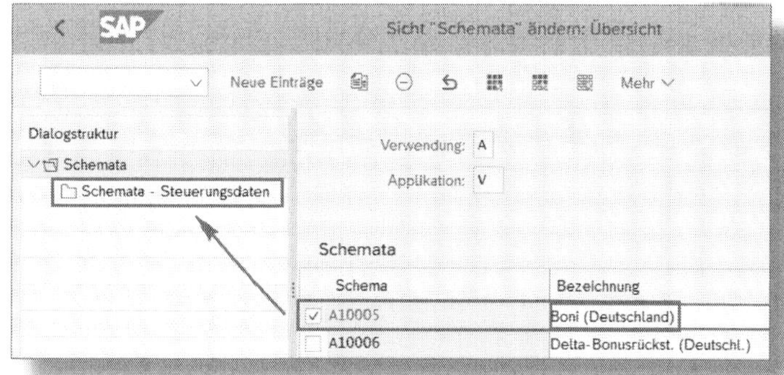

Abbildung 4.18: Customizing Kalkulationsschema A10005

Die Detailsichten und die Funktionalitäten der Kalkulationsschemata sind analog zu den klassischen SD-Einstellungen aufgebaut und werden daher nicht weiter beschrieben. Abbildung 4.19 stellt exemplarisch das SCHEMA A10005 dar.

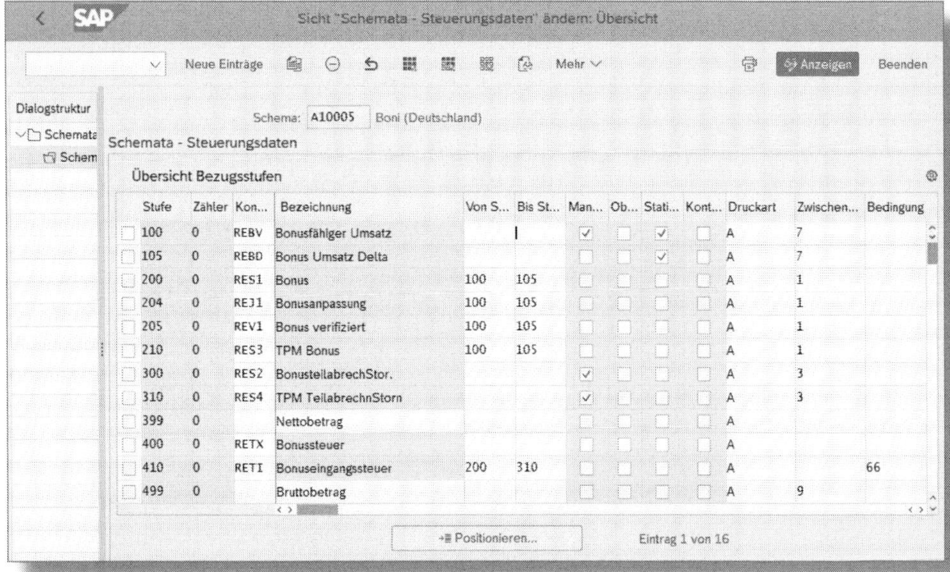

Stufe	Zähler	Kon...	Bezeichnung	Von S...	Bis St...	Man...	Ob...	Stati...	Kont...	Druckart	Zwischen...	Bedingung
100	0	REBV	Bonusfähiger Umsatz			✓		✓		A	7	
105	0	REBD	Bonus Umsatz Delta					✓		A	7	
200	0	RES1	Bonus	100	105					A	1	
204	0	REJ1	Bonusanpassung	100	105					A	1	
205	0	REV1	Bonus verifiziert	100	105					A	1	
210	0	RES3	TPM Bonus	100	105					A	1	
300	0	RES2	BonusteilabrechStor.			✓				A	3	
310	0	RES4	TPM TeilabrechnStorn			✓				A	3	
399	0		Nettobetrag							A		
400	0	RETX	Bonussteuer							A		
410	0	RETI	Bonuseingangssteuer	200	310					A		66
499	0		Bruttobetrag							A	9	

Abbildung 4.19: Kalkulationsschema A10005 – Steuerungsdaten

Eine weitere Einstellungsmöglichkeit ist der *Konditionsausschluss* für Konditionsarten oder für Gruppen von Konditionen. Folgendes Beispiel soll die Funktionalität näher veranschaulichen.

Beispiel für einen Konditionsausschluss

Ich verkaufe Aktionsware an einen Kunden und bilde den Kundenauftrag in SAP ab. Das System ermittelt hierzu einen sehr günstigen Preis, da es sich um eine einmalige Aktion handelt. Dieser Preis wird im SAP-Kalkulationsschema wiederum via Konditionsart abgebildet. Die mit dem Kunden ausgehandelten Abschläge (Rabatte etc.) sollen in diesem Fall nicht greifen, da der reduzierte Preis bereits Sonderabschläge enthält. Um dies automatisiert zu gewährleisten, muss ich zunächst einer Konditionsart ein Konditionsausschlusskennzeichen zuordnen. Anschließend muss ich diese Konditionsart im relevanten Kalkulationsschema mit einer Bedingung und Routine versehen, sodass diese Konditionsart im speziellen Fall auf inaktiv gesetzt wird und keine weiteren Abschläge gezogen werden.

Beide Customizing-Aktivitäten, der Konditionsausschluss für einzelne Konditionsarten und für Gruppen von Konditionen, können unter den nachfolgend genannten Pfaden eingestellt werden: LOGISTIK ALLGEMEIN • ABRECHNUNGSMANAGEMENT • GRUNDEINSTELLUNGEN • PREISFINDUNG • VERTRIEB (SD) • KONDITIONSAUSSCHLUSS FÜR KONDITIONSARTEN UND -SÄTZE oder KONDITIONSAUSSCHLUSS FÜR GRUPPEN VON KONDITIONEN.

4.2.2 Customizing der Pflege von Konditionskontrakten

Die Konfiguration der Pflege von Konditionskontrakten bezieht sich auf zwei grundlegende Punkte:

- Konfiguration von Parametern für Konditionskontraktarten
- Definition von Konditionskontraktarten

Im ersten Schritt ist ein Nummernkreisintervall für Konditionskontraktarten anzulegen. Hierzu navigiere ich auf LOGISTIK ALLGEMEIN • ABRECHNUNGSMANAGEMENT • KONDITIONSKONTRAKTMANAGEMENT • KONDITIONSKONTRAKTPFLEGE • NUMMERNKREISE DEFINIEREN. Die Definition von Nummernkreisintervallen wurde bereits in Abschnitt 1.2 behandelt – auch hier stelle ich sie analog ein.

Nummernvergabe für Konditionskontrakte erfolgt automatisch

Die Vergabe von Nummern für Konditionskontrakte erfolgt intern durch das System. Dieses weist automatisiert einem neuen Konditionskontrakt jeweils die nächste freie Nummer innerhalb des definierten Intervalls zu. Daher hat der User keinen Einfluss auf die Wahl der Nummer eines Konditionskontrakts.

Im Folgeschritt lege ich die sogenannten *Konditionskontraktkategorien* fest. Hierzu öffne ich folgenden Customizing-Pfad: LOGISTIK ALLGEMEIN • ABRECHNUNGSMANAGEMENT • KONDITIONSKONTRAKTMANAGEMENT • KONDITIONSKONTRAKTPFLEGE • KONDITIONSKONTRAKTKATEGORIEN DEFINIEREN. Der SAP-Standard liefert die in Abbildung 4.20 gezeigten Einstellungen aus.

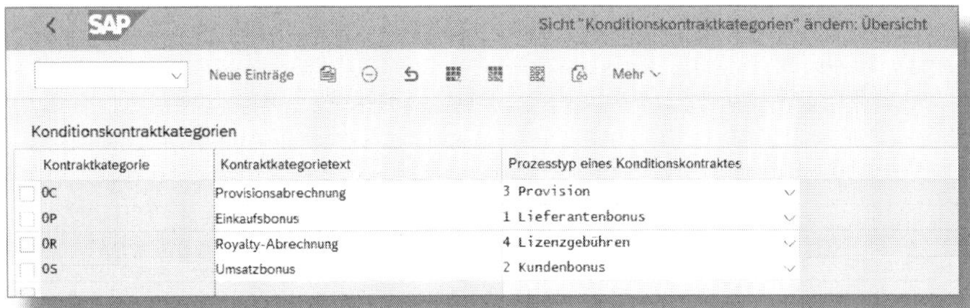

Kontraktkategorie	Kontraktkategorietext	Prozesstyp eines Konditionskontraktes
0C	Provisionsabrechnung	3 Provision
0P	Einkaufsbonus	1 Lieferantenbonus
0R	Royalty-Abrechnung	4 Lizenzgebühren
0S	Umsatzbonus	2 Kundenbonus

Abbildung 4.20: Customizing Konditionskontraktkategorien

Auch hier besteht die Möglichkeit, neue, anforderungsspezifische Kategorien anzulegen und einem entsprechenden Prozesstyp zuzuordnen. Im nächsten Schritt definiere ich die Feldsteuerung auf Basis einer *Feldstatusgruppe* und steuere, welche Felder optional und welche verpflichtend zu befüllen sind sowie welche ausgeblendet werden. Hierfür muss ich folgende Customizing-Aktivität aufrufen: LOGISTIK ALLGEMEIN • ABRECHNUNGSMANAGEMENT • KONDITIONSKONTRAKTMANAGEMENT • KONDITIONSKONTRAKTPFLEGE • FELDSTATUSGRUPPEN DEFINIEREN UND KONFIGURIEREN.

Der SAP-Standard liefert bereits vordefinierte Feldstatusgruppen aus. Via NEUE EINTRÄGE könnte ich nun eine neue Feldstatusgruppe anlegen. In diesem Falle schaue ich mir aber die vorhandene Feldstatusgruppe *0S01 – Verkaufsbonus* genauer an. Hierfür selektiere ich die Zeile und navigiere auf 🔍 (siehe Abbildung 4.21).

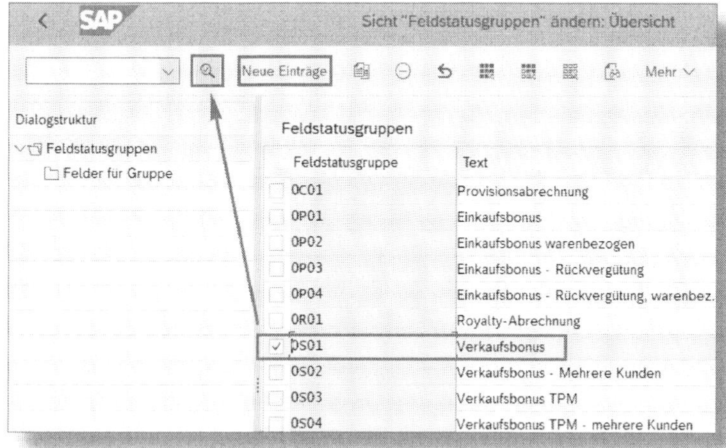

Abbildung 4.21: Customizing Feldstatusgruppe 0S01

In der Detailsicht kann ich einige UI-spezifische Einstellungen vornehmen (siehe Abbildung 4.22).

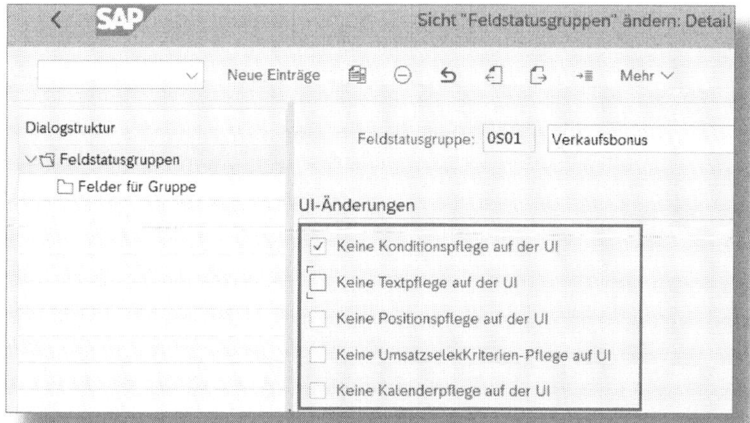

Abbildung 4.22: Customizing Feldstatusgruppe 0S01 – Detailsicht

Über das Setzen des Hakens in der jeweiligen Checkbox, wie beispielsweise KEINE KONDITIONSPFLEGE AUF DER UI, habe ich die Möglichkeit zu steuern, ob eine Pflege von bestimmten Objekten im Konditionskontrakt zugelassen ist. In meinem Fall möchte ich die Pflege von Konditionen im Konditionskontrakt aussteuern. Dies kann sinnvoll sein, wenn man Konditionskontrakte mit externen Anwendungen anlegt und verhindern möchte, dass die Daten, die in den externen Anwendungen gepflegt wurden, überschrieben werden.

Ich navigiere anschließend auf FELDER FÜR GRUPPE (siehe Abbildung 4.23).

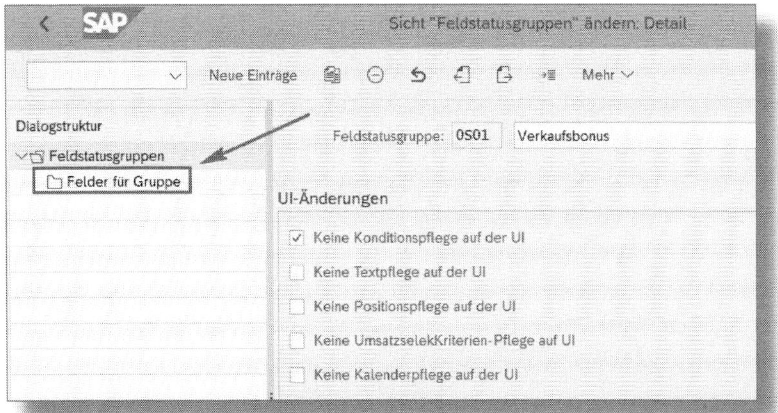

Abbildung 4.23: Customizing Feldstatusgruppe 0S01 – Felder für Gruppe, UI-Änderungen

Hier kann ich im Detail festlegen, welche Felder im entsprechenden Konditionskontrakt angesteuert werden.

Über die Spalte FELDSTEUERUNG (❶ in Abbildung 4.24) entscheide ich, ob die Einstellung, die vorgenommen wird, das Systemverhalten *allgemein* beeinflusst, wie u. a. BAPI, Services, oder aber nur Auswirkungen auf die Benutzeroberfläche *(U Nur Benutzeroberfläche)* hat. In der Spalte FELDSTATUS ❷ definiere ich im Detail, ob ein Feld beispielsweise eine *Musseingabe* erfordert oder aber *ausgeblendet* wird. Beim Feld *BUKRS Buchungskreis* ❸ etwa ist eine allgemeine Ausblendung selektiert. Dies bedeutet, dass es im Konditionskontraktkopf ausgeblendet ist und somit nicht gepflegt werden kann.

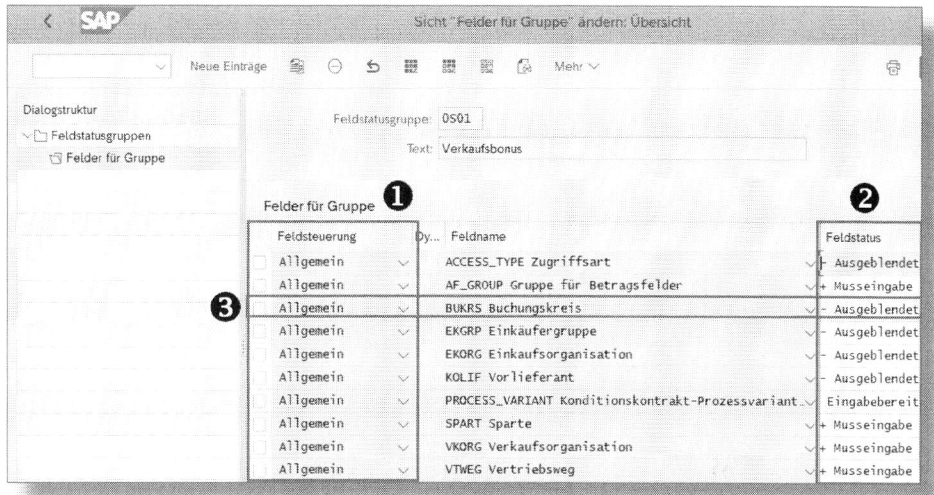

Abbildung 4.24: Customizing Feldstatusgruppe 0S01 – Felder für Gruppe, Feldsteuerung

> **☛ Textsteuerung im Konditionskontrakt**
>
> Die Customizing-Aktivitäten zur Textsteuerung im Konditionskontrakt im Einzelnen zu behandeln, würde den Rahmen dieses Buches sprengen. Zu erreichen sind die entsprechenden Einstellungen über folgenden Pfad: LOGISTIK ALLGEMEIN • ABRECHNUNGSMANAGEMENT • KONDITIONSKONTRAKTMANAGEMENT • KONDITIONSKONTRAKTPFLEGE • TEXTSTEUERUNG.

Im nächsten Schritt navigiere ich zur Definition von Konditionskontraktarten: Dies erfolgt unter LOGISTIK ALLGEMEIN • ABRECHNUNGSMANAGEMENT • KONDITIONSKONTRAKTMANAGEMENT • KONDITIONSKONTRAKTPFLEGE • KONDITIONSKONTRAKTARTEN FESTLEGEN. Hier liefert der SAP-Standard eine Vielzahl vordefinierter Konditionskontraktarten; Abbildung 4.25 zeigt einen Teil von ihnen.

Konditionskontraktarten

Kontraktart	Text	Konditionskontraktart-Sperre
0S01	Verkaufsbonus	Nicht gesperrt - kann verwendet werden
0S02	Verkaufsbonus - mehrere Kunden	Nicht gesperrt - kann verwendet werden
0S03	Verkaufsbonus - 2-stufig	Nicht gesperrt - kann verwendet werden
0S04	Verkaufsbonus - mehrere Kund. - 2-stufig	Nicht gesperrt - kann verwendet werden
0SG1	Verkaufsbonus - warenbezogen	Nicht gesperrt - kann verwendet werden
0SG2	Verkaufsbonus warenbez. - mehrere Kunden	Nicht gesperrt - kann verwendet werden
0SG3	Verkaufsbonus warenbezogen - 2-stufig	Nicht gesperrt - kann verwendet werden
0SG4	Verkaufsbonus warenb. - mehr. Knd. - 2st	Nicht gesperrt - kann verwendet werden
0ST1	Umsatzbonus TPM	Nicht gesperrt - kann verwendet werden
0ST2	Umsatzbonus TPM - mehrere Kunden	Nicht gesperrt - kann verwendet werden
0ST3	Verkaufsbonus TPM mit Forderungen	Nicht gesperrt - kann verwendet werden
0ST4	Verkaufsbon. TPM mit Ford. - mehr. Knd.	Nicht gesperrt - kann verwendet werden
C001	Konditionskontrakt SD	Nicht gesperrt - kann verwendet werden
C002	Kundenliste	Nicht gesperrt - kann verwendet werden
C003	Standardkonditionen	Nicht gesperrt - kann verwendet werden
SBBI	Verkaufsbonus nach Fakturabelegen	Nicht gesperrt - kann verwendet werden

Abbildung 4.25: SAP-Standard-Konditionskontrakte – Übersicht

Auch an dieser Stelle kann entweder eine bereits vorhandene Konditionskontraktart genutzt oder aber eine neue, individuelle angelegt werden. Ich schaue mir den Konditionskontrakt *0S01* genauer an, indem ich die entsprechende Zeile markiere und auf 🔍 klicke (siehe Abbildung 4.26).

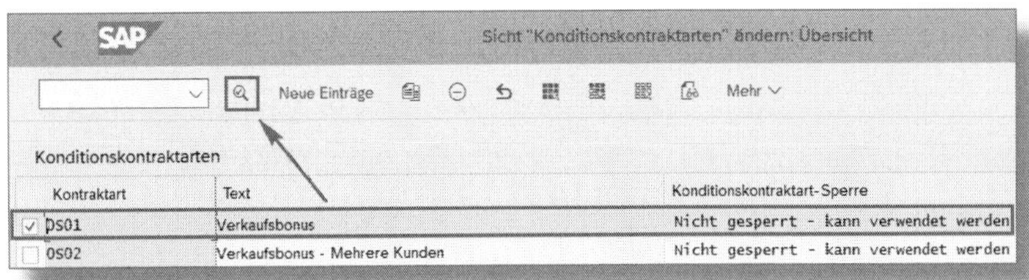

Abbildung 4.26: Customizing Konditionskontrakt 0S01 – Details

Im Reiter GRUNDDATEN vergebe ich einen NUMMERNKREIS (❶ in Abbildung 4.27) und definiere im Feld KONTRAKTPARTNERART ❷, für wen diese Konditionskontraktart relevant ist. Im Feld KONDITIONSKONTRAKTKATEGORIE ❸ kann ich zudem steuern, ob es sich um einen *Verkaufsbonus* oder eine andere Bonusart handelt.

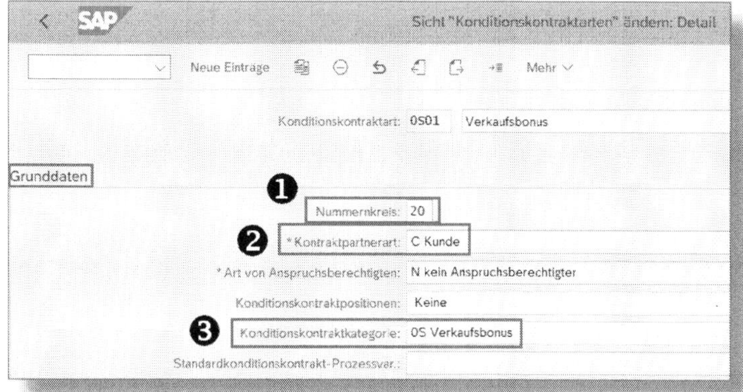

Abbildung 4.27: Customizing Konditionskontrakt 0S01 – Grunddaten

Im Reiter STEUERUNGSDATEN kann ich die zuvor beschriebene Feldstatusgruppe zuordnen (❶ in Abbildung 4.28).

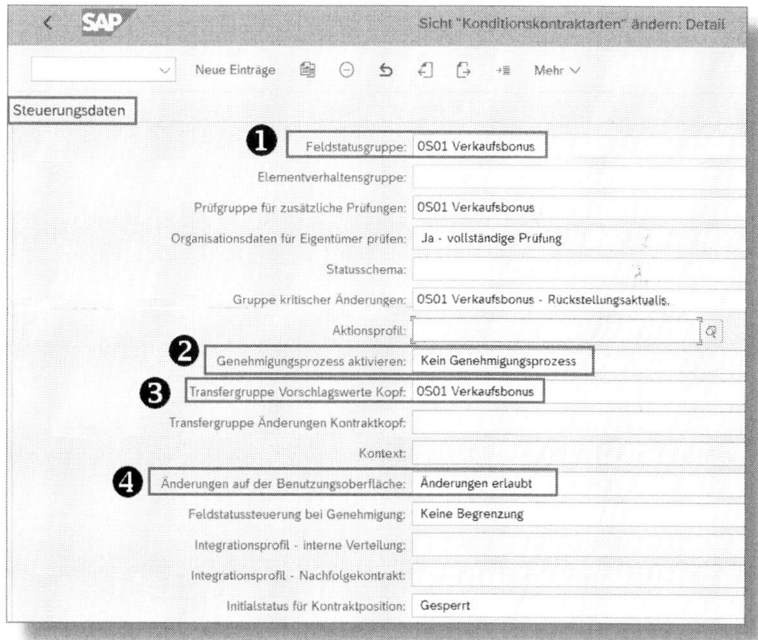

Abbildung 4.28: Customizing Konditionskontrakt 0S01 – Steuerungsdaten

Es lässt sich zusätzlich definieren, ob ein GENEHMIGUNGSPROZESS AKTIVIERT ❷ werden soll oder nicht. Zudem kann ich über das Feld TRANSFERGRUPPE VORSCHLAGSWERTE KOPF ❸ steuern, welche Standardwerte im Konditionskontrakt festgelegt werden. Das Feld ÄNDERUNGEN AUF DER BENUTZEROBERFLÄCHE ❹ regelt, ob ein Konditionskontrakt auf der Benutzeroberfläche geändert werden kann. Sofern ich das nicht erlaube, lassen sich Änderungen nur via API prozessieren.

Literaturtipp zu Konditionskontrakten

Wer ein tiefes und weitgehendes Verständnis erlangen möchte, den verweise ich auf das Buch »Abrechnungsmanagement mit SAP S/4HANA. Konditionskontraktabrechnung« (Bär, S./Wunsch, A., Espresso Tutorials, 2., erweiterte Auflage, 2020).

Bevor ich auf den dritten großen Customizing-Block eingehe, die Einstellungen zur Abrechnung der Konditionskontrakte, sei hier noch die Möglichkeit weiterführender Einstellungen im Bereich der Konditionskontraktpflege erwähnt. Dorthin gelange ich über den Customizing-Pfad LOGISTIK ALLGEMEIN • ABRECHNUNGSMANAGEMENT • KONDITIONSKONTRAKTMANAGEMENT • KONDITIONSKONTRAKTPFLEGE • ZUSÄTZLICHE FUNKTIONEN AKTIVIEREN. Hier lässt sich u. a. einstellen, ob Konditionen kopiert werden dürfen oder aber die Konditionsgültigkeit überhaupt geändert werden darf (siehe Abbildung 4.29).

Zusätzliche Funktionen für die Konditionskontraktpflege

- [x] Kopieren von Konditionen zulassen
- [x] Löschen von Konditionen kann rückgängig gemacht werden
- [x] Konditionsgültigkeit änderbar machen
- [x] Staffelmenge/Staffelwert in Hauptposition anzeigen
- [ ] Berechtigungsprüfung für log. Löschen von Kontrakten
- [ ] Kontraktstat. „Nach Abrechnung gesperrt"

Abbildung 4.29: Customizing zusätzliche Funktionen für die Konditionskontraktpflege

4.2.3 Customizing der Abrechnung von Konditionskontrakten

Der Bereich der Konditionskontraktabrechnung hält eine Vielzahl von Customizing-Aktivitäten und Einstellungsmöglichkeiten bereit. Ich werde im Folgenden die wichtigsten Punkte im Detail beschreiben.

Customizing Betragsfeldgruppen und Auflösungsgruppen

Im ersten Schritt beschäftige ich mich mit den Gruppen für Betragsfelder. Über die *Betragsfeldgruppe* wird gesteuert, für welche Betragsfelder aus den Umsatzdaten das SAP-System Daten an das Kalkulationsschema im Abrechnungsbeleg übertragen soll. Die zugehörige Customizing-Aktivität erreiche ich unter LOGISTIK ALLGEMEIN • ABRECHNUNGSMANAGEMENT • KONDITIONSKONTRAKTMANAGEMENT • KONDITIONSKONTRAKTABRECHNUNG • GRUPPEN FÜR BETRAGSFELDER DEFINIEREN.

Die SAP liefert im Standard verkaufsbonusbezogene Werte aus, die in Abbildung 4.30 zu sehen sind.

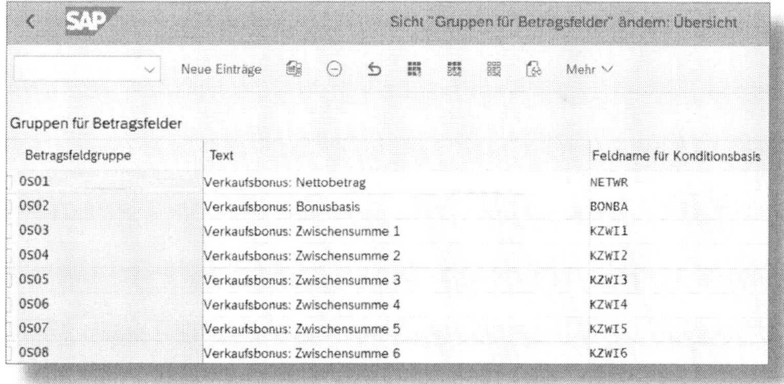

Betragsfeldgruppe	Text	Feldname für Konditionsbasis
0S01	Verkaufsbonus: Nettobetrag	NETWR
0S02	Verkaufsbonus: Bonusbasis	BONBA
0S03	Verkaufsbonus: Zwischensumme 1	KZWI1
0S04	Verkaufsbonus: Zwischensumme 2	KZWI2
0S05	Verkaufsbonus: Zwischensumme 3	KZWI3
0S06	Verkaufsbonus: Zwischensumme 4	KZWI4
0S07	Verkaufsbonus: Zwischensumme 5	KZWI5
0S08	Verkaufsbonus: Zwischensumme 6	KZWI6

Abbildung 4.30: Customizing Betragsfeldgruppen

Ich kann entweder eine der bestehenden Gruppen verwenden oder via NEUE EINTRÄGE eigene, spezifische anlegen.

Im nächsten Schritt kümmere ich mich um die *Auflösungsgruppen*, die für die Ermittlung der Umsatzbasis genutzt werden. Dies geschieht unter Logistik Allgemein • Abrechnungsmanagement • Konditionskontraktmanagement • Konditionskontraktabrechnung • Auflösungsgruppen für Umsatzbasis definieren.

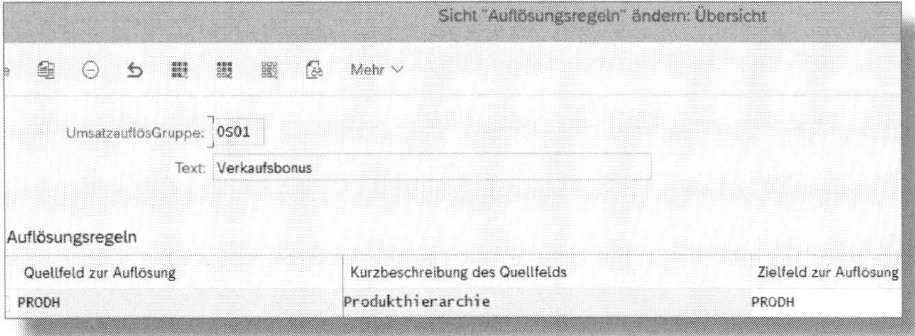

Abbildung 4.31: Customizing Auflösungsgruppe – Beispiel 0S01

Abbildung 4.31 zeigt die Umsatzauflösungsgruppe (Umsatzauflös-Gruppe) *0S01*. Die Auflösungsgruppen sind immer dann hilfreich, wenn ich in den Umsatzselektionskriterien einen Konditionskontrakt definiert habe, der Einträge für bestimmte Kundengruppen ermöglicht. Das Kundengruppenfeld ist aber kein Bestandteil der Umsatztabelle, und dadurch werden die Kundengruppen zu denjenigen Kunden aufgelöst, die in dieser Gruppe enthalten sind. Anschließend werden die Kunden aus der Gruppe vom System für die Umsatzselektion berücksichtigt.

Customizing-Profile zur Umsatzermittlung

Der Folgeschritt stellt einen Hauptbestandteil der Konditionskontraktabrechnung dar. Unter Logistik Allgemein • Abrechnungsmanagement • Konditionskontraktmanagement • Konditionskontraktabrechnung • Profile für die Umsatzermittlung definieren und konfigurieren kann ich im Detail steuern, welche Profile im Prozess der Abrechnung von Konditionskontrakten für die Ermittlung von Umsatzdaten verwendet werden sollen. Dies erfolgt durch die Zuordnung der Profile zu den Konditionskontrakten. Abbildung 4.32 zeigt die im SAP-Standard ausgelieferten Profile.

Profile zur Umsatzermittlung

Profil	Text: Umsatzermittlungsprofil	Umsatztabelle	U	Feldname Liefer...	Feldname Kunde	Feldname Datum
0S01	Verkaufsbonus	VWB2_VBRKVBRP_1			KUNNR	FKDAT
0S02	Verkaufsbonus - mehrere Kunden	VWB2_VBRKVBRP_1			KUNNR	FKDAT
0SG1	Verkaufsbonus warenbezogen	VWB2_VBRKVBRP_1			KUNNR	FKDAT
0SG2	Verkaufsbonus warenbez. - mehrere Kunden	VWB2_VBRKVBRP_1			KUNNR	FKDAT
0ST1	Verkaufsbonus TPM	WB2_S_VBRK_VBRP_TPM			KUNNR	FKDAT
0ST2	Verkaufsbonus TPM - mehrere Kunden	WB2_S_VBRK_VBRP_TPM			KUNNR	FKDAT

Abbildung 4.32: Customizing-Profile zur Umsatzermittlung

In der Eingabemaske besteht entweder die Möglichkeit, ein bereits existierendes Profil zu nutzen, oder aber ein neues anzulegen und dieses anschließend mit der dazugehörigen Umsatztabelle zu verknüpfen. Via Doppelklick, etwa auf 0S01, springe ich in die Detailsicht ab und definiere dann dort im Einzelnen, wie die Profilsteuerung aufgebaut sein soll (siehe Abbildung 4.33).

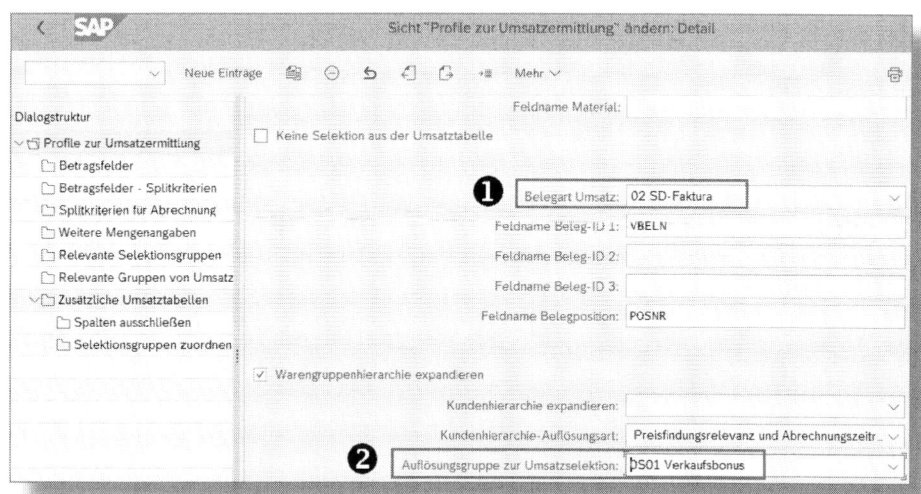

Abbildung 4.33: Customizing-Profile zur Umsatzermittlung – Detailsicht

Ich selektiere die BELEGART für den UMSATZ ❶ mit dem Wert *02 SD-Faktura*. Dies bildet die Belegart für die Quellbelege ab, in diesem Falle die SD-Faktura. Anschließend wähle ich die zuvor festgelegte AUFLÖSUNGSGRUPPE ZUR UMSATZSELEKTION *0S01 Verkaufsbonus* aus ❷.

Ich navigiere auf den Reiter BETRAGSFELDER (siehe Abbildung 4.34) und habe dort die Möglichkeit, über den Aufbau und die Anordnung der einzelnen Betragsfelder zu bestimmen und eine relevante BETRAGSFELDGRUPPE ❶ zuzuordnen.

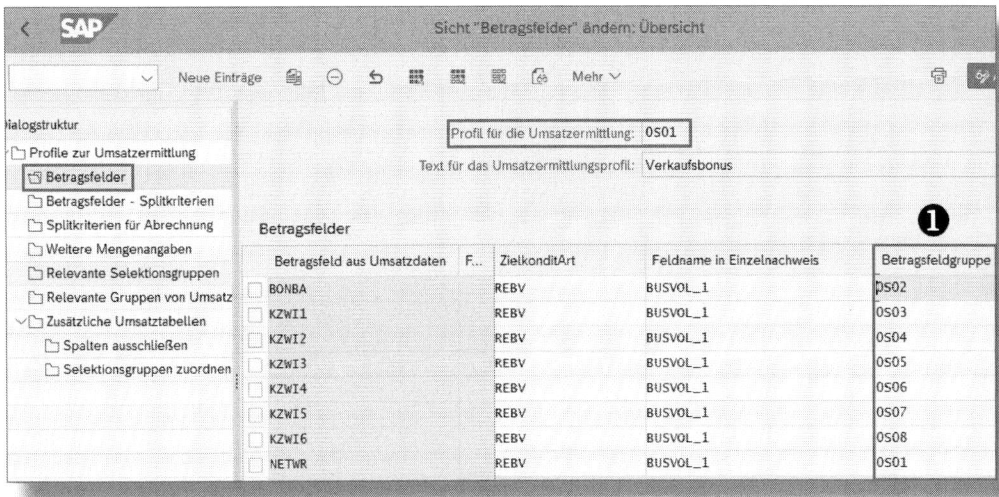

Abbildung 4.34: Customizing-Profile zur Umsatzermittlung – Betragsfelder

Auf die weiteren Einstellungen, wie BETRAGSFELDER –SPLITKRITERIEN oder SPLITKRITERIEN FÜR ABRECHNUNG, werde ich in diesem Beispiel nicht näher eingehen, da sie den Rahmen dieses Kapitels sprengen würden.

Weiterführende Literatur und SAP-Hinweise

Für ein detailliertes Bild verweise ich auf das Buch »Abrechnungsmanagement in SAP S/4HANA – Konditionskontraktabrechnung« (Bär, S./ Wunsch, A., Espresso Tutorials, 2020).

Des Weiteren finden Sie nachfolgend aufgelistet eine Reihe von wichtigen und nützlichen SAP-Hinweisen:

- 2481672: Konditionskontraktmanagement – Nützliche Belege
- 2535889: CCM – Beschreibung der ausgelieferten Konfiguration
- 2564353: Konditionskontraktmanagement – Produktübersichtsbelege
- 2723516: Vergütungsmanagement – Beschreibung der Beispielkonfiguration in ERP

Unter dem Customizing-Pfad LOGISTIK ALLGEMEIN • ABRECHNUNGSMANAGEMENT • KONDITIONSKONTRAKTMANAGEMENT • KONDITIONSKONTRAKTABRECHNUNG • FELDKOMBINATIONEN FÜR DIE UMSATZSELEKTION DEFINIEREN UND KONFIGURIEREN habe ich nun entweder die Möglichkeit, neue Feldkombinationen anzulegen (❶ in Abbildung 4.35) und entsprechende Felder diesen Feldkombinationen zuzuordnen oder aber bestehende Kombinationen ❷ zu nutzen und anzupassen. Ich schaue mir nun im Detail die Feldkombination *0001 – Kunde* an.

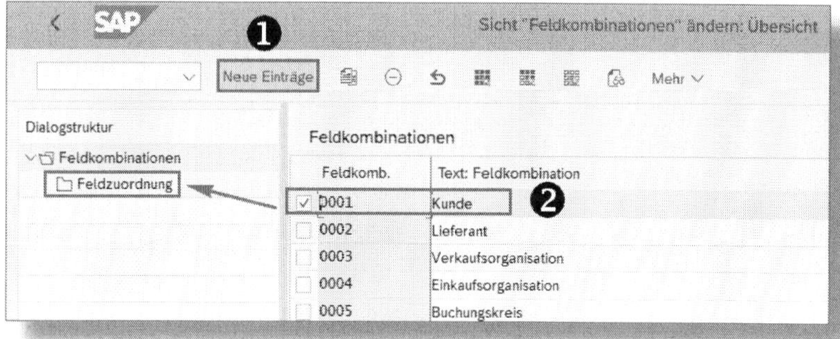

Abbildung 4.35: Customizing Feldkombination – 0001 Kunde

In der Detailsicht wird der FELDNAME angezeigt (siehe Abbildung 4.36).

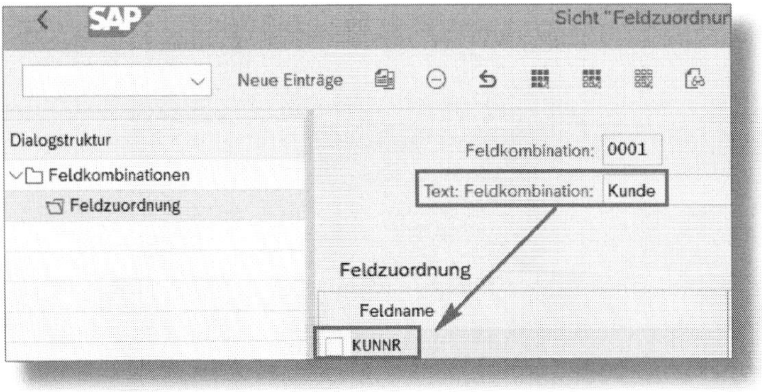

Abbildung 4.36: Customizing Feldkombination – 0001 Kunde, Feldzuordnung

Diese Gruppierung der Felder zu Feldkombinationen lässt sich in einem weiteren Schritt einem Konditionskontrakt zuordnen. Dort dienen die Feldkombinationen als Liste von Umsatzselektionskriterien. Um die zuvor definierten Feldkombinationen einer sogenannten FELDKOMBINATIONSREIHE zuzuordnen, folge ich dem Menüpfad: LOGISTIK ALLGEMEIN • ABRECHNUNGSMANAGEMENT • KONDITIONSKONTRAKTMANAGEMENT • KONDITIONSKONTRAKTABRECHNUNG • REIHE VON FELDKOMBINATIONEN DEFINIEREN UND KONFIGURIEREN. Ich kann entweder die bestehende Reihe *0S01 – Verkaufsbonus* ❷ bearbeiten oder eine neue anlegen ❶ (siehe Abbildung 4.37).

Im Reiter FELDKOMBINATIONEN ZUORDNEN findet die gesamte Steuerung der relevanten Feldkombinationen statt (siehe Abbildung 4.38).

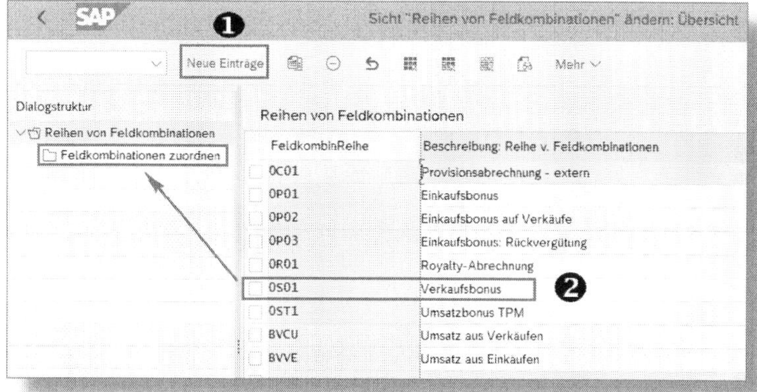

Abbildung 4.37: Customizing Reihe von Feldkombinationen – Beispiel 0S01, Verkaufsbonus

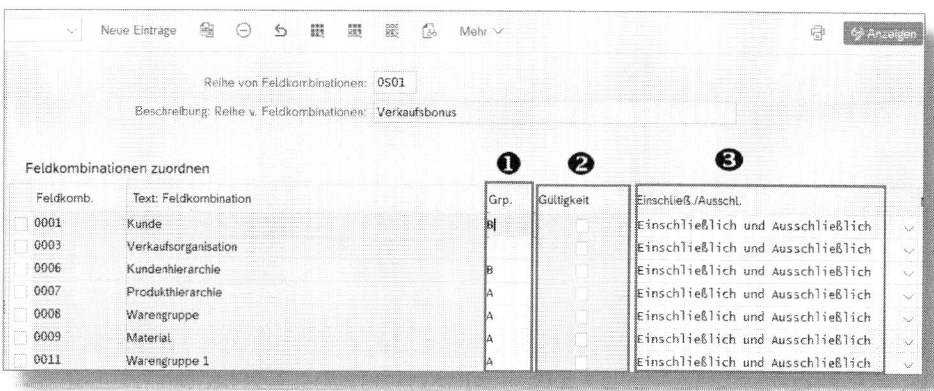

Abbildung 4.38: Customizing Reihe von Feldkombinationen – Beispiel 0S01, Verkaufsbonus, Zuordnung Feldkombinationen

Über den Eintrag in der Spalte GRP. ❶ wird gesteuert, dass die Umsätze für die in dieser Gruppe enthaltenen Feldkombinationen zusammengefasst werden. Die Spalte GÜLTIGKEIT ❷ bestimmt, ob das jeweilige Feld einen Geltungszeitraum erhalten soll oder nicht. Anhand von EINSCHLIESS./AUSSCHL. ❸ wird definiert, inwiefern die relevanten Feldkombinationen für ein Umsatzselektionskriterium genutzt werden können.

Customizing Rückstellungen im Abrechnungsprozess

Eine weitere Customizing-Aktivität betrifft die Definition und Konfiguration von Konditionsartengruppen für *Rückstellungen*, die ich über folgenden Pfad erreiche: LOGISTIK ALLGEMEIN • ABRECHNUNGSMANAGEMENT • KONDITIONSKONTRAKTMANAGEMENT • KONDITIONSKONTRAKTABRECHNUNG • KONDITIONSARTENGRUPPEN FÜR RÜCKSTELLUNGEN DEFINIEREN UND KONFIGURIEREN. Hier steuere ich auf Basis einer Konditionsartengruppe, welche Konditionsarten für Rückstellungen genutzt werden sollen – wie z. B. Zielkonditionsart für Rückstellungsauflösung oder Zielkonditionsart für Delta-Rückstellungen. Abbildung 4.39 zeigt etwa die SAP-Standard-Auslieferung für den Wert *0S01 – Sales Rebate*.

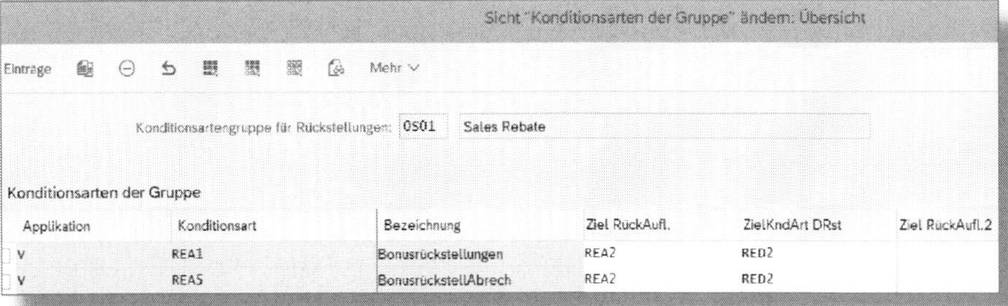

Abbildung 4.39: Customizing Konditionsartengruppen für Rückstellungen – Beispiel 0S01

Weitere Einstellungen bzgl. Rückstellungen aus Abrechnungen und Delta-Rückstellungen pflege ich unter LOGISTIK ALLGEMEIN • ABRECHNUNGSMANAGEMENT • KONDITIONSKONTRAKTMANAGEMENT • KONDITIONSKONTRAKTABRECHNUNG • KONDITIONSARTENGRUPPE FÜR RÜCKST. AUS ABRECHNUNG DEFINIEREN UND KONFIGURIEREN oder KONDITIONSARTENGRUPPEN FÜR DELTA-RÜCKSTELLUNGEN DEFINIEREN UND KONFIGURIEREN.

Customizing erweiterte Einstellungen für Abrechnungsmanagement

Des Weiteren kann ich in der nachfolgenden Customizing-Aktivität andere relevante Einstellungen bzgl. des Abrechnungsmanagements pflegen: LOGISTIK ALLGEMEIN • ABRECHNUNGSMANAGEMENT • GRUND-

EINSTELLUNGEN • ERWEITERTEN UMFANG FÜR DAS ABRECHNUNGSMANAGEMENT FESTLEGEN. Dort setze ich fest, ob Archivbelege in die Abrechnungsmanagementbeleganzeige integriert werden ❶ oder die Integration zum Transportmanagement ❷ stattfinden soll (siehe Abbildung 4.40).

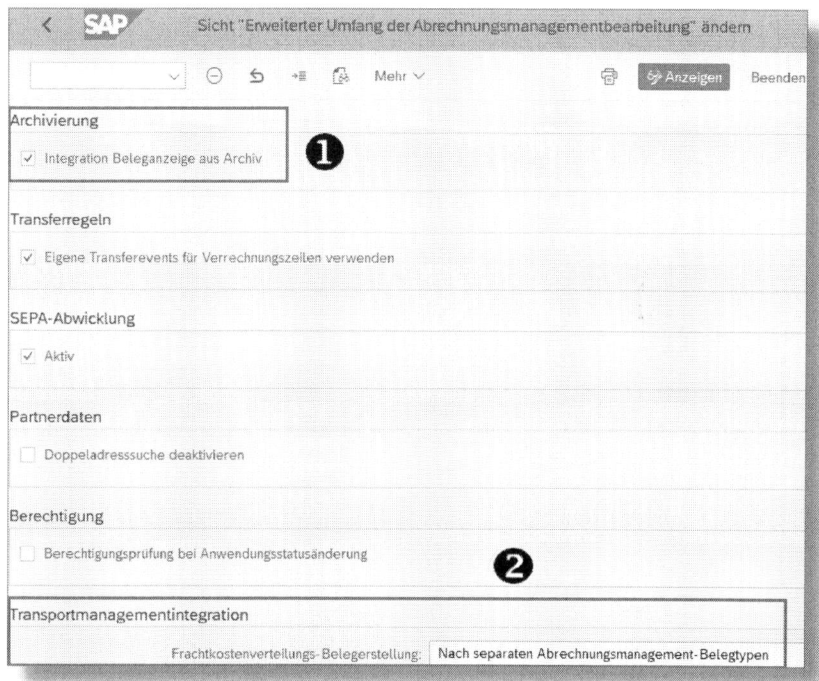

Abbildung 4.40: Customizing weitere Funktionen für Abrechnungsmanagement

Customizing Abrechnungsprozess

Ein weiterer wichtiger Bestandteil im Bereich der Konditionskontraktabrechnung ist das Customizing der *Abrechnungsbelegarten*. Die SAP bietet hier bereits im Standard eine Vielzahl vordefinierter und vorkonfigurierter Abrechnungsbelegarten an. Folgender Customizing-Pfad führt zu dieser Aktivität: LOGISTIK ALLGEMEIN • ABRECHNUNGSMANAGEMENT • ABRECHNUNGSBELEGE • ABRECHNUNGSBELEGARTEN • ALLE BELE-

GARTEN. Allein im Bereich des Verkaufsbonus existieren mehr als 60 Abrechnungsbelegarten, von denen Abbildung 4.41 einen kleinen Ausschnitt zeigt.

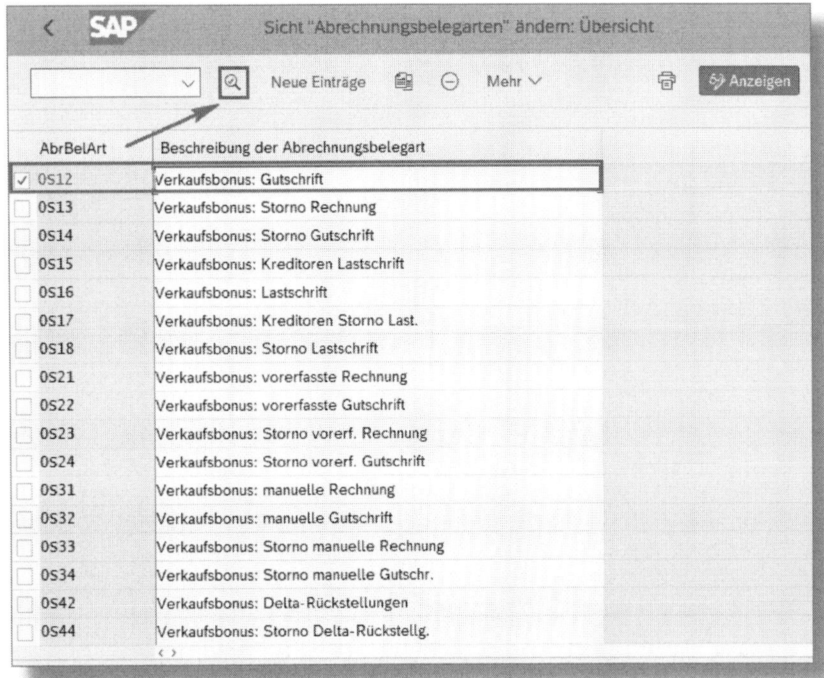

Abbildung 4.41: SAP-Standard-Abrechnungsbelegarten für Verkaufsbonus – Übersicht

Durch die Auswahl einer Abrechnungsbelegart (ABRBELART), hier 0S12 – VERKAUFSBONUS: GUTSCHRIFT, und einen Klick auf 🔍 gelange ich in die sehr umfangreiche Detailsicht. Dort können Einstellungen u. a. zu den folgenden Themen getroffen werden:

- allgemeine Steuerung
- Vorschlagsdaten

- Umsatzsteuer
- Partner-, Text- und Preisfindung
- Rechnungswesen
- Steuerung der Kontenfindung
- Kreditmanagement
- Nachrichtenfindung
- Storno und Intrastast-Meldungen

Interessant ist im nächsten Schritt die Festlegung sogenannter *Abrechnungsprozessarten*. Diese dienen dazu, unterschiedliche Geschäftsvorfälle im Abrechnungsmanagement zu klassifizieren. Ich öffne hierzu LOGISTIK ALLGEMEIN • ABRECHNUNGSMANAGEMENT • ABRECHNUNGSPROZESS • ABRECHNUNGSPROZESSARTEN FESTLEGEN. Wiederum begegne ich zahlreichen vordefinierten und vorkonfigurierten Werten, die die SAP im Standard ausliefert. Zur Veranschaulichung nehme ich die Abrechnungsprozessart *0S10 – Verkaufsbonus* in den Blick (siehe Abbildung 4.42).

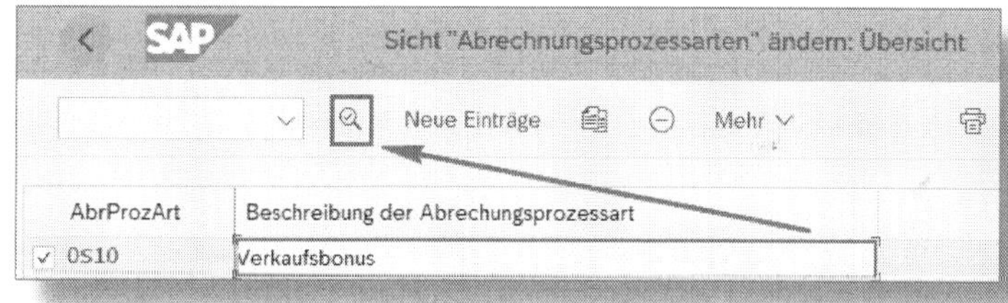

Abbildung 4.42: Customizing Abrechnungsprozessart 0S10 – Verkaufsbonus

In der Detailview sind umfangreiche Customizing-Einstellungen möglich, die z. B. die gesamte Preisfindung steuern (siehe Abbildung 4.43).

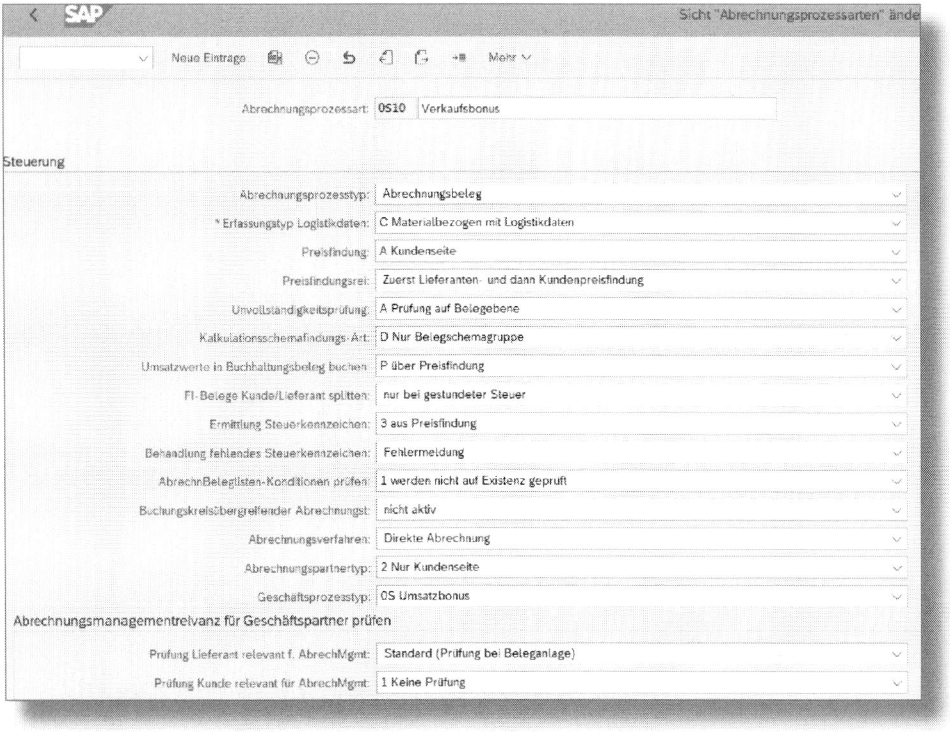

Sicht "Abrechnungsprozessarten" ände

Neue Einträge Mehr

Abrechnungsprozessart: 0S10 Verkaufsbonus

Steuerung

Abrechnungsprozesstyp:	Abrechnungsbeleg
* Erfassungstyp Logistikdaten:	C Materialbezogen mit Logistikdaten
Preisfindung:	A Kundenseite
Preisfindungsrei:	Zuerst Lieferanten- und dann Kundenpreisfindung
Unvollständigkeitsprüfung:	A Prüfung auf Belegebene
Kalkulationsschemafindungs-Art:	D Nur Belegschemagruppe
Umsatzwerte in Buchhaltungsbeleg buchen:	P über Preisfindung
FI-Belege Kunde/Lieferant splitten:	nur bei gestundeter Steuer
Ermittlung Steuerkennzeichen:	3 aus Preisfindung
Behandlung fehlendes Steuerkennzeichen:	Fehlermeldung
AbrechnBeleglisten-Konditionen prüfen:	1 werden nicht auf Existenz geprüft
Buchungskreisübergreifender Abrechnungsst:	nicht aktiv
Abrechnungsverfahren:	Direkte Abrechnung
Abrechnungspartnertyp:	2 Nur Kundenseite
Geschäftsprozesstyp:	0S Umsatzbonus

Abrechnungsmanagementrelvanz für Geschäftspartner prüfen

Prüfung Lieferant relevant f. AbrechMgmt:	Standard (Prüfung bei Beleganlage)
Prüfung Kunde relevant für AbrechMgmt:	1 Keine Prüfung

Abbildung 4.43: Customizing Abrechnungsprozessart 0S10 – Verkaufsbonus, Detailsicht

Im Bereich ZUGEORDNETE ABRECHNUNGSBELEGARTEN – EINZELBELEG kann ich außerdem eine Zuordnung zu dem relevanten Abrechnungsbeleg vornehmen (siehe Abbildung 4.44).

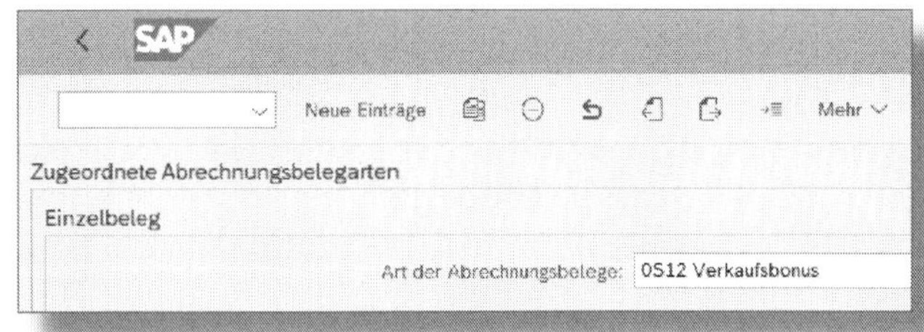

Abbildung 4.44: Customizing Abrechnungsprozessart 0S10 – Verkaufsbonus, Zuordnung Abrechnungsbelegarten

Im Customizing-Schritt LOGISTIK ALLGEMEIN • ABRECHNUNGSMANAGEMENT • ABRECHNUNGSPROZESS • ERLAUBTE KOMBINATIONEN ABRECHNUNGSPROZESS-/ABRECHNUNGSBELEGART lege ich fest, welche Abrechnungsprozesse zu welchen Abrechnungsbelegarten zugeordnet werden können. Die Kopiersteuerung der einzelnen Belege lässt sich in folgende Kategorien unterteilen:

- Abrechnungsmanagementbeleg nach Abrechnungsmanagementbeleg
- Vorgängerbeleg nach Abrechnungsmanagementbeleg

Diese Einstellung finde ich unter LOGISTIK ALLGEMEIN • ABRECHNUNGSMANAGEMENT • GRUNDEINSTELLUNGEN • KOPIERSTEUERUNG FESTLEGEN. Analog zum Customizing im klassischen SD, beispielsweise der Kopiersteuerung von Auftrag nach Faktura, kann ich hier festlegen, ob bestimmte Daten aus dem Vorgängerbeleg in einen Nachfolgebeleg übertragen werden. Das Beispiel aus Abbildung 4.45 stellt die Einstellungsmöglichkeiten für die Abrechnungsbelegart *0S92 – Verkaufsbonus: Sammlung* dar.

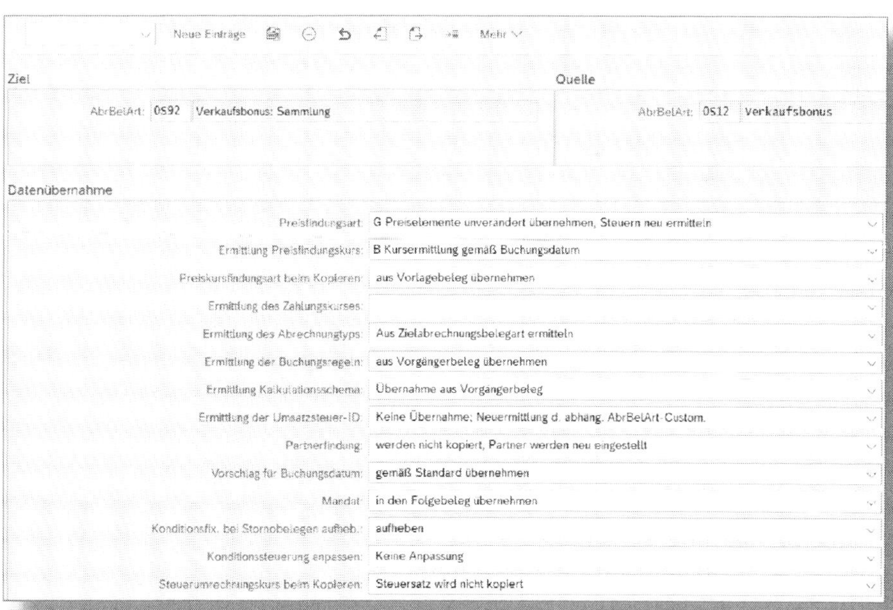

Abbildung 4.45: Customizing Kopiersteuerung Abrechnungsmanagement

Zuletzt beschreibe ich, an welcher Stelle Abrechnungseinstellungen für die relevante Konditionskontraktart festzulegen sind. Hierzu öffne ich Logistik Allgemein • Abrechnungsmanagement • Konditionskontraktmanagement • Konditionskontraktabrechnung • Abrechnungseinstellungen für Konditionskontrakte festlegen. Im ersten Schritt selektiere ich die relevante Konditionskontraktart *0S01 – Verkaufsbonus* und springe in die Detailsicht via ab (siehe Abbildung 4.46 und Abbildung 4.47).

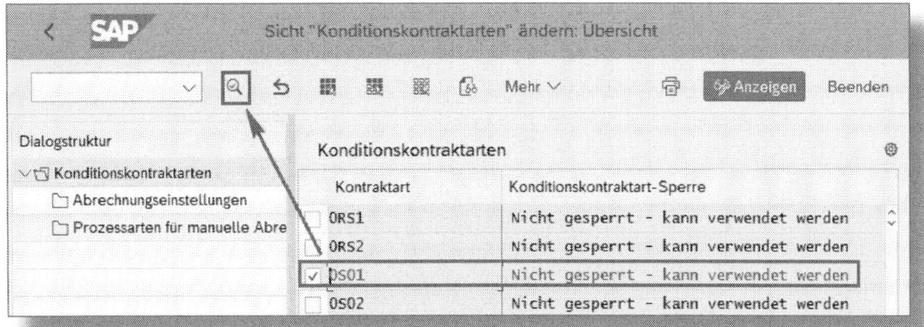

Abbildung 4.46: Customizing Abrechnungseinstellungen für Konditionskontraktarten

In den einzelnen Unterreitern finde ich alle dazugehörigen Einstellungen, u. a. bzgl. Abrechnungsdaten, Abrechnung, Rückstellungen und Abgrenzungen.

Im Zuge der SAP-S/4HANA-Transformation sind Unternehmen gezwungen, den Umstieg auf das Settlement Management vorzunehmen. Die SAP-SD- sowie die SAP-MM-Bonusabwicklung werden durch die zuvor beschriebenen Funktionalitäten gänzlich abgelöst. Die SAP hofft auf diese Weise die bisherigen Herausforderungen in der Bonusabrechnung und der nachträglichen Vergütung zu lösen. Dabei geht es vor allem um Datenpflege, Periodenfixierungen, Reklamationen und Freigabeprozesse. All dies soll durch das Settlement und das CCM deutlich optimiert und automatisiert werden. Zudem wird das Buchen von Rückstellungen in diesem Kontext enorm verbessert, indem diese bereits während der Fakturierung erstellt werden können. Daher erfolgt die Bonusabrechnung sofort auf Basis der Einzelrechnung und kann somit auch im Rechnungswesen leicht nachvollzogen werden.

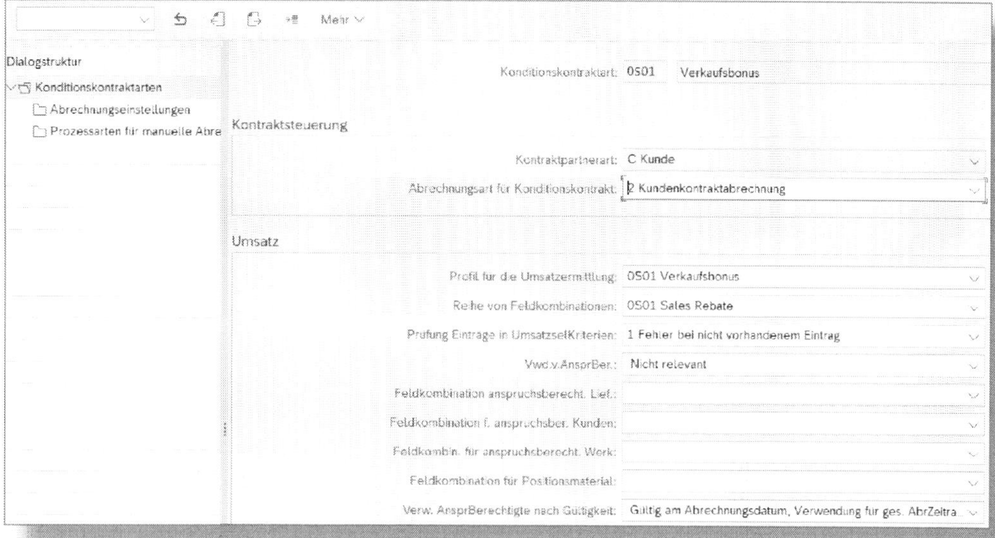

Abbildung 4.47: Customizing Abrechnungseinstellungen für Konditionskontraktarten – Detailsicht

Literaturtipp zum Abrechnungsmanagement

Da das Thema Abrechnungsmanagement sehr komplex ist und ich nicht auf jeden Punkt eingehen kann, empfehle ich an dieser Stelle das Buch »Abrechnungsmanagement in SAP S/4HANA – Konditionskontraktabrechnung« (Bär, S./ Wunsch, S., Espresso Tutorials, 2020).

5 SAP S/4HANA International Trade

Global agierende Unternehmen haben ihren Fokus außer auf dem Inlandsgeschäft ganz besonders auch auf dem Außenhandel. Hierbei gilt es die länderspezifischen Besonderheiten zu berücksichtigen, die in den SAP-Einstellungen abgebildet werden. Dieses Kapitel beschreibt daher die grundlegenden Änderungen, die durch die Einführung von SAP S/4HANA International Trade im Zuge der S/4HANA-Transformation implementiert wurden.

In den vorherigen Kapiteln konnte man bereits feststellen, dass durch die Transformation zu S/4HANA im Bereich Vertrieb einige Änderungen in den Kernfunktionalitäten Einzug gehalten haben. Auch in der bisherigen Außenhandelsabwicklung und den relevanten Komponenten SD-FT (Sales and Distribution – Foreign Trade) und MM-FT (Material Master – Foreign Trade) gibt es im Zuge einer S/4HANA-Einführung erhebliche Einschnitte. So entfallen die bisherigen Außenhandelskomponenten SD-FT und MM-FT und werden durch das im SAP-ERP-Kern integrierte Modul *SAP S/4HANA International Trade* ersetzt. Während die meisten Funktionalitäten durch die S/4HANA-Einführung auch grundlegend erweitert wurden, liegen in diesem Modul weniger Funktionalitäten für die Außenhandelsabwicklung vor als in der ERP-Variante (ECC 6.0). So werden folgende Funktionalitäten im Modul SAP S/4HANA International Trade nicht mehr unterstützt und sind somit leider nicht verfügbar:

- Warenursprung und Präferenzermittlung
- Zollabwicklung
- Sanktionslistenprüfung

Folgende Lösungsumfänge sind weiterhin nutzbar:

- Intrastat
- Tarifierung/Klassifizierung
- Embargoprüfung für Aufträge und Auslieferungen

- Gesetzliche Kontrolle für Bestellungen, Aufträge und Auslieferungen
- Akkreditivabwicklung

Um die genannten Lücken zu schließen, muss entweder auf SAP Global Trade Services (GTS) oder auf verschiedene Plug-ins zurückgegriffen werden. In den folgenden Abschnitten konzentriere ich mich auf die Funktionalitäten, die im Modul SAP S/4HANA International Trade vorhanden sind, und gehe gezielt auf das relevante Customizing ein.

5.1 Intrastat

Via *Intrastat* werden alle grenzüberschreitenden Warenbewegungen innerhalb der EU systemisch aufgezeichnet und an bestimmte Behörden – in Deutschland an das Statistische Bundesamt – weitergeleitet.

Das Thema Intrastat wird für Unternehmen aktuell, wenn sie Waren und Güter, die einen bestimmten Wert überschreiten, innerhalb der Europäischen Union (EU) importieren oder exportieren. Der Grenzwert liegt für Deutschland bei ca. 500.000 bis 800.000 EUR jährlich. Wenn Unternehmen die jeweiligen Grenzwerte überschreiten und eine innergemeinschaftliche Lieferung oder Warensendung nach Umsatzsteuergesetz (UStG) durchführen, müssen sie sogenannte Intrastat-Meldungen abgeben. Mithilfe dieser Meldungen wird der tatsächliche Verkehr von Unionswaren zwischen den 27 Mitgliedsstaaten der EU statistisch erfasst. In den Folgeabschnitten gehe ich auf das Customizing der Intrastat-relevanten SAP-Prozesse ein.

5.1.1 Customizing im Backend

Ich beginne mit der Beschreibung des Grund-Customizing im Backend-System. Alle relevanten Einstellungen finde ich unter folgendem Customizing-Pfad: GOVERNANCE, RISK AND COMPLIANCE • INTERNATIONAL TRADE • INTRASTAT.

Ich beginne, indem ich die Definition und Zuordnung relevanter Partnerländer prüfe und ggf. einstelle. Das Partnerland ist generell das letzte Bestimmungsland, in dem die Ware ge- oder verbraucht bzw. be- oder verarbeitet wird.

Hierzu öffne ich folgende Customizing-Aktivität: GOVERNANCE, RISK AND COMPLIANCE • INTERNATIONAL TRADE • INTRASTAT • GRUNDDATEN • PARTNERLÄNDER.

Im ersten Schritt kann ich unter dem Punkt PARTNERLÄNDER DEFINIEREN relevante Länder pflegen. Durch den Brexit ist beispielsweise für das Land *Nordirland* mit dem Ländercode *XI* die Abgabe einer Intrastat-Meldung obligatorisch geworden. Über NEUE EINTRÄGE kann für diesen Fall ein Partnerland inklusive Bezeichnung hinterlegt werden (siehe Abbildung 5.1).

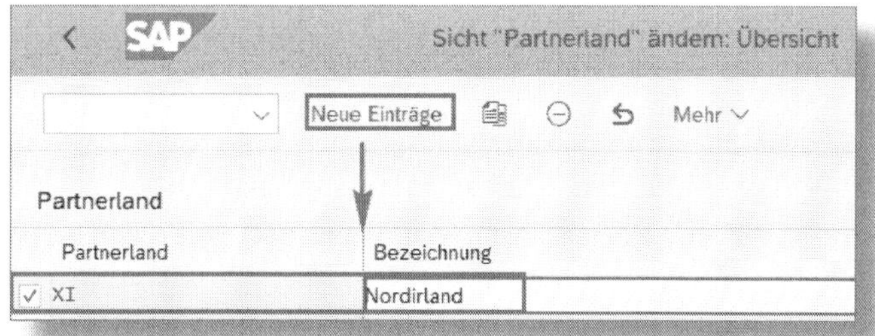

Abbildung 5.1: Neuanlage Partnerland XI – Nordirland

Im Folgeschritt ordne ich das neu angelegte Partnerland einem Meldungsland zu. Wenn ein Unternehmen beispielsweise eine Tochtergesellschaft in Polen hat und von dort Waren in das EU-Umfeld verkauft bzw. liefert, wäre Polen das relevante Meldungsland.

Hierzu öffne ich die Customizing-Aktivität GOVERNANCE, RISK AND COMPLIANCE • INTERNATIONAL TRADE • INTRASTAT • GRUNDDATEN • PARTNERLÄNDER • PARTNERLÄNDER ZU MELDUNGSLÄNDERN ZUORDNEN.

Liefert ein Unternehmen Ware von Deutschland nach Nordirland und überschreitet den von der EU definierten Grenzwert, so ist hier die Zuordnung DE → XI entsprechend zu pflegen. Via NEUE EINTRÄGE pflege ich das MELDUNGSLAND *DE* und das PARTNERLAND *XI* ein (siehe Abbildung 5.2).

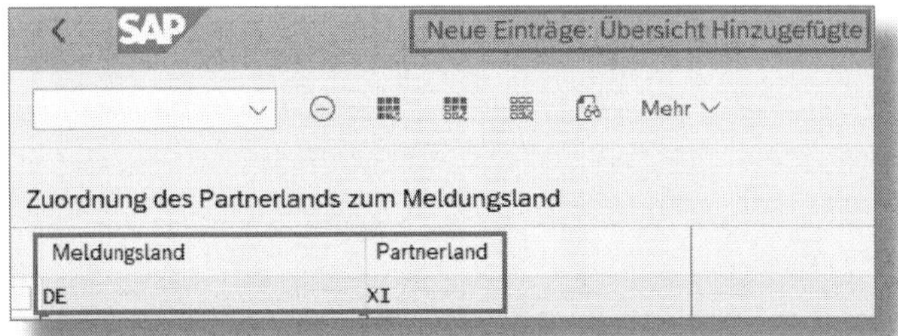

Abbildung 5.2: Zuordnung Partnerland XI zu Meldungsland DE

Des Weiteren kann ich über die Customizing-Aktivität AUSNAHMEN FÜR DIE UMSCHLÜSSELUNG VON PARTNERLÄNDERN DEFINIEREN steuern, inwiefern einzelne Partnerländer einem Intrastat-Partnerland zugeordnet werden sollen. Beispielsweise wird Monaco als separater ISO-Ländercode in SAP geführt (= *MC*). Da die Intrastat-Meldung aber für Frankreich (= *FR*) erfolgen muss, müsste ich an dieser Stelle die Umschlüsselung vorsehen (siehe Abbildung 5.3).

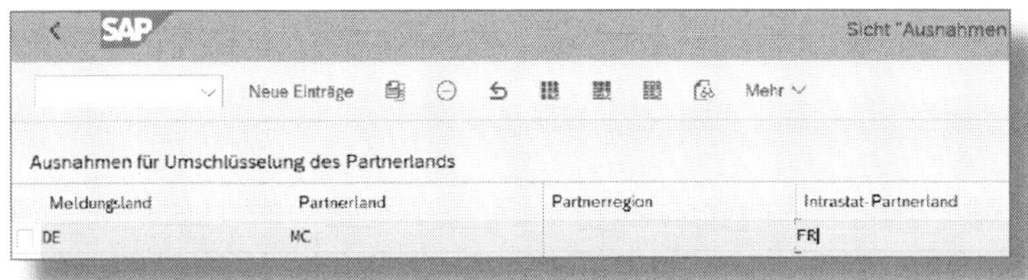

Abbildung 5.3: Ausnahmen Umschlüsselung – Partnerland MC zu Intrastat-Partnerland FR

Auch in meinem Beispiel mit Nordirland gilt es mehrere Ausnahmen zu berücksichtigen und entsprechend zu integrieren: Das Partnerland ist in diesem Fall im SAP-Standard weiterhin *GB – Großbritannien*, und die Steuerung erfolgt für Nordirland ausschließlich über die *Partnerregionen* (Partnerregionen sind territorial zusammenhängende Gebiete unterhalb der staatlichen Ebene, so beispielsweise in Deutschland die

Bundesländer). Deshalb ist hier die Zuordnung zum Intrastat-Partnerland *XI* ebenfalls notwendig (siehe Abbildung 5.4).

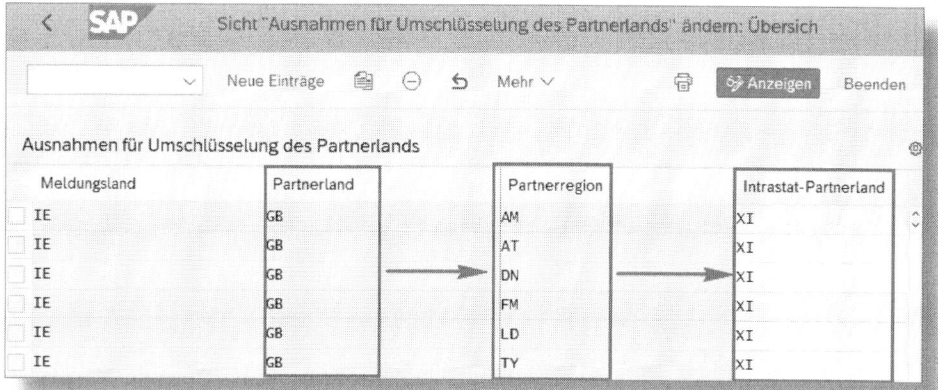

Abbildung 5.4: Beispiel Ausnahmen Umschlüsselung Partnerland – GB zu Intrastat-Partnerland XI

Unter dem folgenden Customizing-Pfad kann ich die exakt gleichen Einstellungen für den Wert *Ursprungsland* hinterlegen: Governance, Risk and Compliance • International Trade • Intrastat • Grunddaten • Ursprungsland. Das Ursprungsland entspricht dem Land, in dem die Ware vollständig hergestellt wurde, oder aber dem Land, in dem die letzte wesentliche Be- oder Verarbeitung stattgefunden hat. Entsprechend gehe ich für *Ursprungsregionen* (• Region), *Geschäftsarten* (Geschäftsart definieren) und *Verfahren* (... Verfahren definieren) vor. Da das Customizing in S/4HANA den bekannten ERP-ECC-Lösungen entspricht, gehe ich im Detail nicht weiter auf diese Punkte ein.

Im Folgeschritt befasse ich mich mit der Definition der Vorschlagswerte im Bereich Verkauf unter Governance, Risk and Compliance • International Trade • Intrastat • Vorschlagswerte • Verkauf. Von hier kann ich z. B. in die Customizing-Aktivität Vorschlagswerte für Verkauf abspringen und Vorschlagswerte für die Kombination aus Verfahren und Geschäftsart, relevantem Meldungsland und Positionstyp eintragen (siehe Abbildung 5.5). Eine mögliche Kombination wäre das Meldungsland *DE* und der Positionstyp *TAN* mit der Geschäfts-

ART *11* (endgültiger Verkauf) und dem Verfahren (VERF. VERSENDUNGEN) *1000* (endgültige Versendung).

Vorschlagswerte für Verkauf

Meldungsland	Positionstyp	Intrastat-Gruppe	Geschäftsart	Verf. Versendungen
DE	REN		21	
DE	TAN		11	1000

Abbildung 5.5: Vorschlagswerte für Verkauf

Die Einstellung sorgt dafür, dass in den Verkaufsbelegen die oben genannten Werte automatisiert vorgeschlagen werden. Manuell können diese Werte im Verkaufsbeleg jederzeit abgeändert werden.

Als Nächstes bestimme ich, zu welchem Zeitpunkt beim Warenverkauf im Meldungsland die Datenselektion stattfinden soll. Die entsprechenden Einstellungen sind unter GOVERNANCE, RISK AND COMPLIANCE • INTERNATIONAL TRADE • INTRASTAT • DATENSELEKTION • STEUERUNG DER DATENSELEKTION FÜR DEN VERKAUF DEFINIEREN zu finden (siehe Abbildung 5.6).

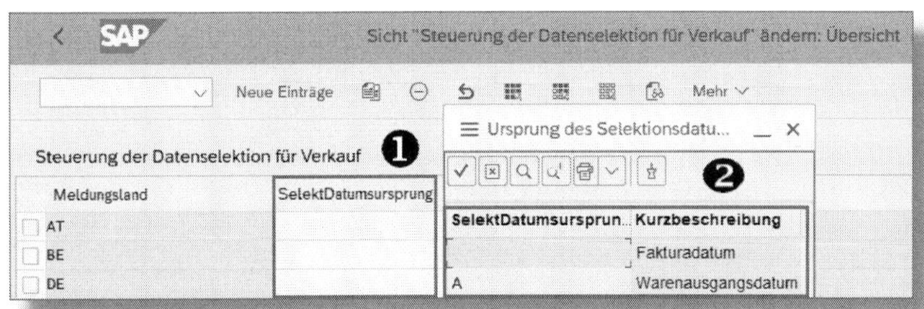

Abbildung 5.6: Steuerung Datenselektion für Verkauf

Im gezeigten Beispiel für *DE* lege ich in der Spalte SELEKTDATUMURSPRUNG ❶ das *Fakturadatum* als Zeitpunkt fest. Zur Auswahl steht zudem noch, mit dem Wert *A* hinterlegt, das *Warenausgangsdatum* ❷. Konkret bedeutet diese Einstellung, dass beim Generieren von Intrastat-Meldungen nur Daten selektiert werden, sofern vorab eine Faktura erstellt wurde. Wähle ich hingegen das Warenausgangsdatum, so könnte ich Intrastat-Meldungen auf Basis von Warenausgangsbelegen (Lieferung) anlegen.

In der Customizing-Aktivität AUSNAHMEN FÜR DEN EIN- UND AUSSCHLUSS VON LÄNDERN UND REGIONEN DEFINIEREN wird gesteuert, ob bestimmte Regionen aus der Intrastat-Meldung ausgeschlossen werden (siehe Abbildung 5.7).

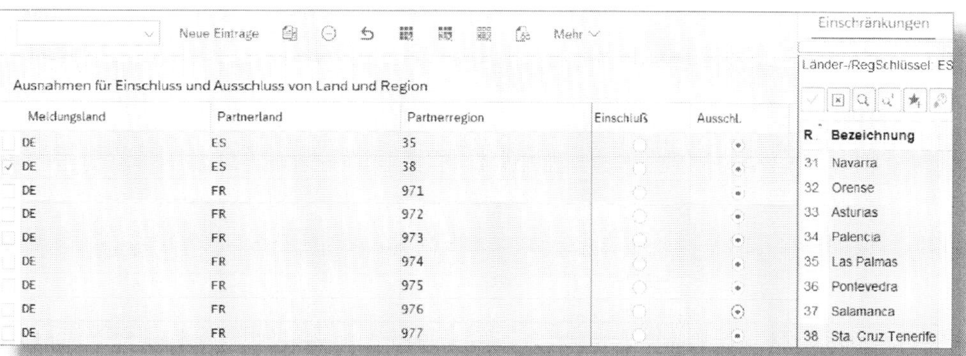

Abbildung 5.7: Ausnahmen Ein- und Ausschluss von Land und Region

So kann ich beispielsweise festlegen, dass die Region *38 – Santa Cruz Tenerife*, die zwar zu Spanien gehört und dadurch auch unter dem Länderschlüssel ES läuft, aber für Intrastat-Meldungen irrelevant ist, nicht berücksichtigt wird. Ebenso lassen sich umgekehrte Konstellationen abbilden. Steuerndes Element ist in diesem Fall immer die relevante Region.

Um bestimmte Verkaufsbelegpositionstypen für die Datenselektion der Intrastat-Meldung auszuschließen, öffne ich die Customizing-Aktivität AUSSCHLUSS VON VERKAUFSBELEGPOSITIONSTYPEN DEFINIEREN. Abbildung 5.8 zeigt beispielhaft den Ausschluss von Streckenaufträgen.

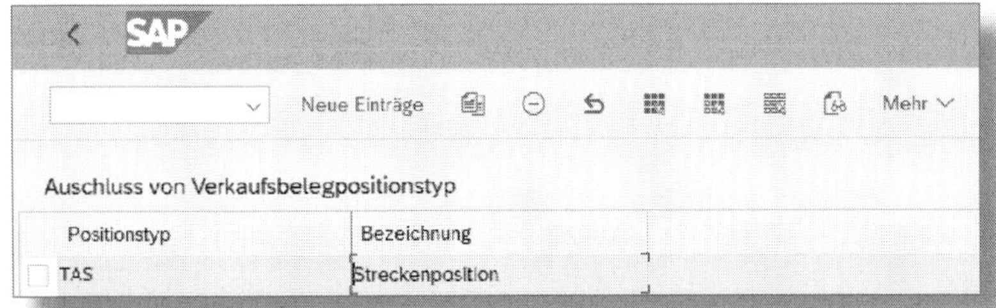

Abbildung 5.8: Ausschluss von Verkaufsbelegpositionstypen

> **Zusammenfassung Customizing Intrastat Backend**
>
> Die Customizing-Einstellungen in SAP S/4HANA International Trade wurden nahezu identisch mit denen aus den Vorgängersystemen abgebildet. Lediglich der Customizing-Pfad in der Transaktion *SPRO* ist neu.

5.1.2 Customizing via Fiori-Apps

Neben dem Customizing im Backend müssen auch einige Einstellungen über SAP-Fiori-Apps getätigt werden. Um auf diese Apps zugreifen zu können, benötigt man vorab die folgende GP-Rolle:

- *SAP_BR_INTRASTAT_SPECIALIST*

Abbildung 5.9 zeigt die im Bereich Intrastat relevanten Fiori-Apps.

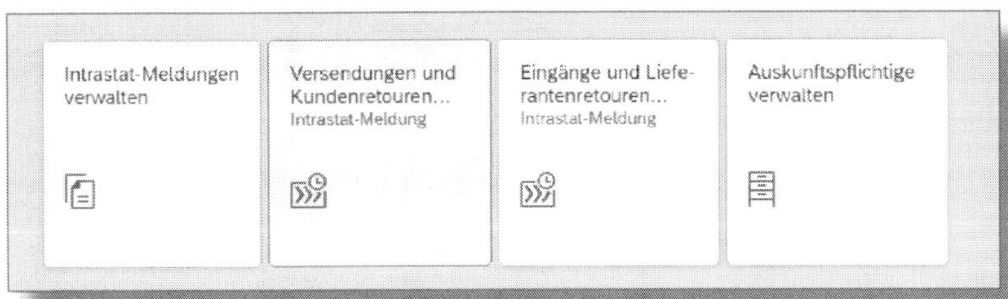

Abbildung 5.9: Fiori-Apps im Bereich Intrastat – Übersicht

Die Stammdaten und somit alle relevanten Daten der Auskunftspflichtigen sind in der App »Auskunftspflichtige verwalten« zu hinterlegen. Diese Werte werden bei der Abgabe der Intrastat-Meldung an die entsprechende Behörde weitergegeben und dienen der eindeutigen Identifizierung des betreffenden Unternehmens. Nach Aufruf der App kann ich via ANLEGEN oder ÄNDERN diese Stammdaten jederzeit eingeben oder aktualisieren (siehe Abbildung 5.10).

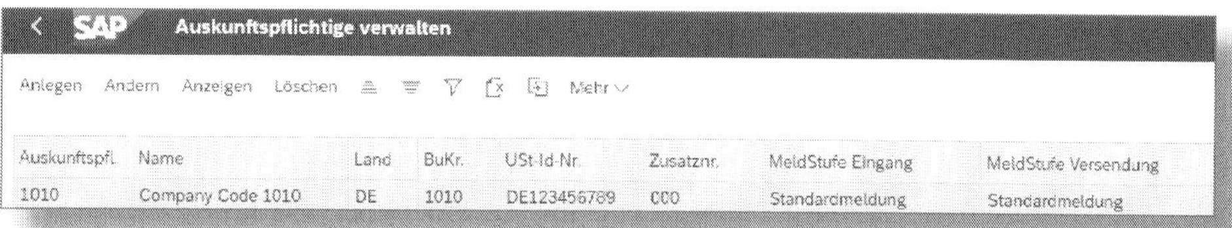

Abbildung 5.10: App »Auskunftspflichtige verwalten«

Ich navigiere nun auf die App »Versendungen und Kundenretouren selektieren«. Die Selektion, aufgrund derer die Daten für die Intrastat-Meldung erzeugt werden, erfolgt anhand von Fakturen über einen sogenannten Anwendungsjob. Um diesen anzulegen, klicke ich auf ANLEGEN (siehe Abbildung 5.11).

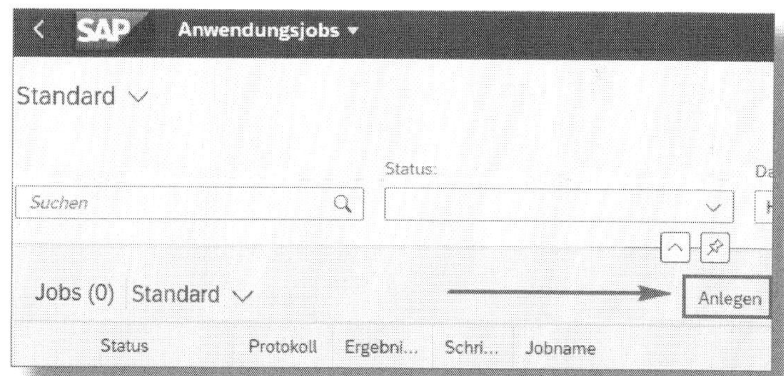

Abbildung 5.11: App »Versendung und Kundenretouren selektieren« – Neuanlage

Im ersten Schritt, der VORLAGENAUSWAHL, selektiere ich die JOBVORLAGE und den JOBNAMEN (siehe Abbildung 5.12).

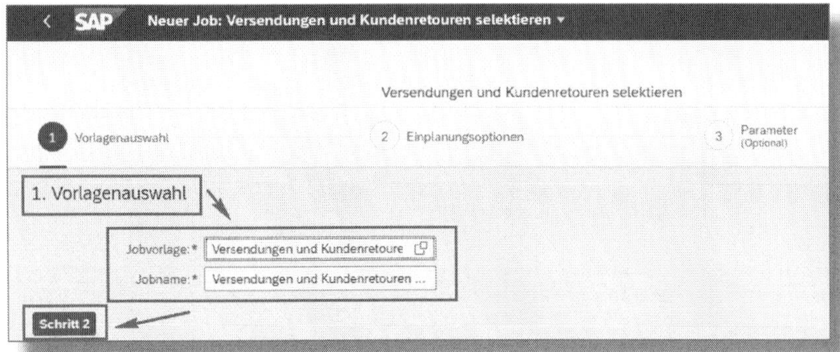

Abbildung 5.12: App »Versendung und Kundenretouren selektieren« – Vorlagenauswahl

Hier gibt es jeweils nur eine Selektionsmöglichkeit. Anschließend navigiere ich auf SCHRITT 2 (siehe Abbildung 5.13).

Hier vergebe ich meine EINPLANUNGSOPTIONEN. Unter SCHRITT 3 definiere ich den AUSKUNFTSPFLICHTIGEN sowie das MELDUNGSJAHR und den MELDUNGSMONAT. Via PRÜFEN stelle ich sicher, dass der Anwendungsjob eingeplant werden kann, und via EINPLANEN bestätige ich die Anlage des Jobs (siehe Abbildung 5.13).

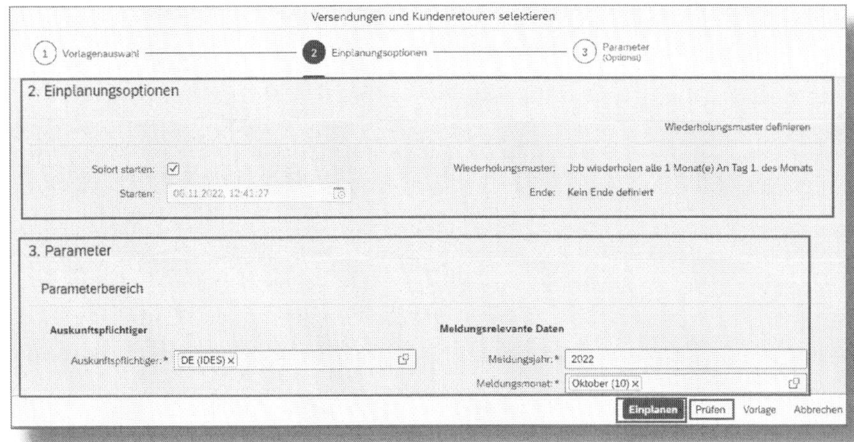

Abbildung 5.13: App »Versendung und Kundenretouren selektieren« – Einplanungsoptionen und Parameter

Nachdem der Job eingeplant worden ist, läuft er je nach Startzeitpunkt im Hintergrund automatisiert durch. Durch ein wiederholtes Navigieren auf die Startseite der App »Versendungen und Kundenretouren selektieren« kann ich mir die Details des Joblaufs ansehen (siehe Abbildung 5.14).

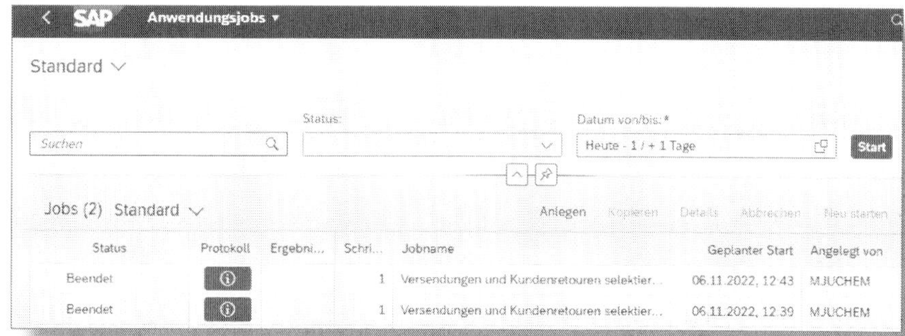

Abbildung 5.14: App »Versendung und Kundenretouren selektieren« – Übersicht eingeplante Jobläufe

Über die App »Intrastat-Meldungen verwalten« lassen sich die zuvor selektierten Datensätze bearbeiten und versenden. In derselben App kann ich auch eine MELDUNG ANLEGEN ❶, indem ich über den gleichnamigen Button in die Dateneingabe abspringe. Anschließend werden die selektierten Werte in einer Meldungsnummer (MELD.NR.) angezeigt (siehe Abbildung 5.15).

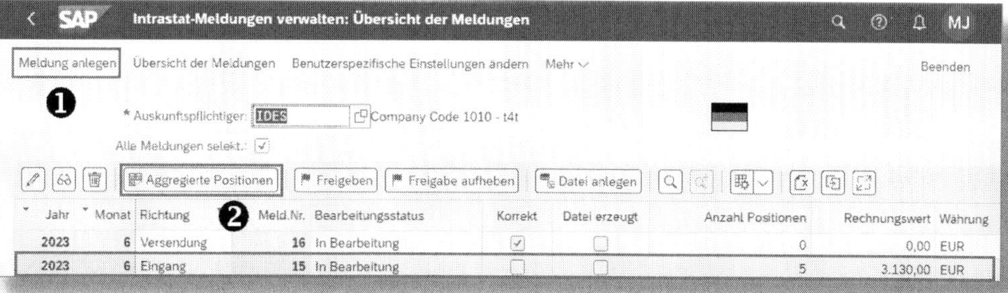

Abbildung 5.15: App »Intrastat-Meldungen verwalten« – Einstieg

Zunächst befindet sich eine neu angelegte Meldung im Status IN BEARBEITUNG. Markiere ich eine Zeile, wie z. B. die Meldungsnummer *15*, und navigiere dann auf den Button AGGREGIERTE POSITIONEN ❷, so sehe ich dort alle im Detail selektierten Datensätze. Ich prüfe diese auf ihre Richtigkeit und habe hier auch die Möglichkeit, eine Korrektur vorzunehmen (siehe Abbildung 5.16).

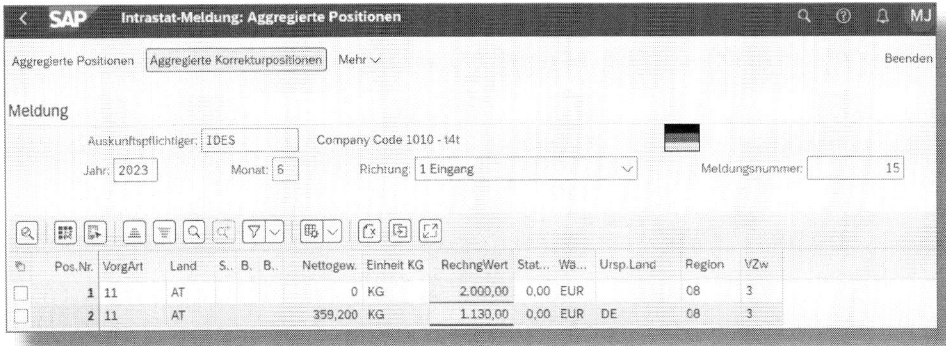

Abbildung 5.16: App »Intrastat-Meldungen verwalten« – aggregierte Positionen

Für den Fall, dass alle selektierten Daten in Ordnung sind, navigiere ich zurück auf die Übersicht, markiere wieder besagte Zeile und gehe auf den Button DATEI ANLEGEN (siehe Abbildung 5.17).

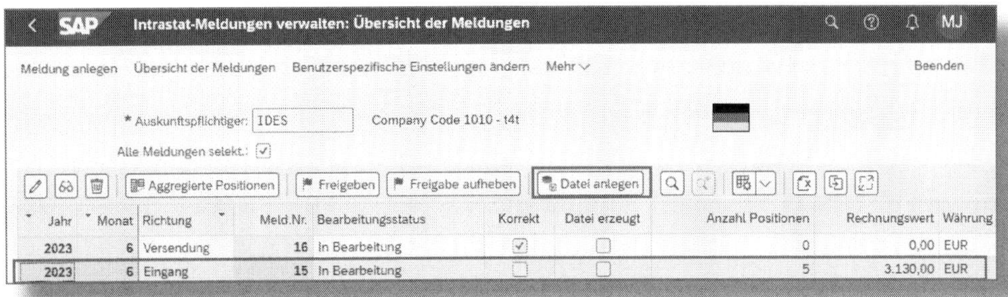

Abbildung 5.17: App »Intrastat-Meldungen verwalten« – Dateierzeugung

Das System generiert automatisiert eine für das jeweilige Meldeland relevante Datei, wie für DE eine XML-Datei, die lokal gespeichert und anschließend auf der Seite der entsprechenden Behörde hochgeladen werden kann.

☛ Operative Intrastat-Abwicklung

Mithilfe der Fiori-App »Intrastat-Meldungen verwalten« kann ich Intrastat-Meldungen manuell erstellen, Eingänge in das Unternehmen sowie Versendungen aus dem Unternehmen anstoßen, monitoren und bearbeiten. Zudem habe ich die Möglichkeit, die Intrastat-Meldungsdatei im jeweiligen landesspezifischen Dateiformat anzulegen. Die zuvor genannte Fiori-App dient somit als zentraler Einstiegs- und Bearbeitungspunkt für die gesamte Intrastat-Abwicklung in SAP S/4HANA. Transaktionen wie *VEDE* oder *ENPA* sind in S/4HANA dagegen nicht mehr vorhanden.

☛ SAP-Hinweis zum Umgang mit Intrastat

Im SAP-Hinweis 2839197 werden zentral alle relevanten Daten zum Thema »Intrastat-Abwicklung in SAP S/4HANA« beschrieben. Zudem enthält er Links zu allen weiteren für das Thema interessanten SAP-Hinweisen.

5.2 Klassifizierung/Tarifierung

Im Bereich der Statistischen Warennummer gibt es mit der S/4HANA-Transformation eine grundlegende Änderung. Mithilfe dieser Nummer werden bei Meldungen für die Intrahandelsstatistik eingeführte und ausgeführte Güter codiert. Zukünftig wird es keine Möglichkeit mehr geben, eine Statistische Warennummer im Materialstamm zu pflegen. Dieser Vorgang erfolgt stattdessen in der Fiori-App »Statistische Warennummer verwalten«. Zwar gibt es im Materialstamm weiterhin außenhandelsrelevante Reiter, jedoch sind diese gänzlich anders strukturiert als die vorherige Funktionalität in SAP ECC 6.0. Die neuen Reiter lauten INTERNATIONAL TRADE: EXPORT und INTERNATIONAL

Trade: Import. Ich schaue mir diese exemplarisch für das Material *TG11* an (siehe Abbildung 5.18).

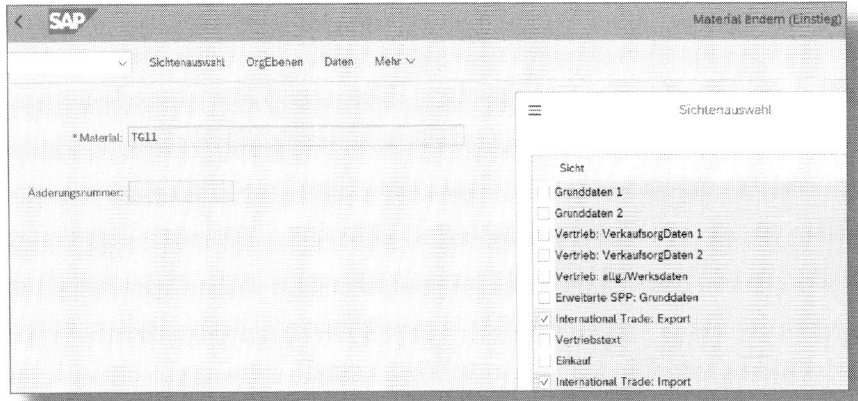

Abbildung 5.18: Materialstamm – Beispiel TG11, Sichten International Trade Export und Import

Beide Reiter sind identisch aufgebaut und beinhalten neben sehr spezifischen Informationen die Option, eine Intrastat-Gruppe ❶ zu pflegen – d. h. eine Gruppe von Materialien mit ähnlichen Intrastat-Anforderungen. Außerdem sind Felder für das Ursprungsland (UrsprLand/Region) und die Ursprungsregion ❷ vorgesehen (siehe Abbildung 5.19).

Wie man in Abbildung 5.19 sieht, fehlt im Materialstamm von S/4HANA die Möglichkeit zum Verwalten der Statistischen Warennummer. Deren Pflege wurde gänzlich neu aufgesetzt. Wie diese vorzunehmen ist, beschreibe ich in Abschnitt 5.2.1.

Zunächst gehe ich auf die Customizing-Einstellungen im Bereich der Klassifizierung ein. Die *Klassifizierung* dient dazu, eindeutige Codes zur Kennzeichnung von Materialien zu vergeben, für die eine Ausfuhrgenehmigung benötigt wird. Die jeweiligen gesetzlichen Grundlagen umfassen eine Liste solcher Materialien mit einem entsprechenden alphanumerischen Code. Unter Governance, Risk and Compliance • International Trade • Klassifizierung sind alle relevanten Einstellungsmöglichkeiten zu diesem Thema zu finden.

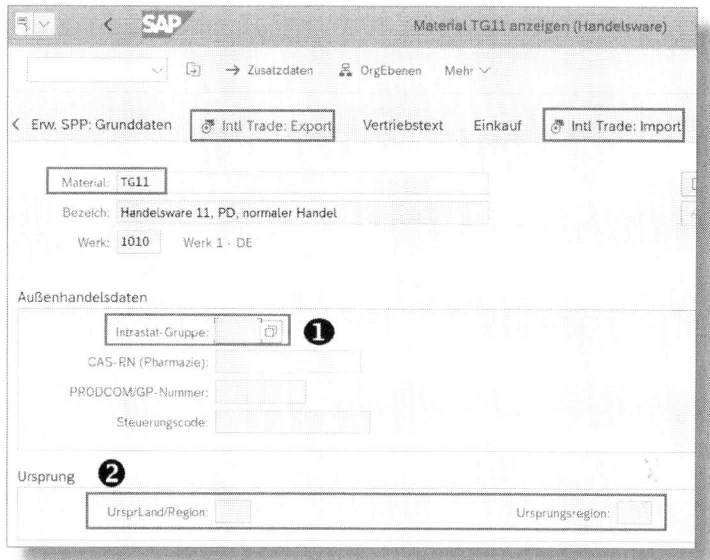

Abbildung 5.19: Materialstamm – Beispiel TG11, Sicht International Trade Export, Details

Im ersten Schritt kann ich ein Maßeinheitensystem definieren. Dies ist vor allem dann relevant, wenn die Zollmaßeinheiten von denjenigen in SAP abweichen. Ich rufe die Customizing-Aktivität unter GOVERNANCE, RISK AND COMPLIANCE • INTERNATIONAL TRADE • KLASSIFIZIERUNG • MASSEINHEITENSYSTEM DEFINIEREN auf. Zunächst bestimme ich via NEUE EINTRÄGE das Maßeinheitensystem, in meinem Beispiel: *ZMJ – Sondereinheiten* (siehe Abbildung 5.20).

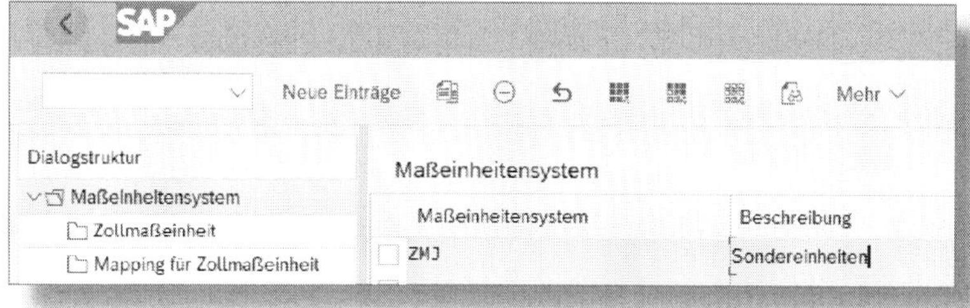

Abbildung 5.20: Neuanlage Maßeinheitensystem – ZMJ Sondereinheiten

Im Anschluss pflege ich die ZOLLMASSEINHEIT unter dem gleichnamigen Menüpunkt ein (siehe Abbildung 5.21).

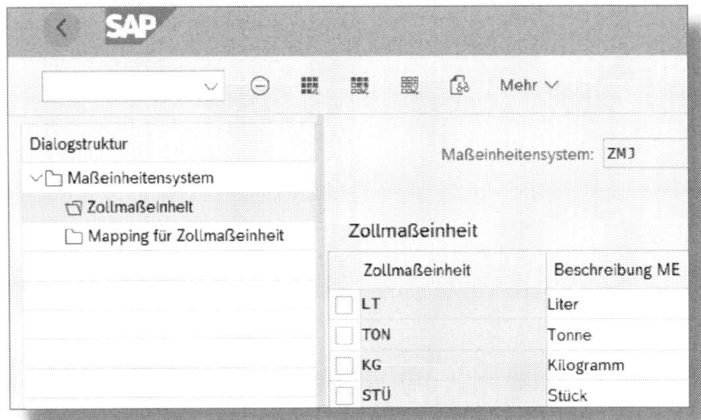

Abbildung 5.21: Maßeinheitensystem ZMJ – Definition Zollmaßeinheiten

Via MAPPING FÜR ZOLLMASSEINHEIT kann ich nun ein Mapping der spezifischen ZOLLMASSEINHEITEN ❶ und der SAP-Standard-Mengeneinheiten (ME) ❷ erzeugen (siehe Abbildung 5.22).

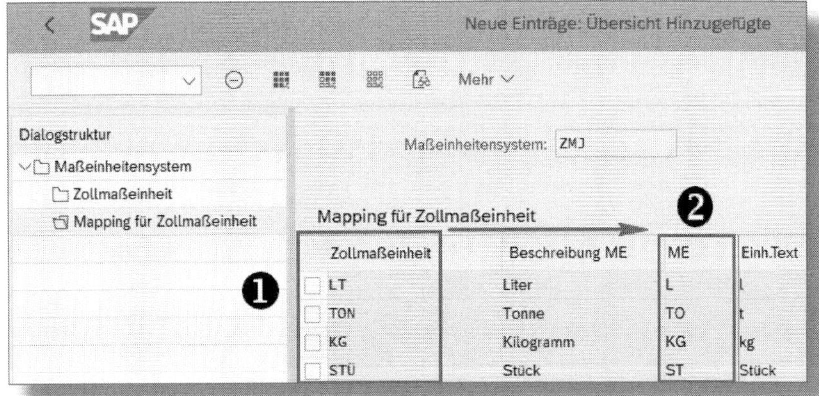

Abbildung 5.22: Maßeinheitensystem ZMJ – Mapping Zollmaßeinheit zur Mengeneinheit

Im Folgeschritt definiere ich ein Nummernschema für die Statistischen Warennummern. Hierzu öffne ich folgende Customizing-Aktivität: GOVERNANCE, RISK AND COMPLIANCE • INTERNATIONAL TRADE • KLASSIFIZIERUNG • STATISTISCHE WARENNUMMERN • NUMMERNSCHEMA FÜR STATISTISCHE WARENNUMMERN DEFINIEREN. Im SAP-Standard wird bereits das Nummernschema *EU01 – Kombinierte Nomenklatur der EU* ausgeliefert (siehe Abbildung 5.23).

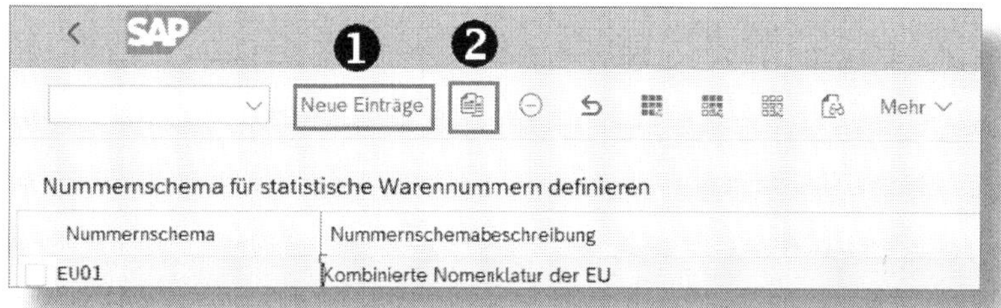

Abbildung 5.23: SAP-Standard-Nummernschema EU01 – Übersicht

Der Vorteil bei der Nutzung dieses Nummernschemas liegt darin, dass ihm beliebig viele Länder – beispielsweise innerhalb der EU – zugeordnet werden können. In diesem Fall muss dann nur ein Stamm von Statistischen Warennummern für die gesamte EU verwaltet werden. Des Weiteren könnte ich über den Button NEUE EINTRÄGE ❶ oder ❷ auch ein neues Nummernschema anlegen. In meinem Beispiel nutze ich das bereits existierende NUMMERNSCHEMA *EU01*.

Als Nächstes navigiere ich zur Customizing Aktivität NUMMERNSCHEMA-CONTENT FÜR STATISTISCHE WARENNUMMERN DEFINIEREN und hinterlege dort via NEUE EINTRÄGE einen neuen Wert. Diesen nenne ich ebenfalls *ZMJ* und verlinke ihn mit dem zuvor angelegten MASSEINHEITENSYSTEM *ZMJ* (siehe Abbildung 5.24).

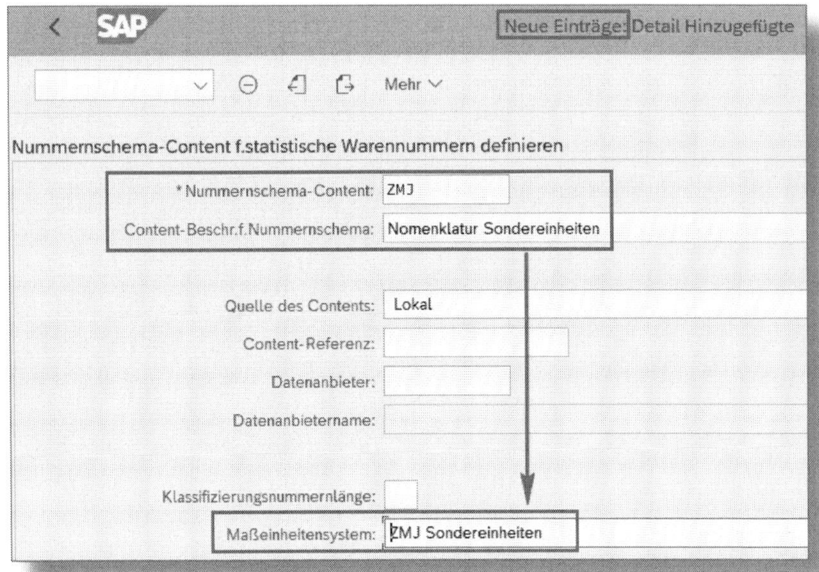

Abbildung 5.24: Neuanlage Nummernschema-Content ZMJ und Zuordnung zu Maßeinheitensystem ZMJ

Im Folgeschritt aktiviere ich den Nummernschema-Content unter NUMMERNSCHEMA-CONTENT FÜR STATISTISCHE WARENNUMMERN AKTIVIEREN (siehe Abbildung 5.25).

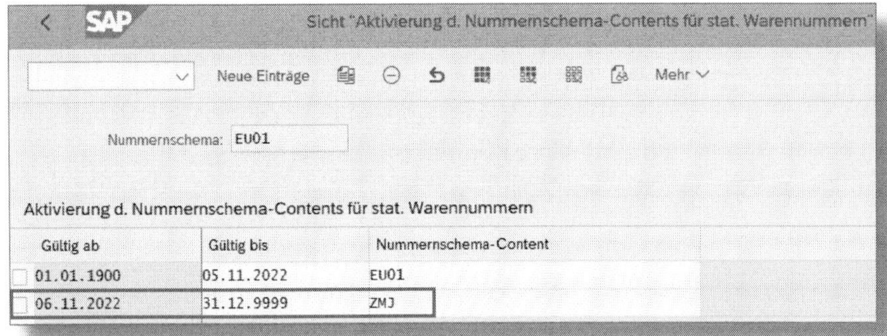

Gültig ab	Gültig bis	Nummernschema-Content
01.01.1900	05.11.2022	EU01
06.11.2022	31.12.9999	ZMJ

Abbildung 5.25: Aktivierung Nummernschema-Content ZMJ für Nummernschema EU01

Hier wähle ich als Erstes das NUMMERNSCHEMA *EU01* aus, lege dann einen Gültigkeitszeitraum (GÜLTIG AB/GÜLTIG BIS) fest und ordne meinem Schema den relevanten NUMMERNSCHEMA-CONTENT *ZMJ* zu. Zu beachten ist hier, dass immer nur ein Nummernschema-Content aktiv sein kann. Es wäre auch möglich, den SAP-Standard-Nummernschema-Content *EU01* zu nutzen.

Im Customizing-Schritt NUMMERNSCHEMA FÜR STATISTISCHE WARENNUMMER LAND/REGION ZUORDNEN kann ich ein relevantes Nummernschema pro Land hinterlegen. Im SAP-Standard ist nur ein Nummernschema definiert: nämlich *EU01*. Ich hätte fernerhin auch die Möglichkeit, ein abweichendes zu erstellen und dies in der Spalte NUMMERNSCHEMA zu selektieren und dem jeweiligen Land zuzuordnen (siehe Abbildung 5.26).

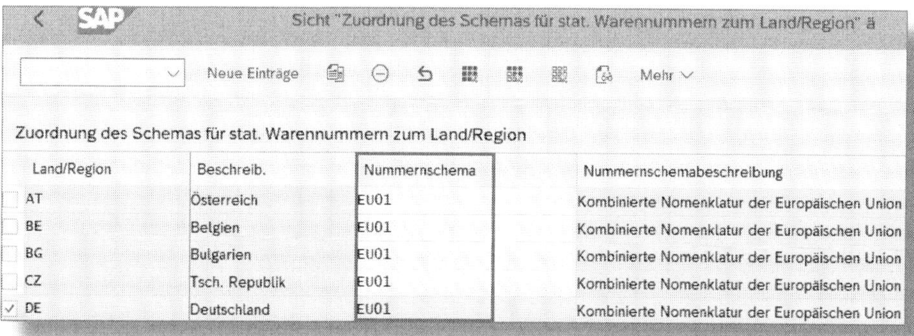

Abbildung 5.26: Zuordnung Nummernschema zu Land/Region

Unter dem Customizing der Klassifizierung finden sich noch weitere Unterobjekte wie Zolltarifnummern, Kontrollklasse oder Intrastat-Service-Codes. Alle folgen demselben Customizing-Muster und werden daher nicht weiter beschrieben.

5.2.1 Pflege der Statistischen Warennummer

Wie anfangs erwähnt, muss die tatsächliche Pflege der Statistischen Warennummer und Zuordnung zu einem Material via SAP Fiori prozessiert werden. Dies ist mithilfe der zuvor beschriebenen Schritte möglich. Um die Fiori-Apps nutzen zu können, wird die folgende GP-Rolle benötigt:

- *SAP_BR_ADMINISTRATOR_SLL*

An dieser Stelle betrachte ich die Pflege bzw. Erfassung von Statistischen Warennummern. Hierzu öffne ich die Fiori-App »Statistische Warennummern verwalten« (siehe Abbildung 5.27).

Beispiel für Vergabe von Statistischen Warennummern und Klassifizierung

In meinem Beispiel betrachte ich das Unternehmen Bad und Sanitär GmbH mit Sitz in Mannheim. Das Unternehmen ist seit langer Zeit auf dem deutschen Markt tätig. Durch einen Großauftrag aus der Schweiz ist es nun in der neuen Situation, dass bestimmte Produkte dorthin geliefert werden müssen. Die Schweiz ist ein Drittland und somit relevant für die Zollabwicklung im Exportfall. Eines der angefragten Produkte ist die Wasserpumpe Hydrojet P-112 mit der ID 14. Dieses Produkt war bisher nicht für den Export relevant und daher keiner Statistischen Warennummer zugeordnet. Zudem war das Produkt noch nicht klassifiziert. Im Folgenden werde ich zuerst die (fiktive) Statistische Warennummer 73045982 neu im System anlegen und sie anschließend dem Produkt 14 zuordnen.

In der Startmaske wähle ich den zuvor angelegten NR.-SCHEMA-CONTENT *ZMJ* aus und drücke den Button HINZUFÜGEN für neue Einträge (siehe Abbildung 5.28).

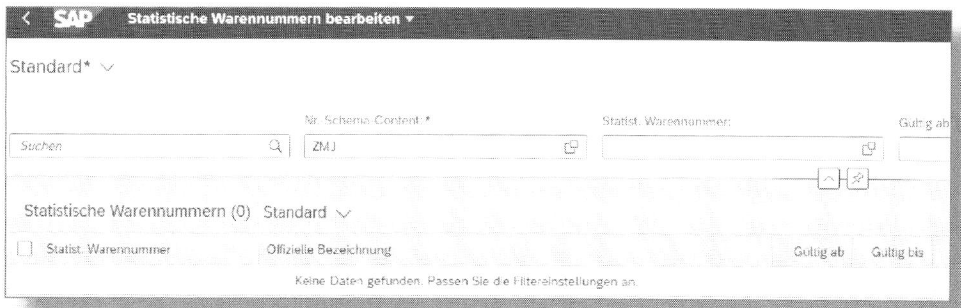

Abbildung 5.27: App »Statistische Warennummern verwalten« – Einstieg

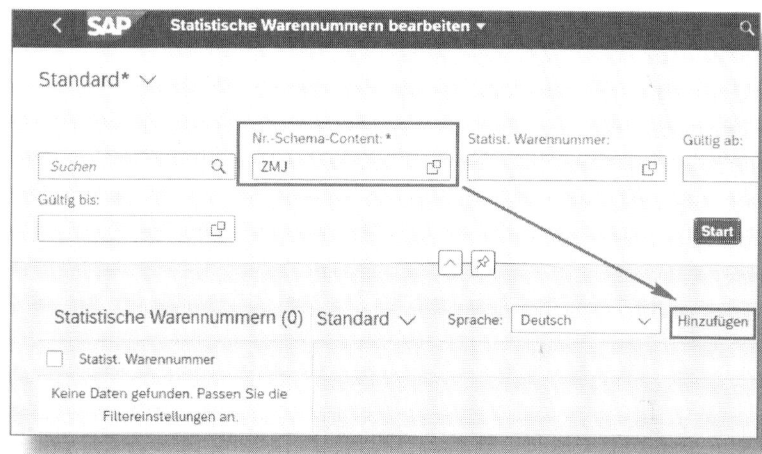

Abbildung 5.28: App »Statistische Warennummern verwalten« – Neuanlage mit Selektion für Nummernschema-Content ZMJ

Es müssen nun die STATIST. WARENNUMMER (❶ in Abbildung 5.29), die OFFIZIELLE BEZEICHNUNG ❷, die Gültigkeitsdauer ❸ sowie die ERSTE und die ZWEITE ZOLLEINHEIT ❹ gepflegt werden. Via SICHERN bestätige ich die Eingabe.

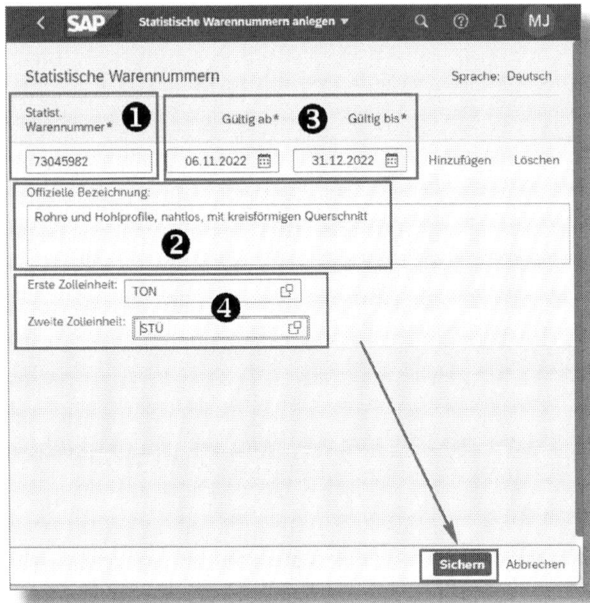

Abbildung 5.29: App »Statistische Warennummern verwalten« – Neuanlage mit Beispielnummer 73045982

Der Eintrag ist nun in der Startmaske sichtbar und kann jederzeit geändert werden (siehe Abbildung 5.30).

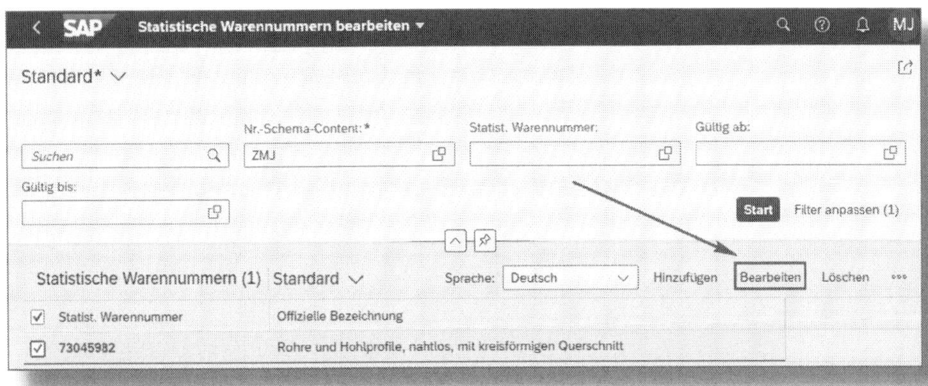

Abbildung 5.30: App »Statistische Warennummern verwalten« – nachträgliche Änderung

Im nächsten Schritt ordne ich die neu angelegte Statistische Warennummer einem Material zu. Hierzu öffne ich die App »Produkte klassifizieren – Stat. Warennummer«. In der Übersichtsmaske gebe ich das Nummernschema *EU01* ein, selektiere das Produkt und wähle den Button Klassifizieren aus (siehe Abbildung 5.31).

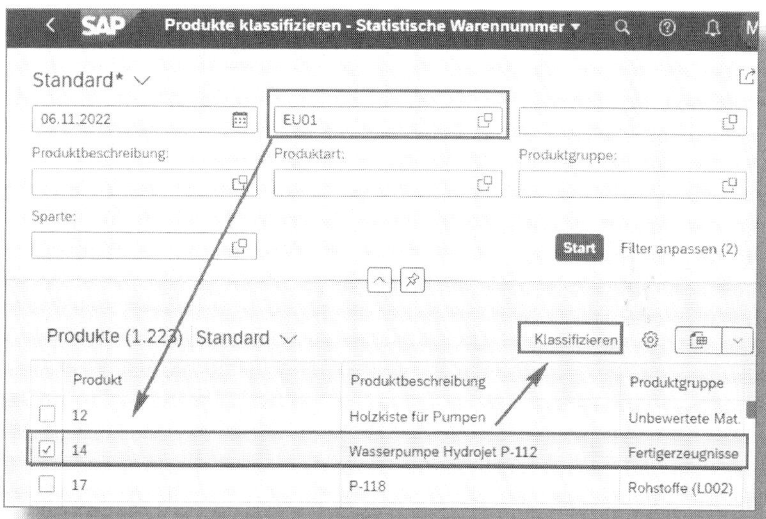

Abbildung 5.31: App »Produkte klassifizieren« – Beispiel EU01, Statistische Warennummer

Im Folgescreen trage ich die neu angelegte Statistische Warennummer ein, prüfe unter Klassifizierung von/bis den Gültigkeitszeitraum, den ich ggf. anpasse, und navigiere auf Sichern (siehe Abbildung 5.32).

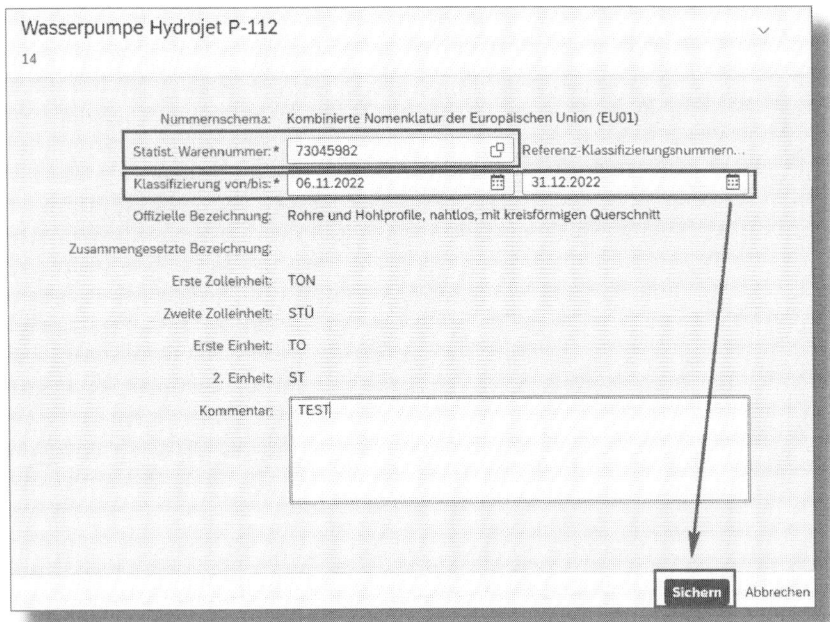

Abbildung 5.32: App »Produkte klassifizieren« – Statistische Warennummer, Sichern

Die bereits klassifizierten Produkte verschwinden aus der Selektionsliste (siehe Abbildung 5.33).

In der App »Produkte reklassifizieren – Statistische Warennnummer« kann ich die bereits klassifizierten Produkte nachbearbeiten (siehe Abbildung 5.34).

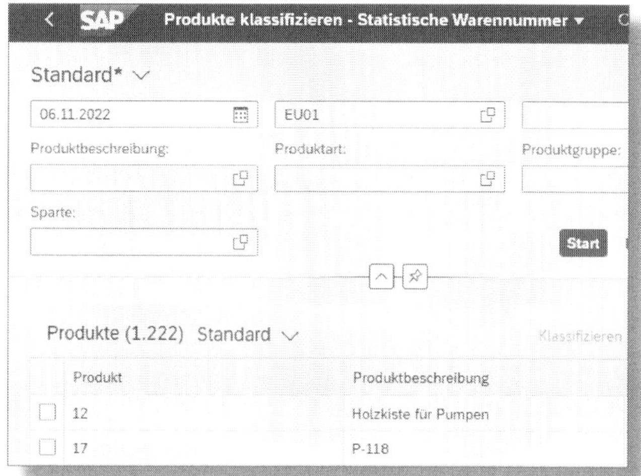

Abbildung 5.33: App »Produkte klassifizieren« – Statistische Warennummer, Übersicht der noch zu klassifizierenden Produkte

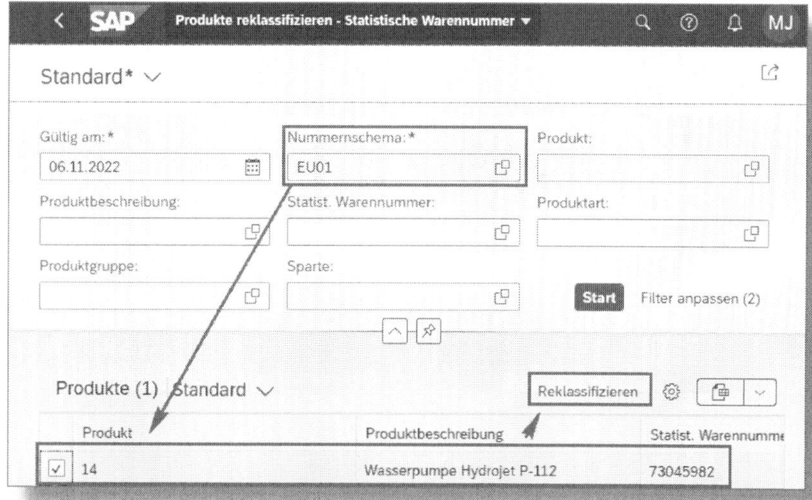

Abbildung 5.34: Produkte reklassifizieren – Statistische Warennummer, erneute Klassifizierung anstoßen

Massenklassifizierung und -reklassifizierung möglich

Eine Massenpflege kann durch das Selektieren von mehreren Produkten erfolgen, indem ich anschließend auf Klassifizieren oder Reklassifizieren klicke.

5.3 Embargoprüfung

Embargos bezeichnen im Allgemeinen Wirtschaftssanktionen, die den Außenwirtschaftsverkehr mit betroffenen Personen, Gruppierungen und/oder Staaten einschränken oder gänzlich unterbinden. Die Embargoprüfung ist Teil der Exportkontrolle und betrifft die Prüfung der Geschäftspartner, die Art der Waren und die Endverwendung der Ware beim Kunden. Die von den weltweit agierenden Behörden veröffentlichten Embargoländerlisten und Embargovorschriften müssen berücksichtigt bzw. eingehalten werden. Aus diesem Grund bietet SAP die Möglichkeit, Waren und Geschäftspartner in Geschäftsbelegen zu prüfen und derartige Vorgaben der Behörden – gleich ob es sich um ein Embargo oder eine Genehmigungspflicht handelt – umzusetzen. In SAP werden diese Vorgaben *gesetzliche Grundlagen* genannt und müssen zunächst definiert werden.

5.3.1 Customizing der Embargoprüfung

Der erste Customizing-Schritt ist die Definition der **gesetzlichen Grundlagen**. Hierzu öffne ich den Menüpfad Governance, Risk and Compliance • International Trade • Allgemeine Einstellungen • Gesetzliche Grundlagen • Gesetzliche Grundlagen definieren. Via Neue Einträge kann ich eine gesetzliche Grundlage anlegen (siehe Abbildung 5.35).

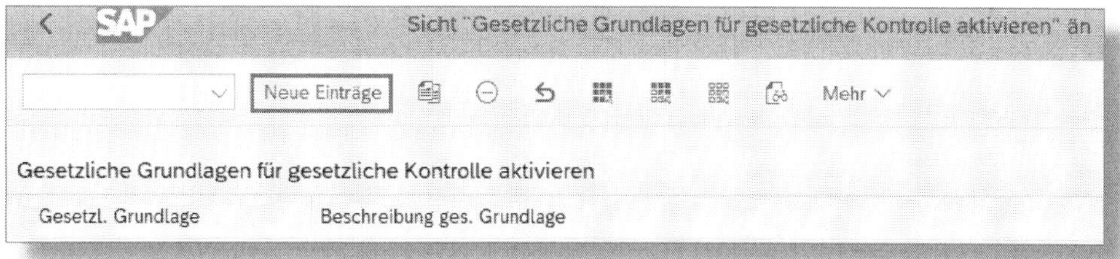

Abbildung 5.35: Neuanlage gesetzliche Grundlage

In meinem Beispiel pflege ich eine Embargoverordnung der EU *ZEMBA* ein (siehe Abbildung 5.36).

Abbildung 5.36: Neuanlage gesetzliche Grundlage ZEMBA

Wichtig ist das Feld PRÜFBEREICH HANDELSREGULARIEN. Hier kann ich zwischen den folgenden Werten unterscheiden:

- *01 Gesetzliche Kontrolle* – wird in Abschnitt 5.4 behandelt
- *02 Embargo* – wird im aktuellen Abschnitt behandelt
- *03 Watch List Screening* – wird in Abschnitt 5.5 behandelt

Ich selektiere *02 Embargo*.

Im Folgeschritt aktiviere ich die neu angelegte gesetzliche Grundlage, und zwar unter GOVERNANCE, RISK AND COMPLIANCE • INTERNATIONAL TRADE • EMBARGO • GESETZLICHE GRUNDLAGEN AKTIVIEREN (siehe Abbildung 5.37).

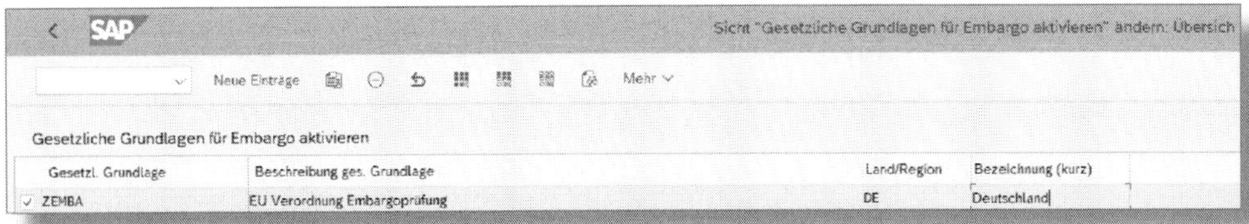

Abbildung 5.37: Aktivierung der gesetzlichen Grundlage ZEMBA

In meinem Beispiel ist die gesetzliche Grundlage *ZEMBA* nur für *DE – Deutschland* relevant. Falls das S/4HANA-System auch in Werken in weiteren EU-Ländern genutzt wird, müssen entsprechend mehrere Einträge gepflegt werden.

Um festzulegen, welche Geschäftspartner geprüft werden sollen, muss man zunächst die **relevanten Geschäftspartner-Rollen definieren**. Hierzu navigiere ich zu Governance, Risk and Compliance • International Trade • Allgemeine Einstellungen • Partnerrollen • Partnerrollen definieren. Im SAP-Standard sind die in Abbildung 5.38 aufgelisteten Werte bereits vordefiniert.

Neue Einträge Mehr

Partnerrollen

Partnerrolle	Beschreibung	Partnertyp
AG	Auftraggeber	AG Auftraggeber
EN	Endkunde	EN Enduser
LF	Lieferant	LF Lieferant
RE	Rechnungsempfanger	RE Rechnungsempfänger
RG	Regulierer	RG Zahlungspflichtiger
SP	Spediteur	SP Spediteur
WE	Warenempfänger	WE Warenempfänger
WL	Warenlieferant	WL Warenlieferant

Abbildung 5.38: SAP-Standard-Partnerrollen für gesetzliche Grundlagen – Übersicht

Ein Eingriff ist also nur dann erforderlich, wenn ich entweder Geschäftspartner mit weiteren im Standard vorhandenen Partnerrollen prüfen oder aber solche mit neu angelegten Partnerrollen mit in die Prüfung aufnehmen möchte.

Anschließend werden die Partnerrollen nach Export- und Importrelevanz gruppiert. Hierzu dient die nächste Customizing-Aktivität: GOVERNANCE, RISK AND COMPLIANCE • INTERNATIONAL TRADE • ALLGEMEINE EINSTELLUNGEN • PARTNERROLLEN • PARTNERROLLENGRUPPIERUNG DEFINIEREN. Via NEUE EINTRÄGE lege ich eine neue PARTNERROLLENGRUPPIERUNG an: *ZMJEXP*. Diese soll nur Partnerrollen beinhalten, die für den Export genutzt werden (siehe Abbildung 5.39).

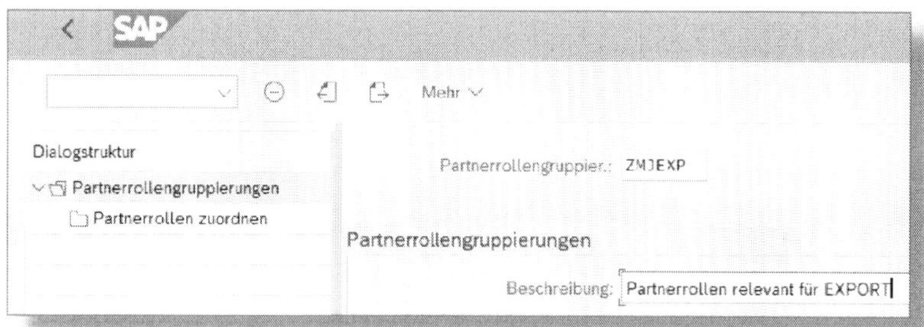

Abbildung 5.39: Neuanlage Partnerrollengruppierung ZMJEXP

Ich navigiere auf den Menüpunkt PARTNERROLLEN ZUORDNEN. Mithilfe von NEUE EINTRÄGE habe ich die Möglichkeit, einzelne PARTNERROLLEN zu definieren. In meinem Beispiel sind dies: *AG – Auftraggeber, RE – Warenempfänger, RG – Regulierer* und *WE – Rechnungsempfänger* (siehe Abbildung 5.40).

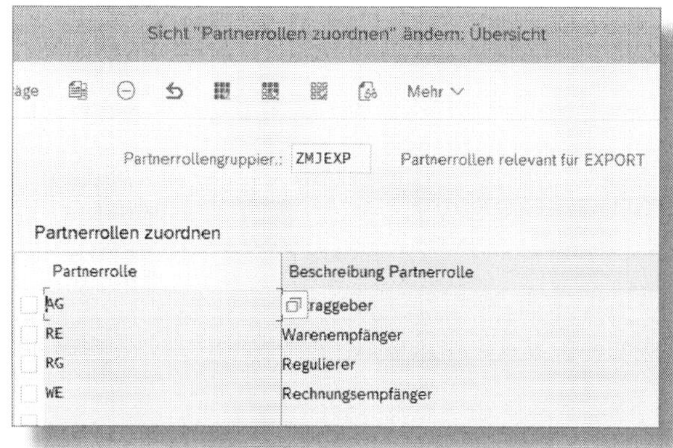

Abbildung 5.40: Neuanlage Partnerrollengruppierung ZMJEXP – Zuordnung Partnerrolle

Im Customizing-Schritt Governance, Risk and Compliance • International Trade • Allgemeine Einstellungen • Partnerrollen • Mapping von Partnerfunktionen zu Partnerrollen lässt sich darüber hinaus definieren, in welcher Anwendung die relevante Partnerrolle vorkommen soll. Im SAP-Standard liegen die aus Abbildung 5.41 ersichtlichen Einstellungen vor.

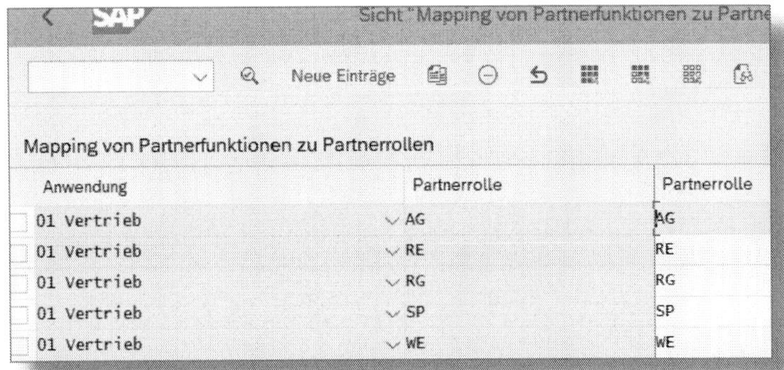

Anwendung	Partnerrolle	Partnerrolle
01 Vertrieb	AG	AG
01 Vertrieb	RE	RE
01 Vertrieb	RG	RG
01 Vertrieb	SP	SP
01 Vertrieb	WE	WE

Abbildung 5.41: Mapping von Partnerfunktionen zu Partnerrollen

Änderungen sind an dieser Stelle nur dann zu tätigen, wenn ich neue Partnerrollen nutze.

Anschließend ordne ich die neu erstellte Partnergruppierung der zuvor gewählten gesetzlichen Grundlage zu. Hierzu öffne ich folgende Customizing-Aktivität: Governance, Risk and Compliance • International Trade • Embargo • Steuerung der gesetzlichen Grundlagen (siehe Abbildung 5.42).

SAP Sicht "Steuerung für Embargoprüfung" ändern: Übersicht

Mehr

Steuerung für Embargoprüfung

Gesetzliche Grundlage	Partnergruppenimport	Partnergrup. Export
ITR02	PGEMB1	PGEMB2
ZEMBA		ZMJEXP

Abbildung 5.42: Zuordnung gesetzliche Grundlage ZEMBA zu Partnergruppierung Export ZMJEXP

Damit habe ich alle relevanten Customizing-Schritte durchgeführt. Es folgt nun die Pflege der Stammdaten im Bereich der Embargoprüfung.

5.3.2 Pflege der Stammdaten

Die Stammdatenpflege erfolgt in der Fiori-App »Embargoländer/-regionen verwalten«. Zunächst selektiere ich die neu erstellte GESETZL. GRUNDLAGE *ZEMBA* und navigiere dann auf HINZUFÜGEN (siehe Abbildung 5.43).

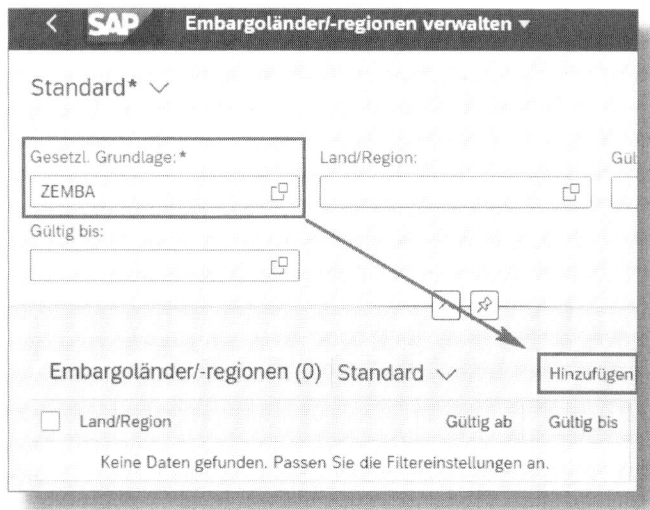

Abbildung 5.43: App »Embargoländer/-regionen verwalten« – Neuanlage mit Selektion ZEMBA

In meinem Beispiel möchte ich das LAND *MM* (Myanmar) als Embargoland hinzufügen. Hierzu wähle ich das Land aus und definiere einen Gültigkeitszeitraum. Anschließend klicke ich auf SICHERN (siehe Abbildung 5.44).

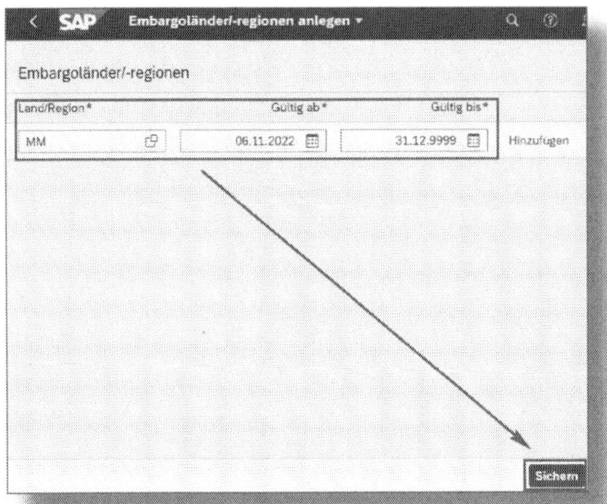

Abbildung 5.44: App »Embargoländer/-regionen verwalten« – Neuanlage Land: Myanmar (MM) – Sichern

Mithilfe des Buttons HINZUFÜGEN könnte ich auch direkt ein weiteres Land oder weitere Länder pflegen, ohne die Ansicht verlassen zu müssen.

Das Embargo für Myanmar ist nun angelegt und kann jederzeit bearbeitet werden (siehe Abbildung 5.45).

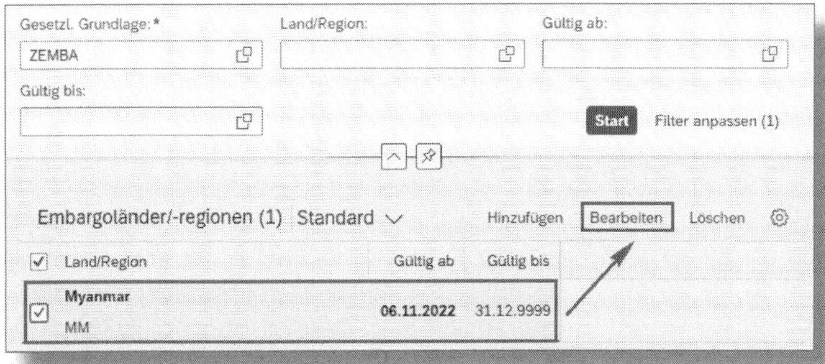

Abbildung 5.45: App »Embargoländer/-regionen verwalten« – Übersicht nachträgliche Änderung

5.4 Gesetzliche Kontrollen

Die Embargoprüfung ist ein Teil der *gesetzlichen Kontrollen*. Ich gehe in diesem Abschnitt aber separat auf das Customizing der gesetzlichen Kontrolle ein, da auch SAP im Customizing zwischen der Embargoprüfung und der gesetzlichen Kontrolle unterscheidet. Letztere ist grundsätzlich eine Materialflussprüfung. Im Detail ist dies eine physische Prüfung der Waren, die versendet werden sollen. Dabei kann es sich um eine Produkt-, länderspezifische und/oder um eine vorgangsspezifische Prüfung handeln.

Das Grundprinzip ist immer das gleiche: Systemisch werden Prüfungen anhand von bestimmten Kriterien wie beispielsweise Boykottlisten aufgebaut. Bei der Prozessierung von Verkaufsbelegen werden diese Prüfungen durchlaufen, und sofern eine Prüfung anschlägt, also einen Treffer ausgibt, wird der entsprechende Verkaufsbeleg für die weitere Bearbeitung gesperrt. Auch für die allgemeinen gesetzlichen Kontrollen kann ich Einstellungen im Backend und in Fiori-Apps vornehmen. Alle relevanten Customizing-Einstellungen sind unter dem Menüpfad GOVERNANCE, RISK AND COMPLIANCE • INTERNATIONAL TRADE • GESETZLICHE KONTROLLE zu finden.

5.4.1 Customizing allgemeine gesetzliche Kontrolle

Im ersten Schritt vergebe ich analog zur Embargoprüfung einen Namen für die GESETZLICHE GRUNDLAGE und muss zusätzlich in dem Feld PRÜFBEREICH HANDELSREGULARIEN den Wert *01 Gesetzliche Kontrolle* selektieren. Abbildung 5.46 zeigt ein Beispiel für eine gesetzliche Grundlage *ZDUS* aus dem Bereich der *Güterlistenprüfung gemäß Dual Use Prüfung*.

Gesetzliche Grundlagen - Grundeinstellungen

* Gesetzliche Grundlage: ZDUS

Beschreibung: Güterlistenprüfung gem. Dual Use Prüfung

* Prüfbereich Handelsregularien: 01 Gesetzliche Kontrolle

Herkunftsland/-reg.: DE

Abbildung 5.46: Gesetzliche Grundlage ZDUS – 01 Gesetzliche Kontrolle

Das zugehörige Customizing finde ich unter GOVERNANCE, RISK AND COMPLIANCE • INTERNATIONAL TRADE • ALLGEMEINE EINSTELLUNGEN • GESETZLICHE GRUNDLAGEN • GESETZLICHE GRUNDLAGEN DEFINIEREN.

Im Folgeschritt aktiviere ich die zuvor definierte gesetzliche Grundlage mit Aufruf von: GOVERNANCE, RISK AND COMPLIANCE • INTERNATIONAL TRADE • GESETZLICHE KONTROLLE • GESETZLICHE GRUNDLAGEN AKTIVIEREN.

Indem ich *ZDUS* als neuen Eintrag in diesem Customizing-Schritt hinzufüge, wird die gesetzliche Grundlage ebenfalls automatisch aktiviert (siehe Abbildung 5.47).

Neue Einträge: Übersicht Hinzugefügte

Gesetzliche Grundlagen für gesetzliche Kontrolle aktivieren

Gesetzl. Grundlage	Beschreibung ges. Grundlage	Land/Region	Bezeichnung (kurz)
ZDUS	Güterlistenprüfung gem. Dual Use Prüfung	DE	Deutschland

Abbildung 5.47: Aktivierung gesetzliche Grundlage ZDUS für gesetzliche Kontrolle

Anschließend lege ich im Detail fest, wie die gesetzliche Grundlage gesteuert werden soll. Hierzu öffne ich die Customizing-Aktivität GOVERNANCE, RISK AND COMPLIANCE • INTERNATIONAL TRADE • GESETZLICHE KONTROLLE • STEUERUNG FÜR GESETZLICHE GRUNDLAGEN. Ich selektiere die Zeile mit *ZDUS* und klicke auf das Symbol (siehe Abbildung 5.48).

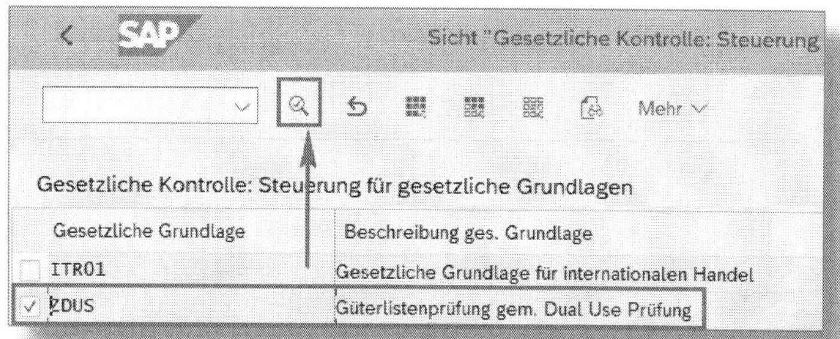

Abbildung 5.48: Steuerung gesetzliche Grundlage ZDUS – Übersicht

Im Feld PFLEGE PRODUKT kann ich definieren, ob alle Produkte prüfungsrelevant für die gesetzliche Grundlage sind oder ob nur explizit festgelegte Produkte geprüft werden sollen (siehe Abbildung 5.49).

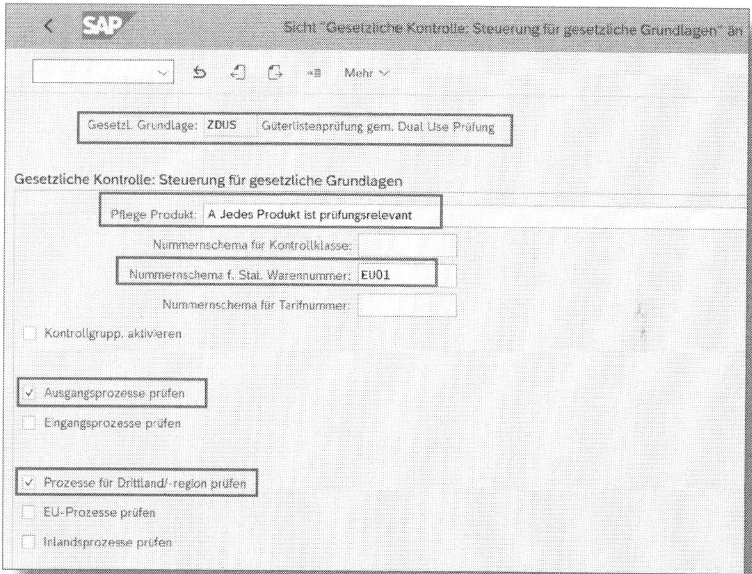

Abbildung 5.49: Steuerung gesetzliche Grundlage ZDUS – Details

In meinem Beispiel möchte ich alle Produkte prüfen und wähle daher *A Jedes Produkt ist prüfungsrelevant* aus. Anschließend kann ich den einzelnen Objekten wie Kontrollklasse, Statistische Warennummer und

Tarifnummer ein Nummernschema zuordnen. Das Nummernschema für Stat. Warennummer pflege ich mit *EU01*. Des Weiteren soll meine *ZDUS – Güterlistenprüfung gem. Dual Use Prüfung* nur bei *Ausgangsprozessen* und *Prozessen für Drittland* geprüft werden. Dort setze ich jeweils einen Haken.

Im Teilbereich Regeln der gesetzlichen Kontrolle kann ich definieren, inwieweit bestimmte Funktionen wie eine Erlaubtliste – *WHITELISTING* – oder eine Sperrliste – *BLACKLISTING* – genutzt werden (siehe Abbildung 5.50).

Regeln der gesetzlichen Kontrolle

BRFplus: Anwendung:	/SAPSLL/ITM_LC_RULES
Funktion für Erlaubtliste:	WHITELISTING
Funktion für Sperrliste:	BLACKLISTING
Funk. f. Genehmigungsarten:	

Abbildung 5.50: Steuerung gesetzliche Grundlage ZDUS – Regeln der gesetzlichen Kontrolle

Die Selektion an dieser Stelle ermöglicht es mir, die Funktionen der Fiori-App »Regeln für gesetzliche Kontrolle verwalten« zu nutzen. Hierauf gehe ich im Folgeabschnitt 5.4.2 näher ein. Für die Definition von Nummernkreisen für Genehmigungen verweise ich auf Abschnitt 1.2; sie folgt immer demselben Prinzip.

Wenn die gesetzliche Kontrolle einen Treffer ausgibt und den betreffenden Verkaufsbeleg sperrt, lässt sich die Sperre mithilfe bestimmter Genehmigungsverfahren aufheben und der relevante Geschäftsbeleg weiter prozessieren. Hierzu muss ich *Genehmigungsarten* über die folgende Customizing-Aktivität definieren: Governance, Risk and Compliance • International Trade • Gesetzliche Kontrolle • Genehmigungsarten definieren. Für die zuvor definierte gesetzliche Kontrolle ZDUS können dies verschiedene Genehmigungsarten in Form von allgemeinen, Einzel- oder auch Sammelgenehmigungen sein. Im Folgenden werde ich eine allgemeine Genehmigung definieren. Hierzu selektiere ich im ersten Schritt die gesetzliche Kontrolle *ZDUS* und navigiere dann auf NEUE EINTRÄGE (siehe Abbildung 5.51).

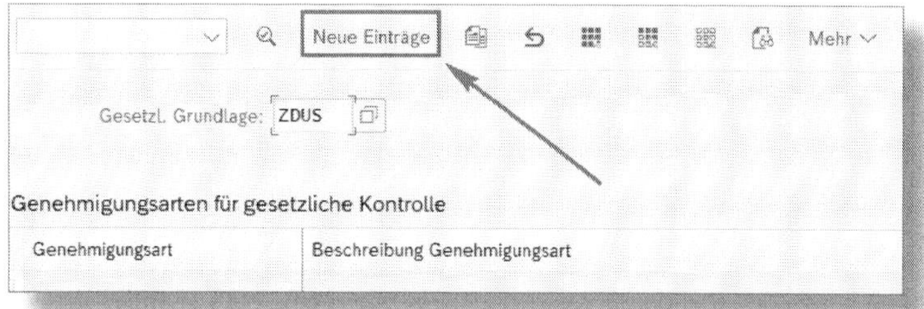

Abbildung 5.51: Neuanlage Genehmigungsart für gesetzliche Grundlage ZDUS

Im Bearbeitungsscreen lässt sich nun im Detail definieren, wie die Genehmigung gesteuert werden soll (siehe Abbildung 5.52).

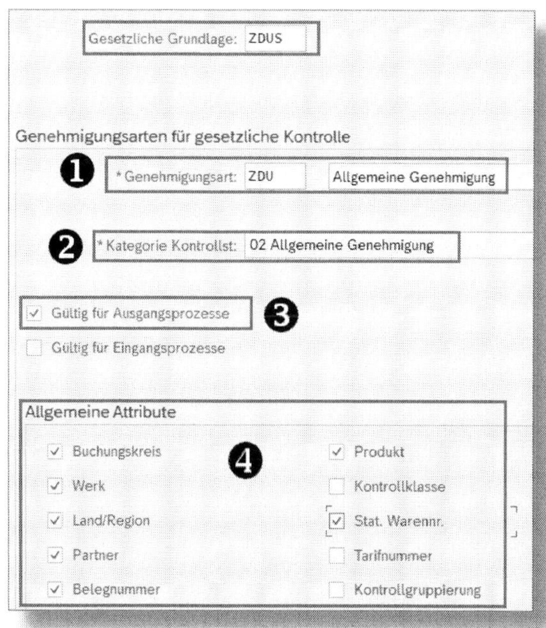

Abbildung 5.52: Neuanlage Genehmigungsart für gesetzliche Grundlage ZDUS – Details

Ich starte mit der Vergabe einer eindeutigen Bezeichnung ❶ und navigiere dann zum Feld KATEGORIE KONTROLLST. Dort selektiere ich den Wert *02 Allgemeine Genehmigung* ❷ und wähle den passenden Geschäftsvorfall; in diesem Fall ist es GÜLTIG FÜR AUSGANGSPROZESSE ❸. Über die ALLGEMEINEN ATTRIBUTE ❹ kann ich steuern, für welche übergeordneten Kategorien die Genehmigung relevant ist. Wenn ich die Genehmigung(en) erst ab bestimmten Wertgrenzen einstellen möchte, muss ich den Teilbereich ABSCHREIBUNG befüllen. Für mein Beispiel nehme ich keine Einträge vor (siehe Abbildung 5.53).

Abbildung 5.53: Neuanlage Genehmigungsart für gesetzliche Grundlage ZDUS – Abschreibungen

Im Bereich Partnerverwendung und Klassifizierung kann ich definieren, ob die Genehmigungsart auch für Partner dieser Sektoren gelten soll (siehe Abbildung 5.54).

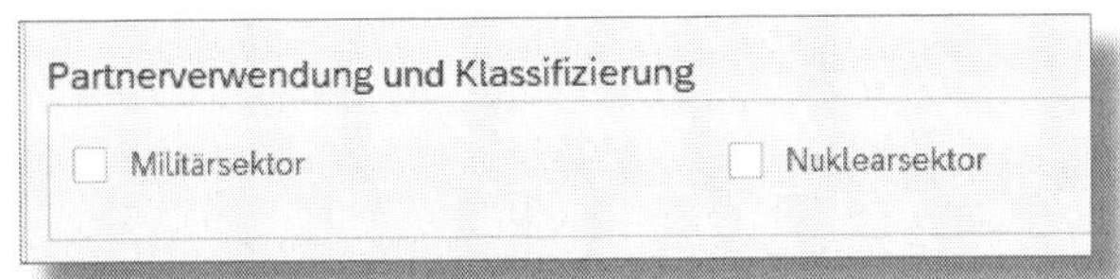

Abbildung 5.54: Neuanlage Genehmigungsart für gesetzliche Grundlage ZDUS – Partnerverwendung und Klassifizierung

Ich lasse den Teilbereich leer und navigiere anschließend ganz unten rechts im gleichen Screen auf SICHERN.

Mithilfe des Customizing-Schritts GOVERNANCE, RISK AND COMPLIANCE • INTERNATIONAL TRADE • ALLGEMEINE EINSTELLUNGEN • TRADE COM-

PLIANCE • PRÜFUNGEN FÜR BUCHUNGSKREISE AKTIVIEREN habe ich die Möglichkeit, im Detail zu steuern, für welchen Buchungskreis welche Prüfung aktiviert wird. Dies kann auf verschiedenen Ebenen erfolgen. Die höchste Ebene ist eine allgemeine Einstellung auf Buchungskreisebene. Darunter gibt es weitere Kriterien wie beispielsweise den Buchungskreis und die Auftragsart. Ebendiese Kombination schaue ich mir nachfolgend genauer an (siehe Abbildung 5.55).

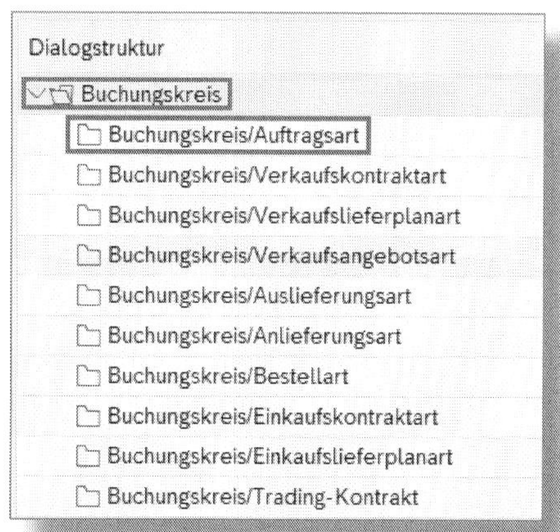

Abbildung 5.55: Dialogstruktur – Prüfungen für Buchungskreise

Wie in Abbildung 5.56 zu sehen ist, lässt sich auf Buchungskreisebene einstellen, dass die gesetzliche Kontrolle für den gesamten Buchungskreis greifen soll.

Buchungskreis

Buchungskreis	Gesellschaftsname	Land/Region	Aktivierungsstufe	Gesetzl. Kontrolle
1010	Buchungskreis 1010	DE	Buchungskreisebe...	✓

Abbildung 5.56: Aktivierung gesetzliche Kontrolle auf Buchungskreisebene

Auf der darunterliegenden Ebene kann ich zusätzlich noch eine Begrenzung auf eine Auftragsart vornehmen, beispielsweise *TA*.

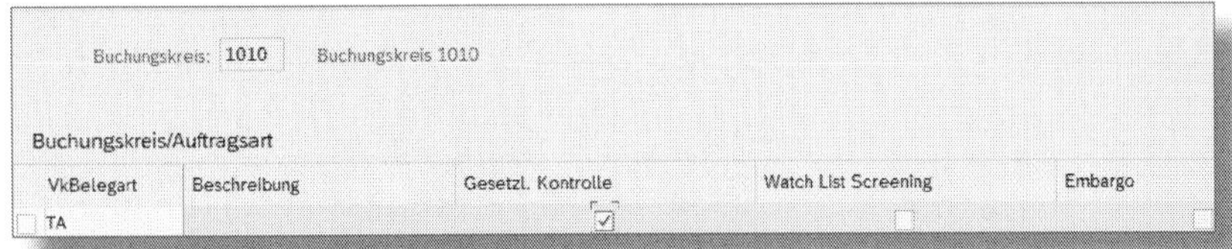

Abbildung 5.57: Aktivierung gesetzliche Kontrolle auf Ebene Buchungskreis und Auftragsart

Wie Abbildung 5.57 zu entnehmen ist, gibt es noch eine Vielzahl weiterer Kombinationen, die bei Bedarf ausgewählt werden können.

5.4.2 Customizing via Fiori-Apps

Nachdem nun das wesentliche Customizing im Backend thematisiert worden ist, komme ich in diesem Abschnitt auf die einschlägigen Fiori-Apps zu sprechen. Abbildung 5.58 zeigt die Fiori-Apps, die für den Bereich der gesetzlichen Kontrollen vorliegen.

Abbildung 5.58: Fiori-Apps im Bereich gesetzliche Kontrollen – Übersicht

Auf zwei Apps möchte ich genauer eingehen, da diese am häufigsten eingesetzt werden:

- »Regeln für gesetzliche Kontrolle verwalten«
- »Genehmigungen verwalten«

Zuerst öffne ich die App »Regeln für gesetzliche Kontrolle verwalten« und selektiere die zuvor erstellte gesetzliche Kontrolle *ZDUS* im Feld ZEIGE REGELN FÜR (❶ in Abbildung 5.59).

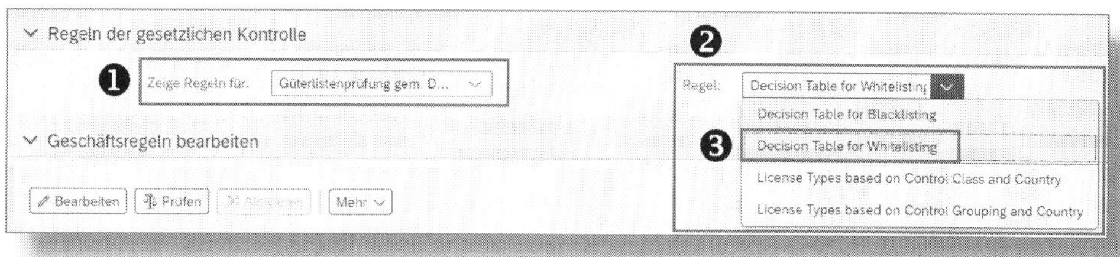

Abbildung 5.59: App »Regeln für gesetzliche Kontrolle verwalten« – Selektion ZDUS

Das Feld REGEL ❷ stellt unterschiedliche Regeln, wie beispielsweise das Blacklisting oder Whitelisting, zur Wahl. Die weiteren Vorschlagswerte, beginnend mit *License Types based on …*, dienen dazu, unterschiedliche Genehmigungsarten anzusteuern. In meinem Beispiel selektiere ich das sogenannte *Whitelisting* ❸. Es geht also um Produkte im Zusammenhang mit der Güterlistenprüfung, die zwar kritische Komponenten aufweisen, jedoch für die Ausfuhr freigegeben wurden und die somit auf der Whitelist gelandet sind.

Ich lege nun eine Geschäftsregel für das Whitelisting an (siehe Abbildung 5.60).

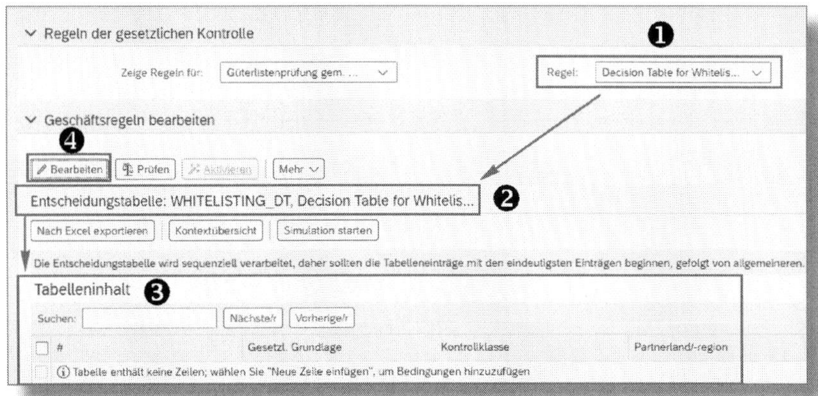

Abbildung 5.60: App »Regeln für gesetzliche Kontrolle verwalten« – Neuanlage auf Basis ZDUS

Sobald ich die REGEL *Decision Table for Whitelisting* ❶ selektiere, wird automatisiert die ENTSCHEIDUNGSTABELLE *WHITELISTING_DT* ❷ im Bereich GESCHÄFTSREGELN BEARBEITEN zugeordnet. Unter TABELLENINHALT ❸ sehe ich aber, dass zunächst noch keine Einträge vorhanden sind. Via BEARBEITEN ❹ kann ich nun die oben genannte Tabelle pflegen.

Über das Plussymbol lässt sich eine Kombination aus GESETZL. GRUNDLAGE, KONTROLLKLASSE, PARTNERLAND/-REGION und FREIGABESTATUS eingeben (siehe Abbildung 5.61).

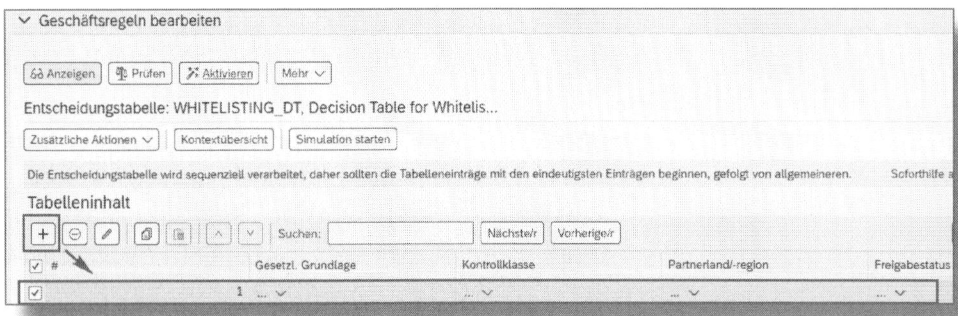

Abbildung 5.61: Geschäftsregeln gesetzliche Kontrolle

In diesem Fall definiere ich, dass bestimmte Güter der KONTROLLKLASSE *KK1* für die Ausfuhr in das PARTNERLAND *CH (Schweiz)* auf die Whitelist kommen und somit nicht gesperrt werden (siehe Abbildung 5.62).

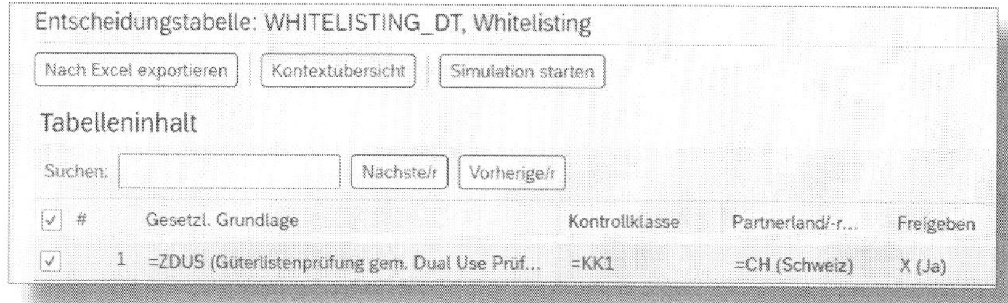

Abbildung 5.62: Geschäftsregeln gesetzliche Kontrolle – Details

Mit dieser letzten Einstellung schließe ich die Arbeiten in der Fiori-App »Regeln für gesetzliche Kontrollen verwalten« ab.

Die zweite Fiori-App, die ich beschreiben werde, trägt den Namen »Genehmigungen verwalten«. Mit ihrer Hilfe setze ich Genehmigungen auf und gestalte diese. Für mein Beispiel habe ich in der Filterleiste die zuvor angelegte GESETZLICHE GRUNDLAGE *ZDUS* und als GENEHMIGUNGSART die *Allgemeine Genehmigung* ausgewählt. Nun navigiere ich auf ANLEGEN (siehe Abbildung 5.63).

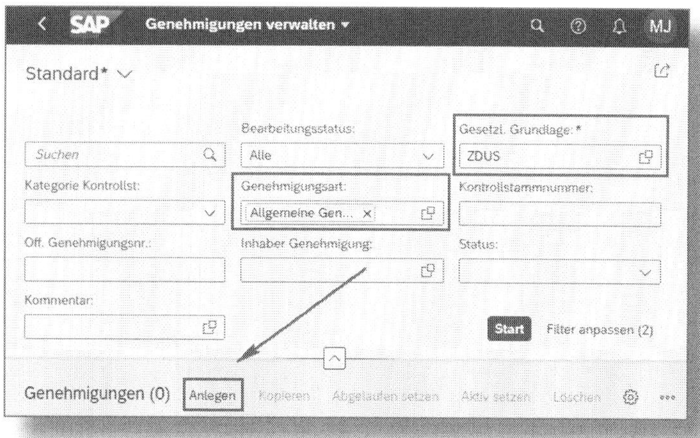

Abbildung 5.63: App »Genehmigungen verwalten« – Neuanlage

Hier muss ich zunächst noch den INHABER GENEHMIGUNG definieren. Der Genehmigungsinhaber ist immer eine juristische Person, ein Unternehmen. Es trägt die Verantwortung für die Einhaltung der von den Behörden vorgegebenen Voraussetzungen für die Vergabe der Genehmigung. In meinem Beispiel selektiere ich das Unternehmen *1010*. Via OK gelange ich in eine Bearbeitungsmaske, in der alle weiteren Einstellungen erfolgen (siehe Abbildung 5.64).

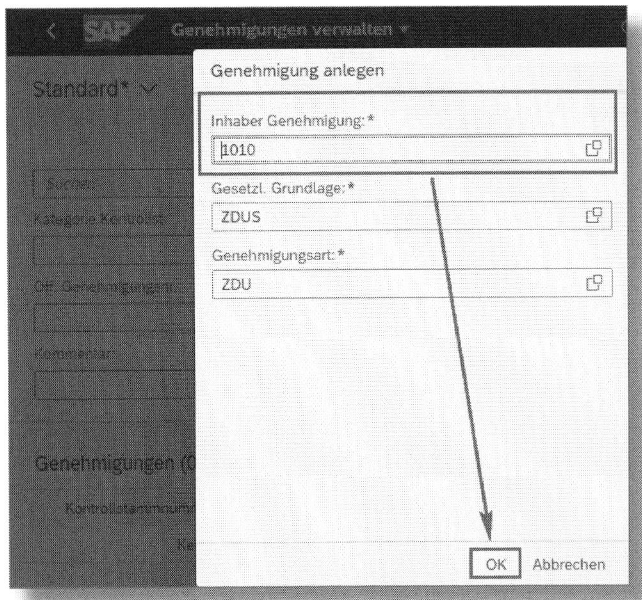

Abbildung 5.64: App »Genehmigungen verwalten« – Neuanlage, Details

An dieser Stelle kann ich die Zuordnung zu folgenden Objekten tätigen: BUCHUNGSKREISE, WERKE, PRODUKTE, STATISTISCHE WARENNUMMERN, PARTNERLÄNDER/-REGIONEN, GESCHÄFTSPARTNER. Die Auswahl eines Gültigkeitszeitraums erfolgt ebenfalls in dieser Maske. Das Prinzip ist immer dasselbe: Via ANLEGEN im jeweiligen Bereich hinterlege ich einen entsprechenden Wert wie den BUCHUNGSKREIS *1010*. Am Ende navigiere ich am unteren Bildschirmrand auf ANLEGEN, um den Vorgang abzuschließen (siehe Abbildung 5.65).

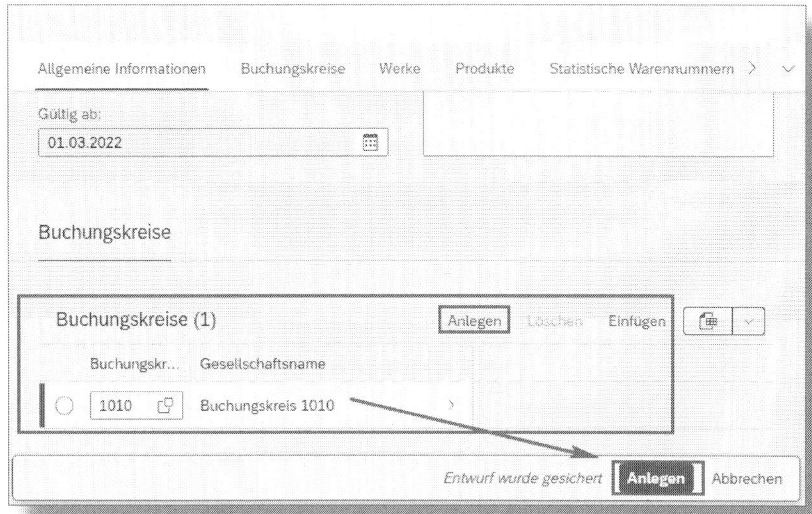

Abbildung 5.65: App »Genehmigungen verwalten« – Neuanlage sichern

In meinem Beispiel bedeutet dies, dass die neu angelegte Genehmigung für den BUCHUNGSKREIS *1010* gültig ist.

Sobald ich mit meiner Anlage fertig bin, muss ich in einem letzten Schritt die Genehmigung auf AKTIV SETZEN (siehe Abbildung 5.66).

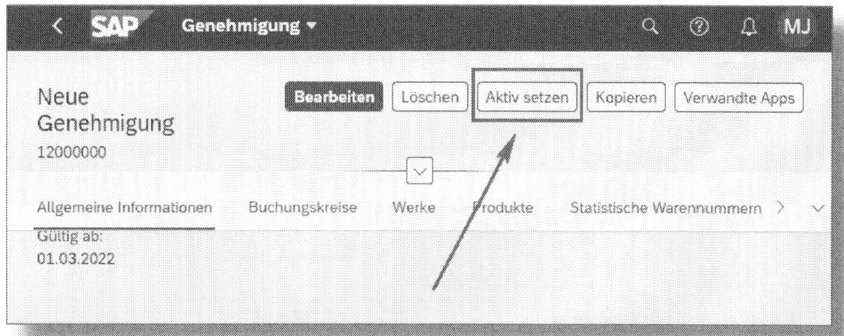

Abbildung 5.66: App »Genehmigungen verwalten« – Aktivierung der Genehmigung

Die weiteren Fiori-Apps halten vor allem folgende Funktionen bereit:

- In der App »Genehmigungszuordnungen anzeigen – Trade Compliance« kann ich Belege monitoren und bearbeiten.
- Die Fiori-App »Belege verwalten – Trade Compliance« sammelt alle Belege eines bestimmten Belegtyps und gibt den aktuellen Bearbeitungsstatus wieder. Hier können Prüfungen auch manuell zur Wiederholung angestoßen werden.
- Über die App »Belege erneut prüfen einplanen – Trade Compliance« lässt sich die erneute Prüfung via Anwendungsjobs einplanen und automatisieren.
- Die App »Gesperrte Belege analysieren und auflösen – Trade Compliance« ermöglicht über umfangreiche Filterkriterien die Anzeige und die manuelle Bearbeitung gesperrter Belege.

Die für alle genannten Fiori-Apps erforderliche Business Role lautet:

- *SAP_BR_TRD_CMPLNC_SPECIALIST*

5.5 Watch List Screening

Das Watch List Screening, zu Deutsch Sanktionslistenprüfung, ist ein Teilbereich der Exportkontrolle. Die Sanktionslisten werden von Behörden veröffentlicht und bilden Personen, Organisationen oder Unternehmen ab, gegen die wirtschaftliche oder rechtliche Beschränkungen erlassen wurden. Somit ist jedes Unternehmen behördlich bzw. rechtlich gebunden, diese Listen zu berücksichtigen und keine Geschäfte mit Personen, Organisationen oder Unternehmen zu tätigen, die auf diesen Listen vorhanden sind.

SAP bietet im Zuge von S/4HANA die Funktion des *Watch List Screening* an. Diese Lösung ist aber kein Standardbestandteil des S/4HANA-Systems. Dennoch findet man im Customizing vordefinierte Aktivitäten, um eine Integration einfach und schnell durchführen zu können.

! Zusätzliche Lizenzgebühren für Watch List Screening

Die Integration des Watch List Screening hat separate Lizenzgebühren zur Folge.

Im Grunde genommen wird das Watch List Screening via SAP Cloud Platform als Software-as-a-Service (SaaS) angeboten und über die bereits vorgefertigte Schnittstelle mit dem S/4HANA-System verbunden. Mittels Funktionsbaustein werden die Belege der Geschäftspartner-Daten abgerufen, gegen die Sanktionslisten geprüft und bei erfolgreichen Treffern automatisch zur weiteren Bearbeitung gesperrt. Diese gesperrten Belege tauchen in den zuvor beschriebenen Fiori-Apps des Trade Compliance auf, sie können von dort aus gemonitort und bearbeitet werden.

Nützliche SAP-Hinweise zum Thema International Trade in S/4HANA:

- 2267740 – Arbeitsliste für Wechsel auf SAP S/4HANA – Außenhandel SAP S/4HANA (Beschaffung)
- 2267310 – Arbeitsvorrat für Übergang nach SAP S/4HANA – Außenhandel
- 2223144 – SAP S/4HANA – Außenhandel in SD/MM
- 2576322 – Dokumentation zum Thema S/4HANA International Trade

6 SAP S/4HANA Output Control

Im Zuge der S/4HANA-Transformation haben sich auch größere Änderungen im Bereich der Ausgabesteuerung ergeben. Neben der altbekannten Konditionstechnik, die weiterhin genutzt werden kann, gibt es einige neue Techniken, die durch die sogenannte SAP S/4HANA Output Control eingeführt wurden. Die beiden wichtigsten Aspekte stellen das Business Rule Framework plus (BRF plus) und Configurable Parameters and Formulas (CPF) dar. Der Fokus liegt in diesem Kapitel auf den Customizing-Einstellungen für BRF plus und CPF in S/4HANA.

SAP S/4HANA Output Control bildet das zentrale Element der Ausgabesteuerung in SAP S/4HANA. Sie ist verantwortlich für alle Prozesse und Funktionen zur Ausgabe von Dokumenten wie beispielsweise Druck oder E-Mail-Versand. Des Weiteren fungiert sie als Schnittstelle zwischen denjenigen Geschäftsanwendungen, die die Ausgabesteuerung verwenden, und den SAP-NetWeaver-Technologien, die zur Erstellung und Ausgabe der Dokumente dienen.

Bisher (Release 2022) gibt es keine Notwendigkeit, diese Technologien für alle Anwendungen zu nutzen. Die vorhandene und altbekannte Konditionstechnik kann für die bestehenden Anwendungen weiterhin problemlos eingesetzt werden. Es bietet sich jedoch an, im Zuge einer S/4HANA-Transformation zu prüfen, inwieweit sich Output Control für einzelne Anwendungen nutzen lässt. Hierbei müssen Sie darauf achten, ob die vorhandenen Funktionen der Output Control ausreichend für Ihre jeweiligen Geschäftsprozesse sind.

Eine zentrale Änderung gibt es aber dennoch: Bei Anwendungen, die durch SAP S/4HANA neu dazugekommen sind, wird Output Control standardmäßig eingesetzt. Es besteht also bei neuen Anwendungen keine Wahlmöglichkeit. Aus diesem Grund beschreibe ich im Folgenden zunächst BRF plus und anschließend CPF.

6.1 Business Rule Framework plus

Das im Zuge der S/4HANA-Transformation eingeführte *SAP Business Rule Framework plus (BRF plus)* basiert auf sogenannten *Geschäftsregeln*, die gänzlich ohne Programmierkenntnisse abgebildet und verwaltet werden können. Das Ziel der Einführung dieser Regeln ist vor allem, die Komplexität der Einstellungen zu reduzieren und diese auch SAP-Usern zur Verfügung zu stellen. Zudem kann mithilfe logischer und frei definierbarer Geschäftsregeln jederzeit auf Änderungen reagiert werden.

Im nächsten Schritt gehe ich auf das Customizing näher ein. Sie finden alle relevanten Customizing-Aktivitäten unter ANWENDUNGSÜBERGREIFENDE KOMPONENTEN • AUSGABESTEUERUNG.

Damit einzelne Anwendungen in der Ausgabesteuerung berücksichtigt werden können, müssen sogenannte *Anwendungsobjekttypen* definiert werden, für die per Customizing die Ausgabesteuerung aktiviert wird. Die SAP liefert eine Reihe von Anwendungsobjekttypen aus; zurzeit sind es 33 Objekttypen. Falls für eine Anwendung wie für den Vertrieb kein passender Anwendungsobjekttyp vorhanden ist, wird die Ausgabesteuerung nicht unterstützt. In diesem Fall übernimmt ein anderes Framework, wie etwa die Konditionstechnik, die Ausgabeverwaltung.

Über den folgenden Customizing-Pfad gelange ich zu den genannten Einstellungen: ANWENDUNGSÜBERGREIFENDE KOMPONENTEN • AUSGABESTEUERUNG • AKTIVIERUNG DES ANWENDUNGSOBJEKTTYPS VERWALTEN.

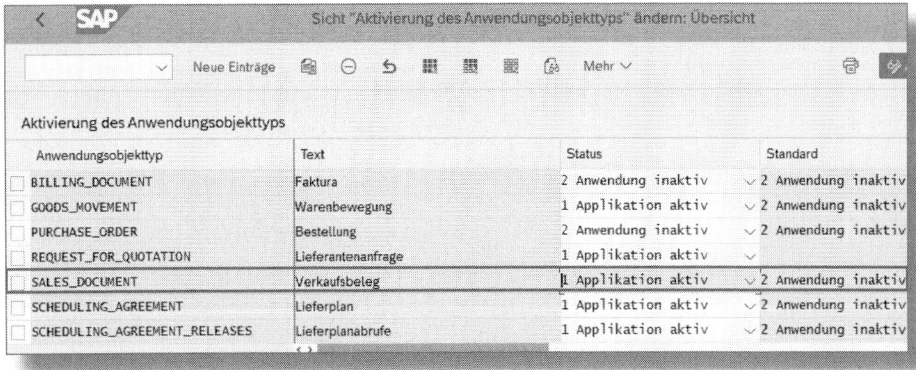

Abbildung 6.1: Aktivierung des Anwendungsobjekttyps Verkaufsbeleg

Im Feld STATUS (siehe Abbildung 6.1) der Anwendung kann ich folgende Werte selektieren:

- *1 Applikation aktiv:* Wenn ich diesen Wert vergebe, wird der dazugehörige Anwendungsobjekttyp für die neue Ausgabesteuerung aktiviert.
- *2 Anwendung inaktiv:* Wähle ich dagegen diesen Wert aus, deaktiviere ich für den zugeordneten Anwendungsobjekttyp die neue Ausgabesteuerung und bestimme zeitgleich, dass ein anderes Framework die Ausgabeverwaltung steuern wird. Dies kann dann beispielsweise die Konditionstechnik sein.
- *3 Standard:* Bei dieser Einstellung entspricht das jeweilige Framework für die Ausgabeverwaltung immer der Standardeinstellung der zugehörigen Anwendung. Dies bedeutet, dass das SAP-System gemäß der Anwendungsobjekteentscheiden würde, welches Framework genutzt werden soll. So würden ältere Objekte aus der SAP-ECC-Welt automatisch die Konditionstechnik und neuere Objekte die neue Ausgabesteuerung als Framework zugeordnet bekommen.

In meinem Beispiel möchte ich Verkaufsbelege für die neue Ausgabesteuerung vorsehen. Daher selektiere ich nun den Anwendungsobjekttyp *SALES_DOCUMENT – Verkaufsbeleg* und setze den Status hierfür auf *1 Applikation aktiv*.

Aktivierung greift nur bei neu erstellten Dokumenten

Die Änderung bzw. Aktivierung eines Anwendungsobjekttyps greift nur für neu erstellte Dokumente. Dokumente, die bereits im System vorliegen, werden noch über die vorherige Ausgabesteuerung bearbeitet.

Anschließend definiere ich sogenannte *Ausgabearten*, mit deren Hilfe Geschäftsbelege einer Einzelanwendung abgebildet werden. Beispielsweise wäre eine Ausgabeart des Anwendungsobjekttyps Verkaufsbelege eine Auftragsbestätigung oder Gutschriftsanforderung. Die SAP liefert im Standard 196 Ausgabearten aus. In der Regel müssen an dieser Stelle keine Änderungen vorgenommen werden. Der Vollständigkeit halber sei dennoch der Customizing-Pfad angegeben: ANWENDUNGSÜBERGREIFENDE KOMPONENTEN • AUSGABESTEUERUNG • AUSGABEARTEN DEFINIEREN. In Abbildung 6.2 habe ich die beiden ANWENDUNGSOBJEKTTYPEN und die zugeordneten AUSGABEARTEN markiert.

Ausgabeart

Anwendungsobjekttyp	Ausgabeart	Text
SALES_DOCUMENT	CASH_SALE_CHANGE	Geänderter Beleg Barverkauf
SALES_DOCUMENT	CREDIT_MEMO_REQUEST	Gutschriftsanforderung
SALES_DOCUMENT	CREDIT_MEMO_REQUEST_CHANGE	Geänderter Beleg Gutschriftsanforderung
SALES_DOCUMENT	CUSTOMER_RETURN	Kundenretoure
SALES_DOCUMENT	CUSTOMER_RETURN_CHANGE	Geänderter Beleg Kundenretoure
SALES_DOCUMENT	DEBIT_MEMO_REQUEST	Lastschriftanforderung
SALES_DOCUMENT	DEBIT_MEMO_REQUEST_CHANGE	Geänderter Beleg Lastschriftsanforderung
SALES_DOCUMENT	ORDER_CONFIRMATION	Auftragsbestätigung

Abbildung 6.2: Zuordnung Ausgabeart CREDIT_MEMO_REQUEST zu Anwendungsobjekttyp SALES_DOCUMENT

Sofern ich in meinem Geschäftsprozess neue Ausgabearten angelegt habe, muss ich diese dann dem passenden Anwendungsobjekttyp zuordnen. Andernfalls greift die Ausgabesteuerung nicht auf die neu angelegte Ausgabeart zu. Um die getroffenen Einstellungen einem der möglichen Ausgabekanäle zuzuordnen, öffne ich die Customizing-Aktivität ANWENDUNGSÜBERGREIFENDE KOMPONENTEN • AUSGABESTEUERUNG • AUSGABEKANÄLE ZUORDNEN (siehe Abbildung 6.3).

Kanal

Anwendungsobjekttyp	Ausgabeart	Kanal
SALES_DOCUMENT	CREDIT_MEMO_REQUEST	EMAIL
SALES_DOCUMENT	CREDIT_MEMO_REQUEST	PRINT

Abbildung 6.3: Zuordnung Ausgabeart CREDIT_MEMO_REQUEST zu Anwendungsobjekttyp SALES_DOCUMENT und Kanal

In meinem Beispiel möchte ich, dass die Gutschriftsanforderung, also die Ausgabeart *CREDIT_MEMO_REQUEST*, via *EMAIL* versendet oder ausgedruckt werden kann *(PRINT)*. Abbildung 6.4 zeigt alle möglichen Selektionen der verschiedenen Kanäle.

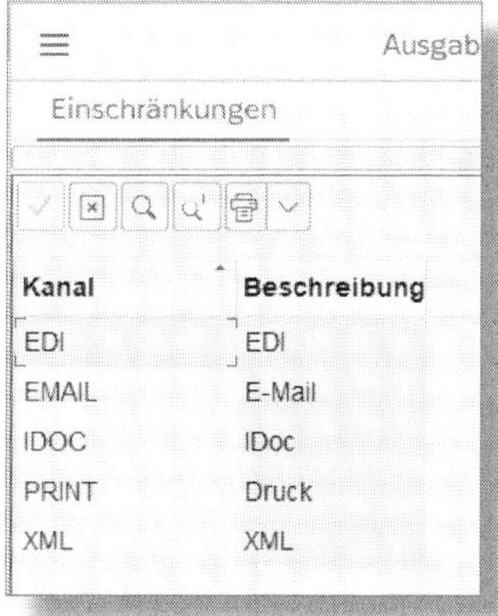

Abbildung 6.4: SAP-Standard-Selektionsmöglichkeiten für Kanäle – Übersicht

Wichtig ist zu wissen, dass ich hier nicht verpflichtend bestimme, wie ein Dokument ausgegeben wird, sondern lediglich, welcher Ausgabekanal hierbei möglich ist. In einem optionalen Schritt kann ich eine Findungsregel für einen Formularvorlagenmaster definieren. Dies ist aber nur relevant, wenn ein Unternehmen mit Vorlagenmastern arbeitet. Zu diesem Zweck navigiere ich in die gleichnamige Customizing-Aktivität: ANWENDUNGSÜBERGREIFENDE KOMPONENTEN • AUSGABESTEUERUNG • FINDUNGSREGELN FÜR FORMULARVORLAGENMASTER DEFINIEREN. Hier definiere ich eine FORMULARABARBEITUNGSREGEL-ID ❶. Um eine Findungsregel anzulegen, navigiere ich auf NEUE EINTRÄGE ❷ (siehe Abbildung 6.5).

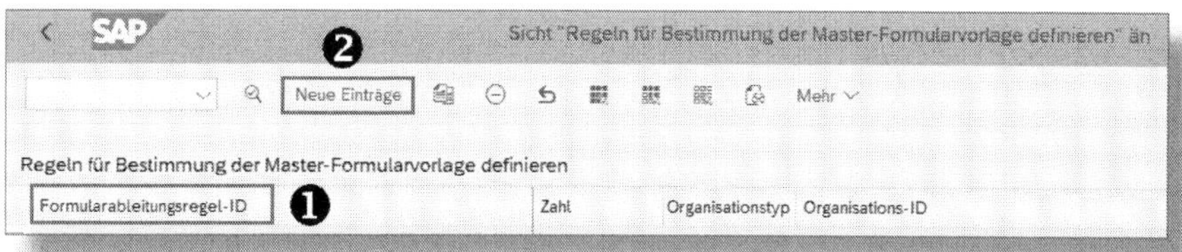

Abbildung 6.5: Neuanlage – Findungsregel für Formularvorlagenmaster definieren

Zunächst definiere ich eine Findungsregel und ordne dieser eine Ordnungszahl zu. Das System prüft dann die Reihenfolge der Ordnungszahlen und greift immer zuerst auf die niedrigste zu.

In meinem Beispiel (siehe Abbildung 6.6) definiere ich die REGEL-ID *SAP_DEMO_RULE_GENERIC_A4* ❶ und bestimme, dass ein Formularvorlagenmaster immer dann genutzt wird, wenn im Buchungskreis *1010* ein Beleg in der Verkaufsorganisation *1010* ❸ angelegt wird. Der Begriff COMPANY steht hierbei für den Company Code, also den Buchungskreis, VKORG für die Verkaufsorganisation. Ich vergebe die ZAHL *9999* ❷. Somit gibt es noch 9.998 weitere Möglichkeiten, Findungsregeln zu definieren und diese hierarchisch einzuordnen. Zudem habe ich den KANAL *PRINT* ❹ festgelegt.

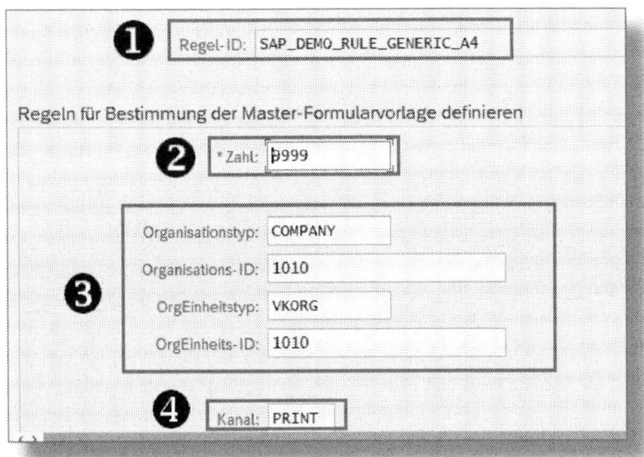

Abbildung 6.6: Neuanlage – Findungsregel für Formularvorlagenmaster definieren, Details

Anschließend ordne ich im entsprechenden Feld die MASTER-FORMULARVORL. *SOMU_FORM_MASTER_A4* zu (siehe Abbildung 6.7).

Im Bereich INHALT FÜR MASTER-FORMULARVORLAGE besteht zudem die Option, ein einheitliches Logo- und Footerdesign zu definieren (siehe Abbildung 6.8).

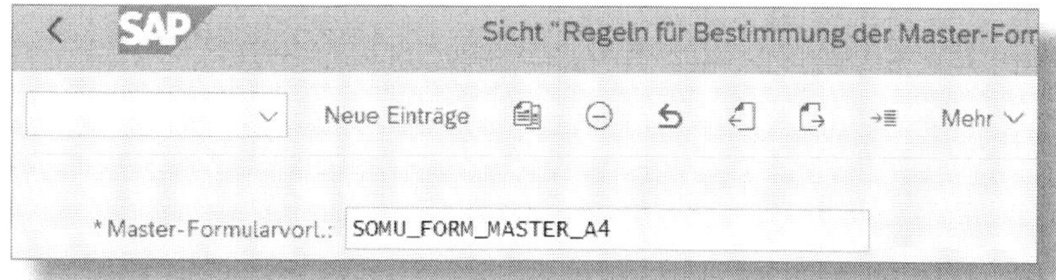

Abbildung 6.7: Findungsregel für Formularvorlagenmaster definieren – Master-Formularvorlage

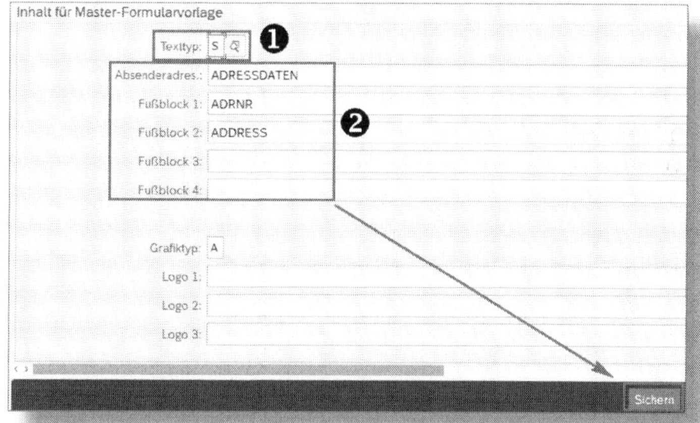

Abbildung 6.8: Findungsregel für Formularvorlagenmaster definieren – weitere Inhalte

In dem Feld TEXTTYP ❶ kann ich zwischen den folgenden Werten wählen:

- *A Formulartext*
- *S SAPscript*

Ich selektiere *S SAPscript*, da ich bereits einige Textvorlagen in diesem Format nutze. Im Folgeschritt kann ich nun entsprechende Text-IDs in den Feldern ABSENDERADRES., FUSSBLOCK 1, FUSSBLOCK 2 usw. ❷ zuordnen. Somit werden also mit der Nutzung dieser Master-Formularvorlage immer per Default die entsprechenden Textblöcke angedruckt.

Dieselbe Funktionalität kann in dem Block darunter prozessiert werden. Via SICHERN speichere ich meine Einträge.

Viele Unternehmen nutzen pro Geschäftsvorfall und -beleg eigens definierte Formulare. Um diese auf der Ebene der Ausgabeart verwalten zu können, öffne ich die Customizing-Aktivität ANWENDUNGSÜBERGREIFENDE KOMPONENTEN • AUSGABESTEUERUNG • FORMULARVORLAGE ZUORDNEN. Hier habe ich die Möglichkeit, auf Basis des Anwendungsobjekttyps und der Ausgabeart zu definieren, welche Formularvorlage über welchen Formulartyp ausgegeben wird. Abbildung 6.9 zeigt dies exemplarisch mit der Gutschriftsanforderung *CREDIT_MEMO_REQUEST*.

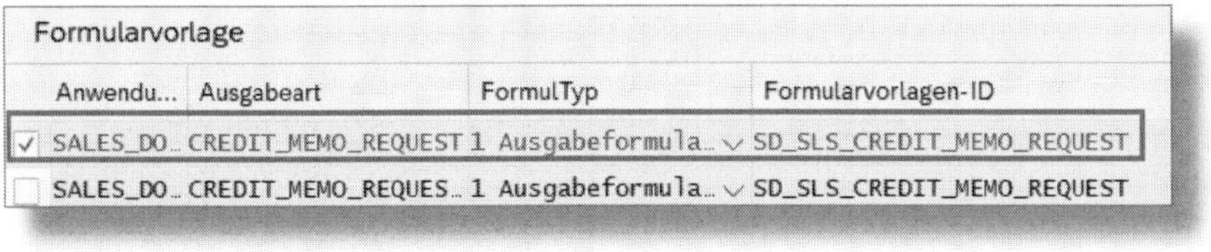

Formularvorlage

	Anwendu...	Ausgabeart	FormulTyp	Formularvorlagen-ID
✓	SALES_DO...	CREDIT_MEMO_REQUEST	1 Ausgabeformula...	SD_SLS_CREDIT_MEMO_REQUEST
	SALES_DO...	CREDIT_MEMO_REQUES...	1 Ausgabeformula...	SD_SLS_CREDIT_MEMO_REQUEST

Abbildung 6.9: Zuordnung Anwendungsobjekttyp zu Formularvorlage

In der Spalte FORMULTYP kann ich die Auswahl über den Pfeil ganz rechts treffen. Neben der gezeigten *Gateway-* und *DDIC(2)-Schnittstelle* könnten beispielsweise auch *3 Smart Form* oder *4 SAPScript* selektiert werden (siehe Abbildung 6.10).

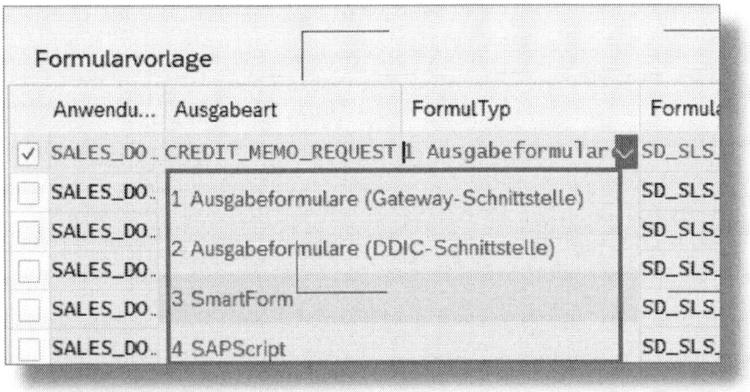

Formularvorlage

	Anwendu...	Ausgabeart	FormulTyp	Formul
✓	SALES_DO...	CREDIT_MEMO_REQUEST	1 Ausgabeformular	SD_SLS
	SALES_DO...		1 Ausgabeformulare (Gateway-Schnittstelle)	SD_SLS
	SALES_DO...		2 Ausgabeformulare (DDIC-Schnittstelle)	SD_SLS
	SALES_DO...		3 SmartForm	SD_SLS
	SALES_DO...		4 SAPScript	SD_SLS
	SALES_DO...			SD_SLS

Abbildung 6.10: Zuordnung Anwendungsobjekttyp zu Formularvorlage – weitere Formulartypen

Auch eigens angelegte PROGRAMME und FORMROUTINEN lassen sich einsteuern (siehe Abbildung 6.11).

FormulTyp	Formularvorlagen-ID	Programm	Formroutine
Ausgabeformula	SD_SLS_CREDIT_MEMO_REQUEST		

Abbildung 6.11: Zuordnung Anwendungsobjekttyp zu Formularvorlage – Programme und Formroutinen

Eine Zuordnung zu E-Mail-Vorlagen erfolgt unter ANWENDUNGSÜBERGREIFENDE KOMPONENTEN • AUSGABESTEUERUNG • E-MAIL-VORLAGEN ZUORDNEN. Auch hier liefert die SAP im Standard eine Vielzahl an Vorlagen aus. Über die Kombination ANWENDUNGSOBJEKTTYP und AUSGABEART wird die passende E-Mail-Vorlage gefunden (siehe Abbildung 6.12).

E-Mail-Vorlage

Anwendungsobjekttyp	Ausgabeart	E-Mail-Vorlag.-ID
SALES_DOCUMENT	CREDIT_MEMO_REQUEST	SD_SLS_DEFAULT_EMAIL_TEMPLATE
SALES_DOCUMENT	CREDIT_MEMO_REQUEST_CHANGE	SD_SLS_DEFAULT_EMAIL_TEMPLATE

Abbildung 6.12: Zuordnung Anwendungsobjekttyp zu Ausgabeart und E-Mail-Vorlage

Die Customizing-Aktivität BELEGARTEN FÜR AUSGABE ZUORDNEN ermöglicht auf Belegartenebene die Definition, welche AUSGABEART je BELEGART selektiert werden soll. In Abbildung 6.13 steuere ich z. B., dass für die Belegart ZBE der Anwendungsobjekttyp und die Ausgabeart PURCHASE_ORDER, also die Bestellung, genutzt werden soll.

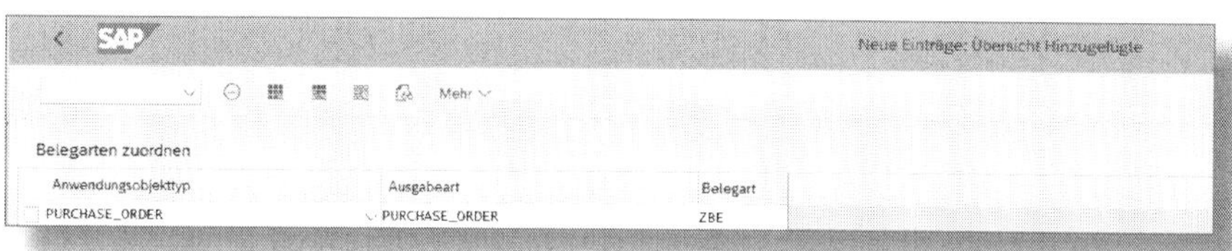

Belegarten zuordnen

Anwendungsobjekttyp	Ausgabeart	Belegart
PURCHASE_ORDER	PURCHASE_ORDER	ZBE

Abbildung 6.13: Zuordnung Anwendungsobjekttyp zu Belegart

> **☛ Anwendungsobjekttypen-Belegarten-Zuordnung**
>
> Stand Release 2022 können in der zuvor beschriebenen Customizing-Aktivität nur einkaufsseitige Anwendungsobjekttypen für die Belegartenzuordnung genutzt werden.

Über AUSGABEEINSTELLUNGEN FÜR BELEGARTEN DEFINIEREN lege ich zusätzlich zu dem zuvor gezeigten Customizing-Schritt einen Ausgabekanal fest.

Das Herzstück der neuen Ausgabesteuerung stellt dabei der Customizing-Schritt GESCHÄFTSREGELN FÜR AUSGABEPARAMETERFINDUNG DEFINIEREN dar. Wenn ich diesen Punkt aufrufe, gelange ich auf eine Web-basierte Oberfläche (siehe Abbildung 6.14).

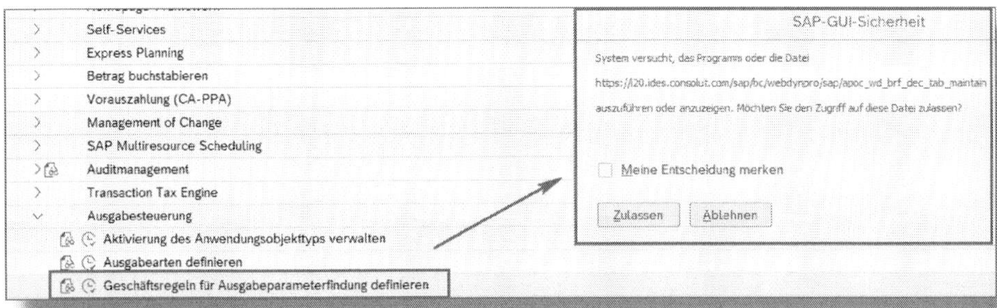

Abbildung 6.14: Customizing Geschäftsregeln für Ausgabeparameterfindung definieren

Auf der Startseite selektiere ich zuerst, für welches Anwendungsobjekt Regeln eingestellt werden sollen, und wähle anschließend den entsprechenden Findungsschritt. Im Release 2022 stehen u. a. folgende Anwendungsobjekte für Geschäftsregeln zur Verfügung:

- Bestellung
- Buchhaltungsbelegposition
- Einkaufskontrakt
- Inventur

- Lieferantenanfrage
- Verbrauchssteuerrechnung für Indien
- Warenbewegung
- Zahlungsavis

Zudem stehen u. a. diese Findungsschritte zur Auswahl:

- Nachrichtenart
- Empfänger
- Channel
- Printer Settings
- E-Mail-Settings
- E-Mail-Receiver
- Formularvorlage
- Output Relevance

Da die Einstellungsmöglichkeiten sehr umfangreich sind, werde ich die Ausgabeparameterfindung exemplarisch anhand des Beispiels »Nachrichtenartenfindung für Fakturen« beschreiben. Die Nachrichtenartenfindung steuert, wie aufgrund von Selektionskriterien bestimmte Nachrichtenarten ermittelt werden. Zudem lässt sich hier der Versandzeitpunkt bestimmen. Ich gelange durch Navigieren auf die Startseite zum Customizing-Schritt GESCHÄFTSREGELN AUSWÄHLEN (siehe Abbildung 6.15). In meinem Beispiel wähle ich die REGELN FÜR *Faktura* und den FINDUNGSSCHRITT *Ausgabeart* aus.

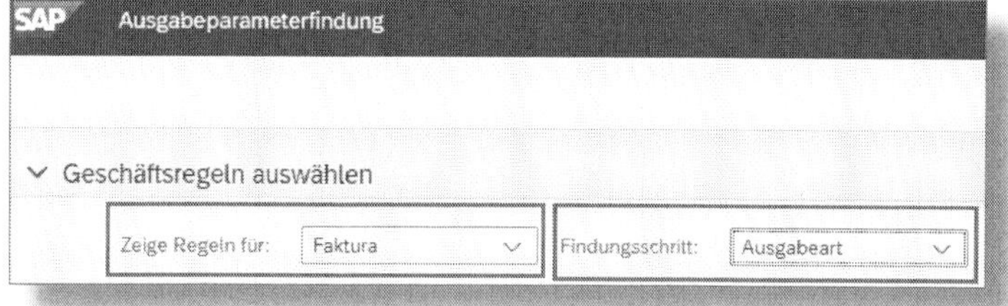

Abbildung 6.15: BRF plus – Geschäftsregeln auswählen

Anschließend generiert das System automatisch im darunterliegenden Bereich die in Abbildung 6.16 gezeigte ENTSCHEIDUNGSTABELLE.

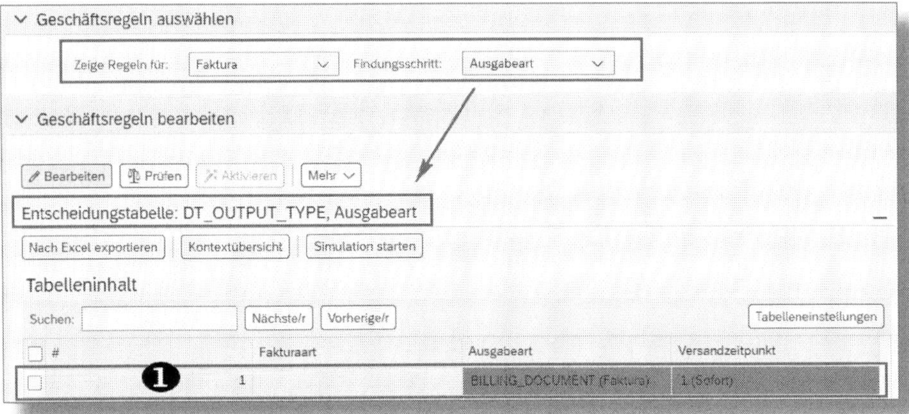

Abbildung 6.16: BRF plus – Entscheidungstabelle für Faktura

Der Wert *1* ❶ stellt die Default-Einstellung dar und besagt, dass alle Objekte der Ausgabeart BILLING_DOCUMENT sofort ausgegeben werden sollen. Hierbei gibt es in der Default-Einstellung keine weiteren Selektionskriterien, die geprüft werden müssten.

Im Allgemeinen sind die Entscheidungstabellen immer identisch aufgebaut. Die grau hinterlegten Spalten sind die sogenannten *Bedingungsspalten*, die grün hinterlegten die *Ergebnisspalten*. Zudem werden die Entscheidungstabellen sequenziell abgearbeitet. Das heißt, dass das System die Tabelleneinträge von oben nach unten abarbeitet und die gefundenen Bedingungen entsprechend selektiert. Um eine bestehende Entscheidungstabelle zu ändern, navigiere ich auf den Button BEARBEITEN. Der Button erlaubt mir, zwischen dem Änderungs- und Anzeigemodus hin- und herzuspringen (siehe Abbildung 6.17).

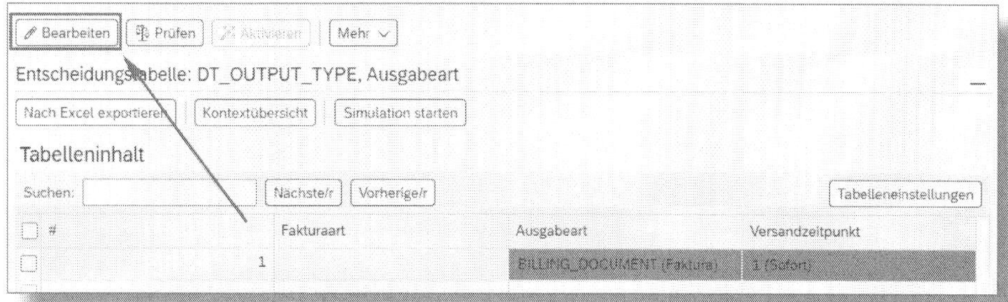

Abbildung 6.17: BRF plus – Entscheidungstabelle für Faktura, Bearbeiten

Ich möchte nun mit dem Wert »2« definieren, dass die Fakturaart *F2* bei einer Kombination aus Verkaufsorganisation *1010* und der Kundengruppe *01* sowie dem Empfangsland *CH – Schweiz* immer sofort ausgegeben wird. Hierzu navigiere ich zunächst auf das Plussymbol (❶ in Abbildung 6.18) und danach auf den kleinen Pfeil in der Spalte FAKTURAART ❷. Anschließend gebe ich über die *direkte Werteingabe* ❸ den gewünschten Wert ein.

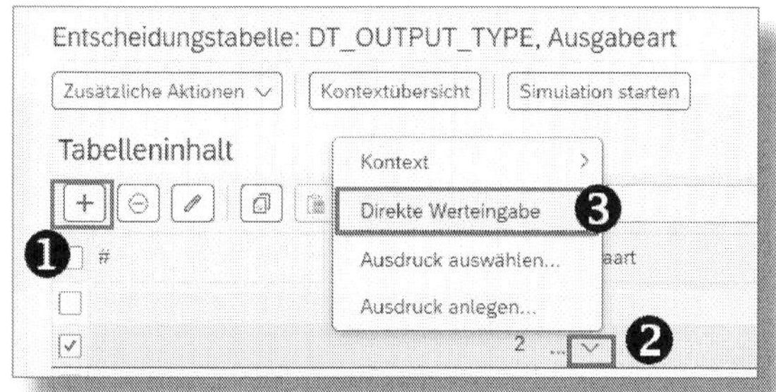

Abbildung 6.18: BRF plus – Entscheidungstabelle für Faktura, Erweiterung

Ich wähle *F2* aus und bestätige meine Eingabe mit OK (siehe Abbildung 6.19).

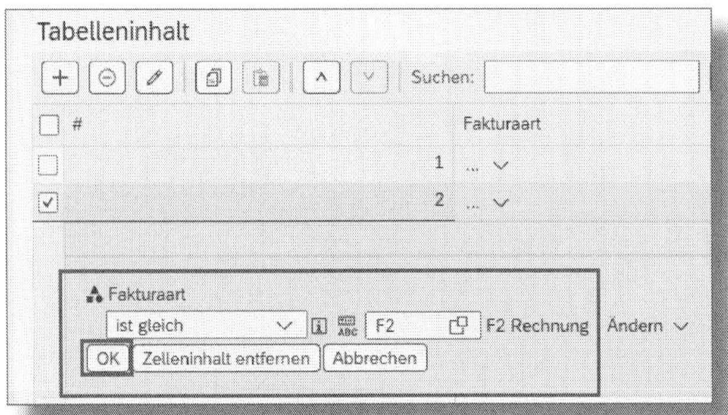

Abbildung 6.19: BRF plus – Entscheidungstabelle für Faktura, Erweiterung für Fakturaart F2

Ebenso könnte ich definieren, dass alle Werte »ungleich« der F2-Fakturaart selektiert werden. Hierzu müsste ich anstatt des Operators *Ist gleich* eine entsprechende Auswahl treffen.

Im Moment habe ich nur die beiden Bedingungsspalten für die Reihenfolge ❶ und die Fakturaart ❷ zur Verfügung (siehe Abbildung 6.20). Um dies anzupassen, navigiere ich auf das Feld Tabelleneinstellungen.

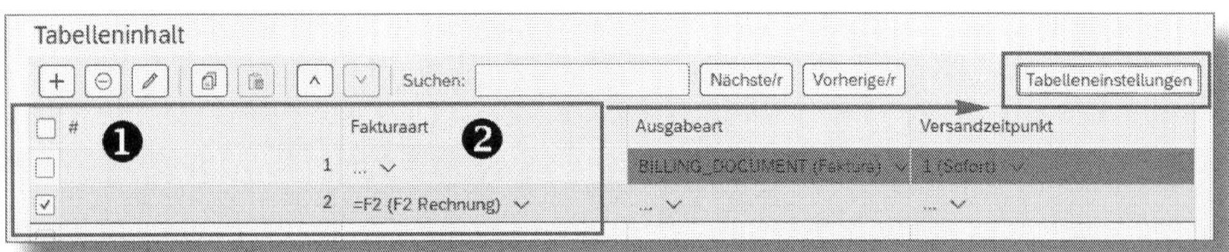

Abbildung 6.20: BRF plus – Entscheidungstabelle für Faktura, Erweiterung für Fakturaart F2 und weitere Bedingungsspalten

Im Bereich Liste der Spalten kann ich über die Schaltflächen Spalte einfügen und Aus Kontextdatenobjekten (siehe Abbildung 6.21) die Werte *Verkaufsorg.*, *Kundengruppe* und Empfängerland *(EmpfLnd/-region)* zusätzlich festlegen (siehe Abbildung 6.22).

Tabelleneinstellungen

Initialwert zurückgeben, wenn keine Übereinstimmung gefunden wird
Ergebnisdatenobjekte in Spalten aufteilen
Bei Teilübereinstimmung Ausnahme auslösen
Ergebnisdatenobjekt: Ergebnis der Ausgabeart-Findung
Tabellenprüfungseinstellungen
Einstellungen für Überlappungsprüfung: Anwendungsstandard
Einstellungen Vollständigkeitprüfung: Anwendungsstandard
Liste der Spalten
Bedingungsspalten
Spalte einfügen
Spalte entfernen
Nach oben
Nach unten
Aus Kontextdatenobjekten...
Aus Ausdruck..
Text
Obligatorische Eingabe
Spaltenzugriffsberechtig...
Fakturaart
Vollzugriff (Änderun...
Ergebnisspalten
Spalte aus Datenobjekt einfügen
Aktionsspalte einfügen
Spalte entfernen
Nach oben
Nach unten
OK
Abbrechen

Abbildung 6.21: BRF plus – Entscheidungstabelle für Faktura, Erweiterung für Fakturaart F2 und weitere Bedingungsspalten, zusätzliche Festlegungen

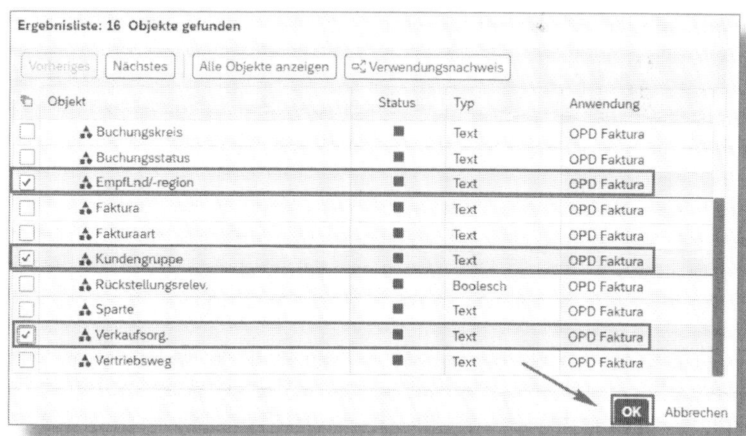

Abbildung 6.22: BRF plus – Entscheidungstabelle für Faktura, Übersicht weitere Bedingungsspalten

Nachdem ich die zuvor beschriebenen Zusatzkriterien selektiert habe, bestätige ich meine Auswahl mit OK.

! Restriktionen bei der Hinzufügung von Spalten

Im SAP-Standard lassen sich nur diejenigen Bedingungsspalten hinzufügen, die man unter der Kontextabfrage findet. Bei den Ergebnisspalten sind derzeit keine Änderungen durch den Benutzer möglich.

Ich sehe nun in der Entscheidungstabelle die neuen Bedingungsspalten und kann sie mit Werten befüllen (siehe Abbildung 6.23).

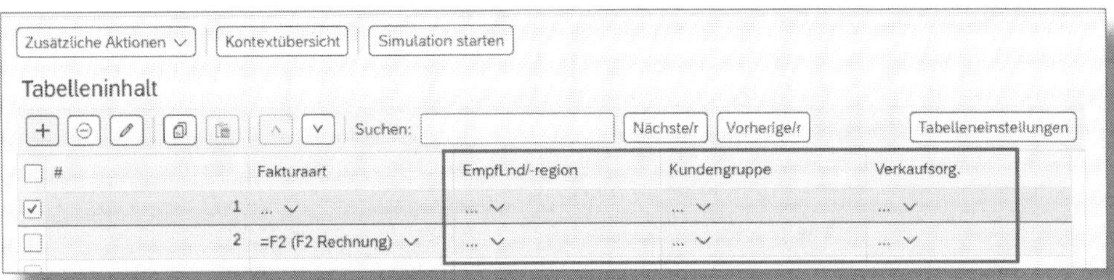

Abbildung 6.23: BRF plus – Entscheidungstabelle für Faktura, Übersicht neu hinzugefügte Bedingungsspalten

In Abbildung 6.24 ist meine Auswahl zu sehen. Der Prozess der Werteauswahl ist immer der gleiche, er wurde zuvor am Beispiel der Fakturaart aufgezeigt.

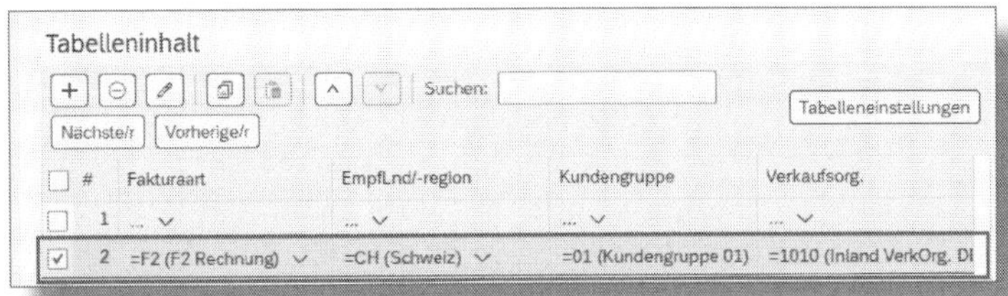

Abbildung 6.24: BRF plus – Entscheidungstabelle für Faktura, Übersicht neu hinzugefügte Bedingungsspalten mit Beispieldaten

In meinem Beispiel wird also immer dann, wenn von der VERKAUFSORG. *1010* eine Rechnung an die KUNDENGRUPPE *01* im Empfängerland *CH (Schweiz)* gestellt wird, eine entsprechende Nachrichtenart F2 sofort ausgegeben.

Ich kann meine Einträge jetzt über die Buttons PRÜFEN (❶ in Abbildung 6.25) oder SIMULATION STARTEN ❷ testen. Um die Änderungen zu speichern, muss ich den Button AKTIVIEREN ❸ betätigen. Anschließend ist die Nachrichtenfindung aktiv.

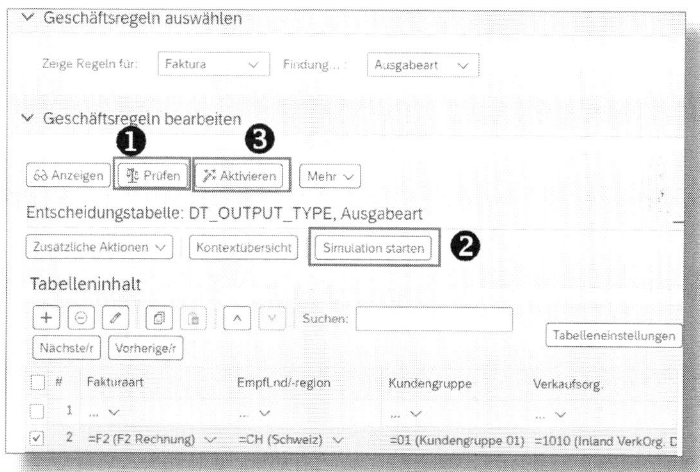

Abbildung 6.25: BRF plus – Entscheidungstabelle für Faktura, Bedingungsspalten, prüfen und aktivieren

Dieser Fall soll exemplarisch zeigen, wie schnell und einfach sich Geschäftsregeln im BRF plus einstellen lassen. Alle anderen Anwendungsobjekte und Findungsschritte sind im Aufbau identisch und weisen lediglich in der Werteauswahl Unterschiede auf.

6.2 Configurable Parameters and Formulas

Das Framework *Configurable Parameters and Formulas (CPF)* dient dazu, selbst komplexe Findungsregeln ohne jeglichen Programmieraufwand zu definieren und diese anschließend mithilfe einer Kombination zugeordneter Funktionen im BRF plus zu verwenden. Um herauszufinden, welche Funktionalitäten im jeweiligen S/4HANA-Release vorhanden sind, öffne ich die Transaktion *SE16n* oder *SE16h* und gebe in das Feld Tabelle *CPFV_USAGE* ein (siehe Abbildung 6.26).

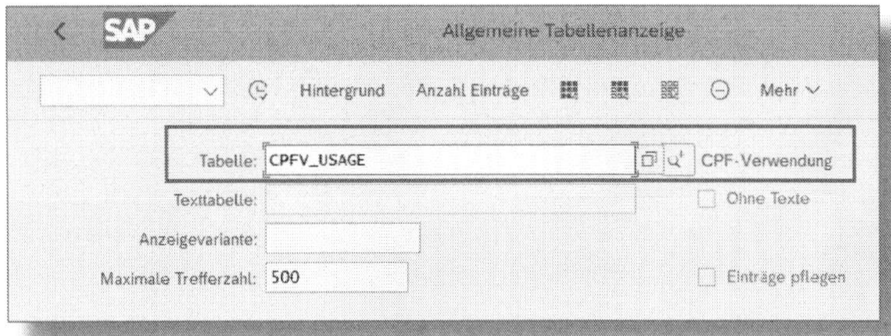

Abbildung 6.26: SE16N – Tabelle CPFV_USAGE, Übersicht

Via Ausführen – F8 – erhalte ich die Tabellenausgabe (siehe Abbildung 6.27).

CPF-Verwendung

Verwendung	Beschreibung	Name eines BAdIs	BRFplus zuläss.	EntscheidTab. zulässig	Nur eine akt. Formel	Belegformel zulässig
B01	FlexFaktN.	BADI_CPF_B01_DATA_SOURCE	B Nein	A Ja		B Nein
BBI	BatFaktPos	BADI_CPF_BBI_DATA_SOURCE	B Nein	A Ja	✓	B Nein
BOC	AbrAusSteu	BADI_CPF_BOC_DATA_SOURCE	B Nein	A Ja	✓	B Nein
D01	FlexNumLie	BADI_LE_SHP_CPF_D01_DATA_SRC	B Nein	A Ja		B Nein
S01	FlexNumSLS	BADI_SDOC_CPF_S01_DATA_SOURCE	B Nein	A Ja		B Nein
S02	WLiefDatum	BADI_SDOC_CPF_S02_DATA_SOURCE	A Ja	A Ja		B Nein
S03	PrFindDat	BADI_SDOC_CPF_S03_DATA_SOURCE	A Ja	A Ja		B Nein
S04	VertrBer.	BADI_CPF_S04_DATA_SOURCE	B Nein	A Ja	✓	B Nein
S05	Partner	BADI_CPF_S05_DATA_SOURCE	B Nein	A Ja	✓	B Nein

Abbildung 6.27: Verwendung Tabelle CPFV_USAGE – Übersicht

Via CPF kann ich u. a. folgende Funktionalitäten aus der Tabelle in SAP SD nutzen:

- Flexible Verkaufsbeleg- und Fakturabelegnummerierung
- Flexible Berechnung des Wunschlieferdatums oder Preisdatums

Das Customizing für eine flexible Verkaufsbelegnummerierung werde ich nachfolgend anhand der Fakturabelegnummerierung exemplarisch beschreiben.

> **Separate Fakturennummerierung pro Verkaufsorganisation**
>
> In meinem Beispiel möchte ich eine separate Fakturennummerierung pro Verkaufsorganisation implementieren. Im Detail definiere ich, dass für die Verkaufsorganisation 1010, die in Deutschland ansässig ist, ein abweichendes Nummernkreisintervall bei Kundenrechnungen genutzt wird. In diesem Fall ist es Fakturaart F2, die bei den anderen Verkaufsorganisationen bisher nicht genutzt wurde. Dies dient dazu, erzeugte Fakturen eindeutig den jeweiligen Verkaufsorganisationen zuzuordnen.

Im ersten Schritt öffne ich folgende Customizing-Aktivität: VERTRIEB • FAKTURIERUNG • FAKTUREN • NUMMERNKREISPRÄFIXE FÜR VERTRIEBSBELEGE DEFINIEREN. Via NEUE EINTRÄGE vergebe ich in meinem Beispiel das NUMMERNKREISPRÄFIX *DE* und als eindeutige BESCHREIB. *Deutschland* (siehe Abbildung 6.28).

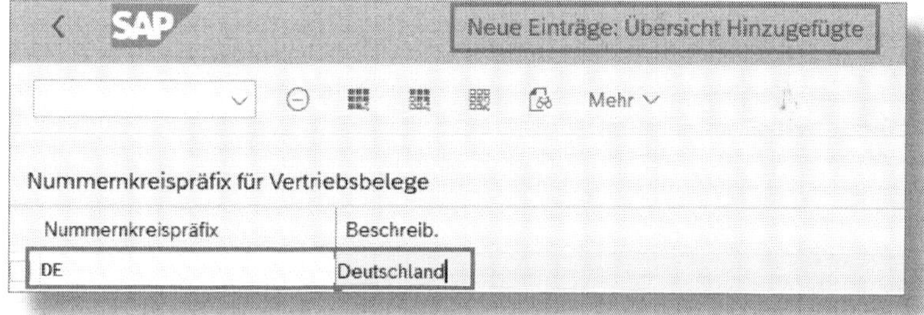

Abbildung 6.28: Neuanlage Nummernkreispräfix DE

Nun ordne ich diesem Nummernkreispräfix *DE* unter VERTRIEB • FAKTURIERUNG • FAKTUREN • NUMMERNKREISE FÜR FAKTURABELEGE EINRICHTEN ein separates Nummernkreisintervall zu. Hierzu navigiere ich auf die Schaltfläche INTERVALLE mit dem Stiftsymbol (siehe Abbildung 6.29).

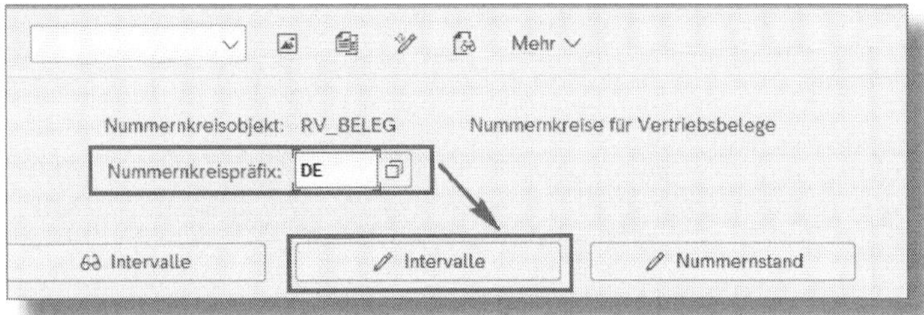

Abbildung 6.29: Zuordnung Nummernkreisobjekt zu Nummernkreispräfix

In der Bearbeitungsmaske vergebe ich als eindeutige NUMMERNKREISNUMMER *D1* und das relevante Nummernkreisintervall *90000001* bis *91000000* (siehe Abbildung 6.30).

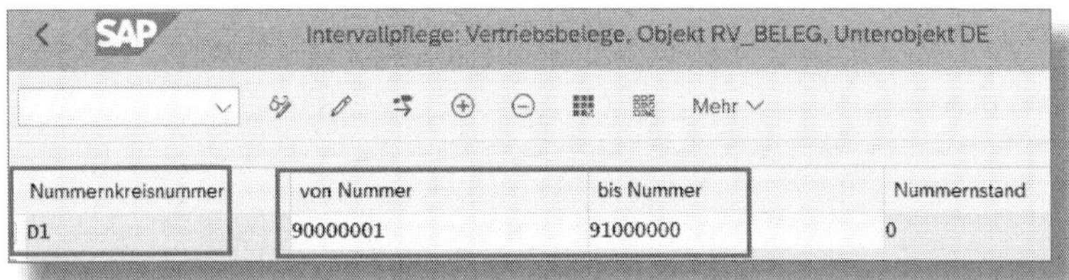

Abbildung 6.30: Zuordnung Nummernkreisobjekt zu Nummernkreispräfix – Intervallpflege

Im Folgeschritt müssen die Einträge im Parameterkatalog erfolgen. Dorthin gelange ich über den Customizing-Pfad VERTRIEB • FAKTURIERUNG • KONFIGURIERBARE PARAMETER UND FORMELN IN DER FAKTURIERUNG • PARAMETERKATALOGEINTRÄGE FÜR FLEXIBLE FAKTURANUMMERIERUNG DEFINIEREN. Im Startscreen selektiere ich die VERWENDUNG *B01*. Diese steuert im Bereich der CPF-Verwendung (siehe Abbildung 6.27) die Funktionen der flexiblen Fakturanummerierung. Via NEUE EINTRÄGE kann ich nun Parameter definieren (siehe Abbildung 6.31).

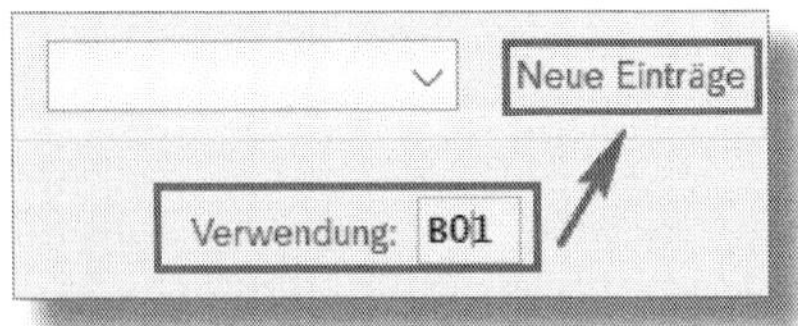

Abbildung 6.31: Neuanlage Parameterkatalog mit Verwendung B01

Damit ich die anfangs erwähnten Parameter (VERKAUFSORGANISATION *1010* und FAKTURAART *F2*) nutzen kann, muss ich diese zunächst im Parameterkatalog hinzufügen. Den PARAMETERNAMEN und die BESCHREIBUNG vergebe ich manuell. Die REFERENZ. DATENART wähle ich entweder über die Suchhilfe aus oder pflege die Werte manuell ein, sofern ich die Datenelemente kenne. Zudem muss eine DATENQUELLENROUTINE selektiert werden. In meinem Fall ist dies *1 – Aus Faktura (Kopf) kopieren* (siehe Abbildung 6.32)

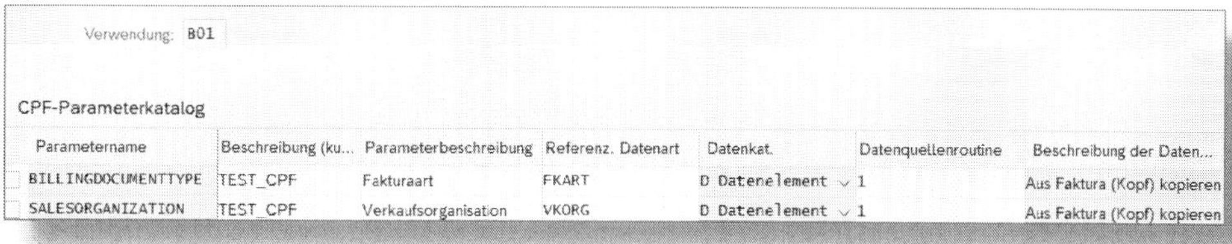

Abbildung 6.32: CPF-Parameterkatalog mit Verwendung B01 – Übersicht

Um herauszufinden, welche Parameter für das eigene Setting zur Verfügung stehen, kann ich die Transaktion *CPF_B01_DS_ROUT* aufrufen. Indem ich die Zeile mit der DATQUELLE *1* markiere und auf den Bereich PARAMETER navigiere, verschaffe ich mir einen Überblick über die bereits im System existierenden Parameter (siehe Abbildung 6.33).

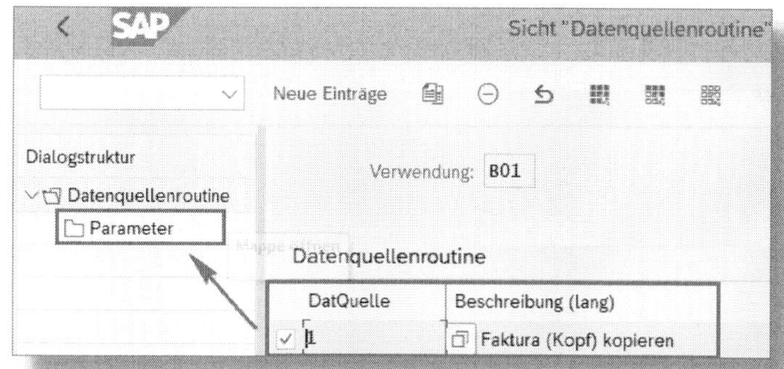

Abbildung 6.33: Datenquellenroutine in Verwendung B01 – Übersicht

Ich finde hier beispielsweise die zuvor genutzten Parameter FKART und VKORG wieder (siehe Abbildung 6.34).

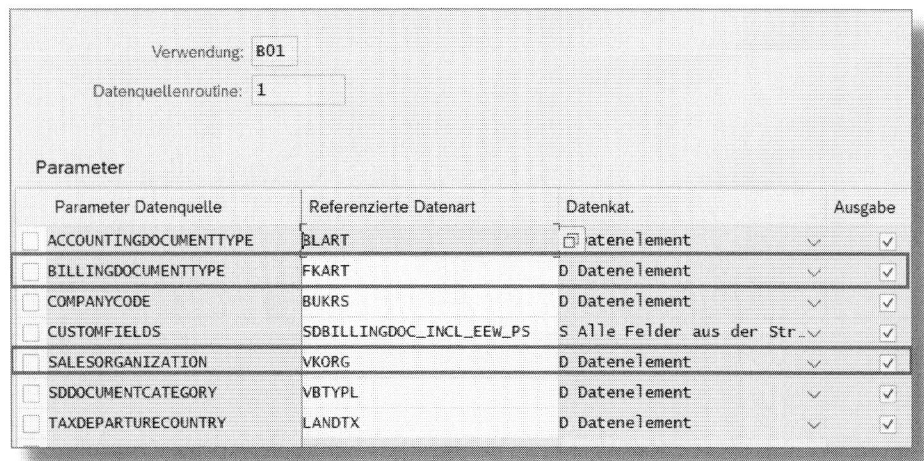

Abbildung 6.34: Datenquellenroutine in Verwendung B01 – Übersicht vorhandene Parameter

Wenn ich zurück in den Bereich DATENQUELLENROUTINE navigiere, kann ich zudem die zugeordneten Business Add-ins (BAdIs) *BADI_CPF_B01_DATA_SRC_0000001* prüfen (siehe Abbildung 6.35).

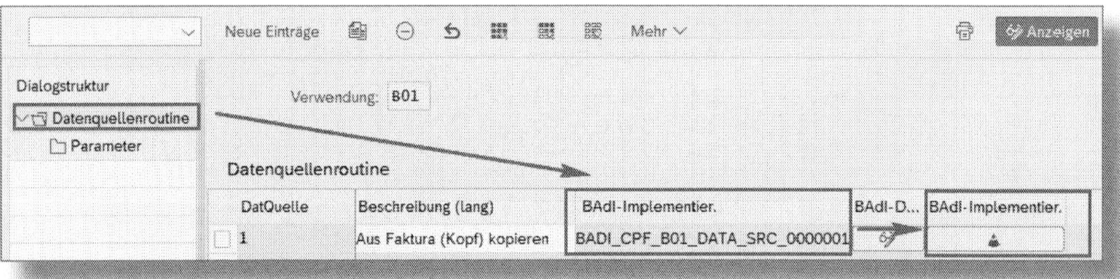

Abbildung 6.35: Datenquellenroutine in Verwendung B01 – Übersicht vorhandene BAdIs

☛ Definition Business Add-ins (BAdIs)

Ein BAdI ist eine objektorientierte Erweiterungsoption, die nicht auf SAP-Anwendungen begrenzt ist. Ein BAdI stellt einen Mechanismus bereit, um die Funktionen von bestimmten Objekten zu ändern, ohne dabei den vorhandenen Quelltext zu modifizieren. Somit können Updates der entsprechenden Objekte eingespielt werden, ohne dass es zu einer Anpassung bzw. einem Verlust der kundenspezifischen Erweiterungen kommt.

Über den Button BADI-IMPLEMENTIER. gelange ich direkt in das Coding (siehe Abbildung 6.36).

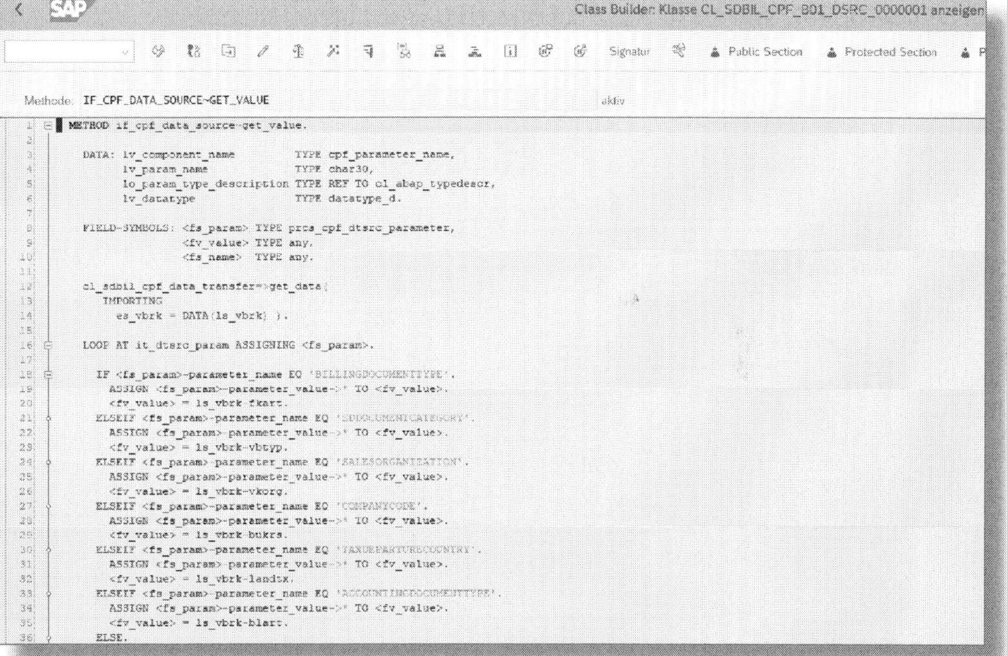

Abbildung 6.36: Coding von BAdI BADI_CPF_B01_DATA_SRC_0000001

Den vollständigen Code zeigt Listing 6.1.

```
METHOD if_cpf_data_source~get_value.

DATA: lv_component_name TYPE cpf_parameter_name,
lv_param_name TYPE char30,
lo_param_type_description TYPE REF TO cl_abap_typedescr,
lv_datatype TYPE datatype_d.

FIELD-SYMBOLS: <fs_param> TYPE prcs_cpf_dtsrc_parameter,
<fv_value> TYPE any,
<fs_name> TYPE any.

cl_sdbil_cpf_data_transfer=>get_data(
IMPORTING
es_vbrk = DATA(ls_vbrk) ).

LOOP AT it_dtsrc_param ASSIGNING <fs_param>.

IF <fs_param>-parameter_name EQ 'BILLINGDOCUMENTTYPE'.
ASSIGN <fs_param>-parameter_value->* TO <fv_value>.
<fv_value> = ls_vbrk-fkart.
ELSEIF <fs_param>-parameter_name EQ 'SDDOCUMENTCATEGORY'.
ASSIGN <fs_param>-parameter_value->* TO <fv_value>.
<fv_value> = ls_vbrk-vbtyp.
ELSEIF <fs_param>-parameter_name EQ 'SALESORGANIZATION'.
ASSIGN <fs_param>-parameter_value->* TO <fv_value>.
<fv_value> = ls_vbrk-vkorg.
ELSEIF <fs_param>-parameter_name EQ 'COMPANYCODE'.
ASSIGN <fs_param>-parameter_value->* TO <fv_value>.
<fv_value> = ls_vbrk-bukrs.
ELSEIF <fs_param>-parameter_name EQ 'TAXDEPARTURECOUNTRY'.
ASSIGN <fs_param>-parameter_value->* TO <fv_value>.
<fv_value> = ls_vbrk-landtx.
ELSEIF <fs_param>-parameter_name EQ 'ACCOUNTINGDOCUMENTTYPE'.
ASSIGN <fs_param>-parameter_value->* TO <fv_value>.
<fv_value> = ls_vbrk-blart.
ELSE.
"Extensibility Fields have suffix '_BDH' or '_BDHC' for
currency and quantity fields
```

```
IF substring( val = <fs_param>-parameter_name
off = strlen( <fs_param>-parameter_name ) - 2
len = 2 ) EQ '_C'.
lv_param_name = substring( val = <fs_param>-parameter_name
off = 0
len = strlen( <fs_param>-parameter_name ) - 2 ).
cl_abap_typedescr=>describe_by_name(
EXPORTING p_name = <fs_param>-parameter_name
RECEIVING p_descr_ref = lo_param_type_description
EXCEPTIONS OTHERS = 4 ).
IF sy-subrc = 0.
DATA(lt_param_ddic) = lo_param_type_description->get_ddic_
object( ).
CASE lt_param_ddic[ 1 ]-dtyp. "there is exactly one entry for
the data element
WHEN 'CUKY'.
CONCATENATE lv_param_name '_BDHC' INTO lv_component_name.
WHEN 'UNIT'.
CONCATENATE lv_param_name '_BDHU' INTO lv_component_name.
ENDCASE.
ENDIF.
ELSE.
CONCATENATE <fs_param>-parameter_name '_BDH' INTO lv_
component_name.
ENDIF.

ASSIGN COMPONENT lv_component_name
OF STRUCTURE ls_vbrk TO <fs_name>.
IF <fs_name> IS ASSIGNED.
ASSIGN <fs_param>-parameter_value->* TO <fv_value>.
<fv_value> = <fs_name>.
ENDIF.
ENDIF.

APPEND <fs_param> TO et_dtsrc_param.
ENDLOOP.
```

Listing 6.1 Coding von BAdI BADI_CPF_B01_DATA_SRC_0000001

Im Folgeschritt definiere ich Formeln für die flexible Fakturanummerierung. Hierzu navigiere ich auf die Customizing-Aktivität VERTRIEB • FAKTURIERUNG • KONFIGURIERBARE PARAMETER UND FORMELN IN DER FAKTURIERUNG • FORMELN FÜR FLEXIBLE FAKTURANUMMERIERUNG DEFINIEREN und wähle die Verwendung *B01 – FlexFaktN.* aus. Via NEUE EINTRÄGE pflege ich eine neue FORMELD-ID *ZMJ* und erfasse eine passende BESCHREIBUNG (siehe Abbildung 6.37).

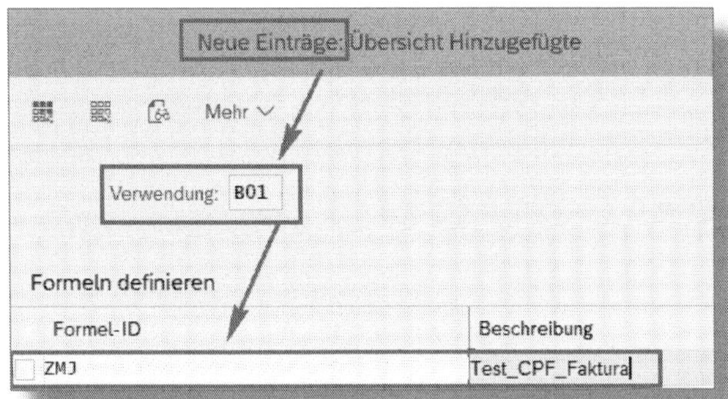

Abbildung 6.37: Neuanlage – Formel für flexible Fakturanummerierung ZMJ

Unter dem Menüpunkt FORMELPARAMETER ZUORDNEN ordne ich anschließend der FORMEL-ID *ZMJ* die zuvor angelegten Parameter *SALESORGANIZATION* und *BILLINGDOCUMENTTYPE* zu. Hierzu navigiere ich erneut auf NEUE EINTRÄGE und pflege die Parameter ein (siehe Abbildung 6.38).

Unter FORMELAUFGABEN liegt im SAP-Standard aktuell nur eine Verwendungsaufgabe SET_NUMBER_RANGE vor (siehe Abbildung 6.39). Diese legt, wie der Name es vermuten lässt, die Nummernkreise fest.

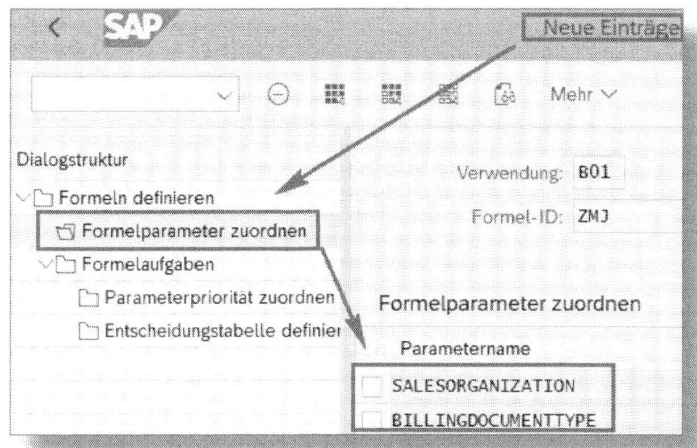

Abbildung 6.38: Formel für flexible Fakturanummerierung ZMJ und Zuordnung Formelparameter

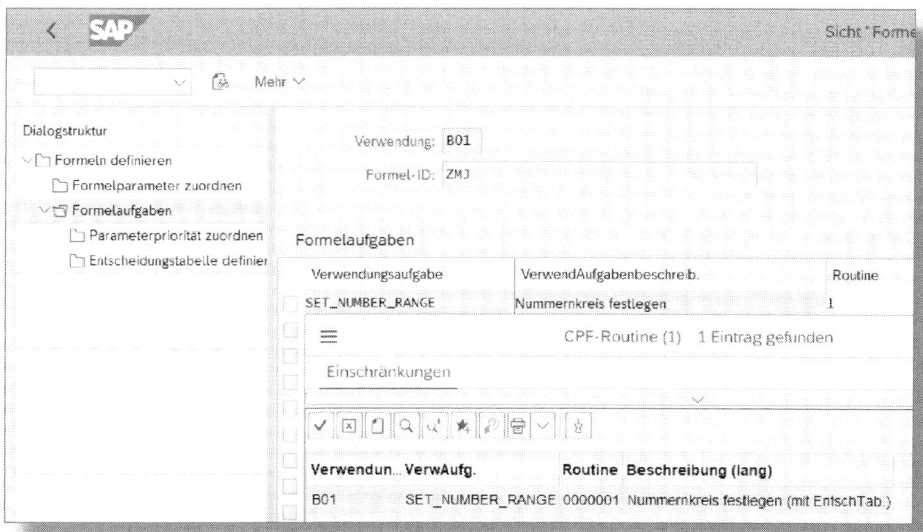

Abbildung 6.39: Formel für flexible Fakturanummerierung ZMJ und Zuordnung Formelaufgaben

Ich nehme in diesem Schritt keine Änderungen vor und navigiere auf den Bereich PARAMETERPRIORITÄT ZUORDNEN (siehe Abbildung 6.40).

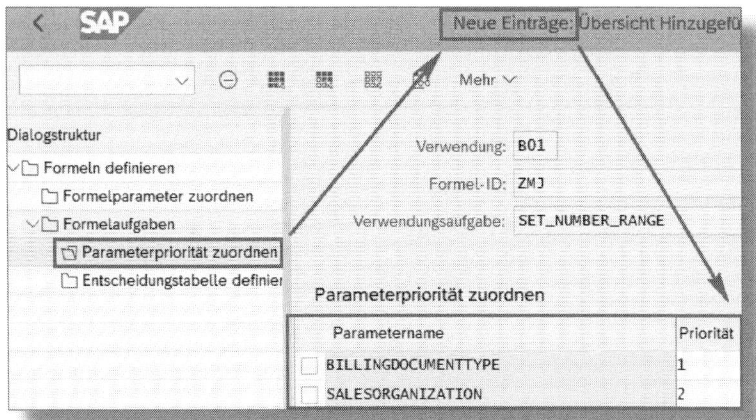

Abbildung 6.40: Formel für flexible Fakturanummerierung ZMJ und Zuordnung Formelaufgaben – Parameterpriorität zuordnen

Via NEUE EINTRÄGE pflege ich meine oben genannten Parameter ein und lege anschließend in der Spalte PRIORITÄT die Prüfpriorität der einzelnen Parameter fest. Zuerst soll die Fakturaart *(BILLINGDOCUMENT-TYPE)* und dann die Verkaufsorganisation *(SALESORGANIZATION)* geprüft werden.

Im Bereich ENTSCHEIDUNGSTABELLE DEFINIEREN bestimme ich, inwiefern Parameter mit bestimmten Werten gesteuert werden sollen (siehe Abbildung 6.41).

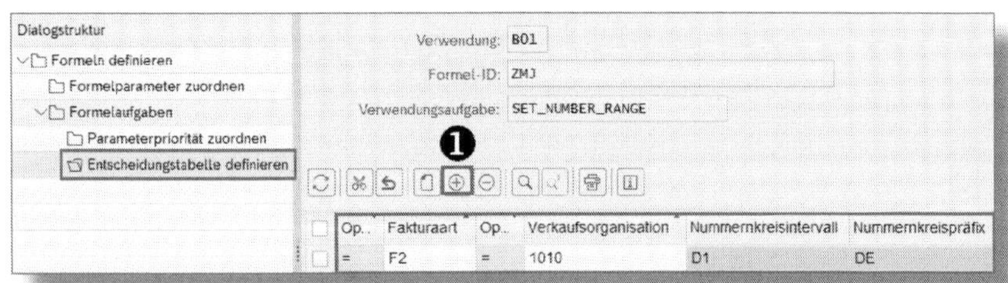

Abbildung 6.41: Formel für flexible Fakturanummerierung ZMJ und Zuordnung Formelaufgaben – Entscheidungstabelle definieren

In meinem Beispiel möchte ich, dass die neue Fakturabelegnummerierung immer bei FAKTURAART *F2* und der VERKAUFSORGANISATION *1010* greift. Hierzu navigiere ich auf das Plussymbol ❶ und pflege in die jeweiligen Spalten die zuvor genannten Werte ein. Zudem muss ich hier das zu Anfang des Abschnitts definierte NUMMERNKREISINTERVALL *D1* und das NUMMERNKREISPRÄFIX *DE* auswählen. Die Operatoren (OP …) setze ich auf »ist gleich« (=). Dies bewirkt, dass die neue Formel nur bei dieser Selektion angewendet wird.

Die Anlage der neuen Formel ist nun abgeschlossen.

Anschließend navigiere ich auf die Customizing-Aktivität VERTRIEB • SYSTEMANPASSUNG • ROUTINEN • BENUTZERDEFINIERTE ROUTINEN FÜR FLEXIBLE FAKTURANUMMERIERUNG. Im ersten Schritt pflege ich via NEUE EINTRÄGE eine ROUTINENNUMMER samt ROUTINENBESCHREIBUNG ein (siehe Abbildung 6.42).

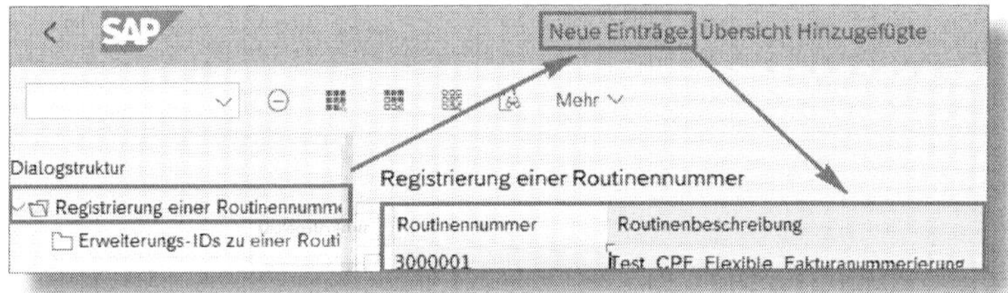

Abbildung 6.42: Neuanlage Routinenummer 3000001

In einem zweiten Schritt markiere ich die neu angelegte Zeile und navigiere zum Bereich ERWEITERUNGS-IDS ZU EINER ROUTINE ZUORDNEN (siehe Abbildung 6.43).

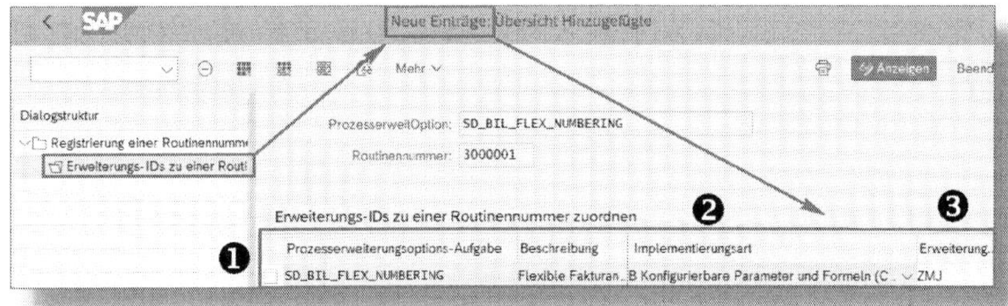

Abbildung 6.43: Routinenummer 3000001 – Zuordnung zu Prozesserweiterungsoptions-Aufgabe SD_BIL_FLEX_NUMBERING

Via NEUE EINTRÄGE erfasse ich eine PROZESSERWEITERUNGSOPTIONS-AUFGABE sowie die dazugehörige BESCHREIBUNG ❶, eine IMPLEMENTIERUNGSART ❷ und eine ERWEITERUNGS-ID ❸. Eine Prozesserweiterungsoptions-Aufgabe definiert, wann und wo der Prozess erweitert werden kann. In meinem Fall grenzt dies die eindeutige Nutzung im Kontext der flexiblen Fakturanummerierung mit den zuvor definierten Parametern ab. Nur wenn diese Kriterien erfüllt sind, greift die entsprechende Erweiterung. Andernfalls bleibt diese unberücksichtigt.

Zuordnung Routinenummer zu Erweiterungs-ID

Im Kontext der CPF-Einstellungen muss die PROZESSERWEITERUNGSOPTIONS-AUFGABE *B Konfigurierbare Parameter und Formeln (CPF)* selektiert werden. Zudem muss im Feld ERWEITERUNGS-ID die zuvor angelegte Formel-ID, wie in meinem Beispiel *ZMJ*, ausgewählt werden.

Zuletzt ordne ich noch die neu erstellte Routinennummer der Fakturaart zu. Das passiert unter VERTRIEB • FAKTURIERUNG • FAKTUREN • BENUTZERDEFINIERTE ROUTINEN ZU FAKTURAARTEN ZUORDNEN. Ich selektiere die FAKTURAART *F2* und springe via Doppelklick in die Detailsicht ab (siehe Abbildung 6.44). Dort hinterlege ich die zuvor angelegte ROUTINENNR. FÜR FLEXIBLE FAKTURANUMMERIERUNG, nämlich *3000001*, und speichere meine Einstellungen ab.

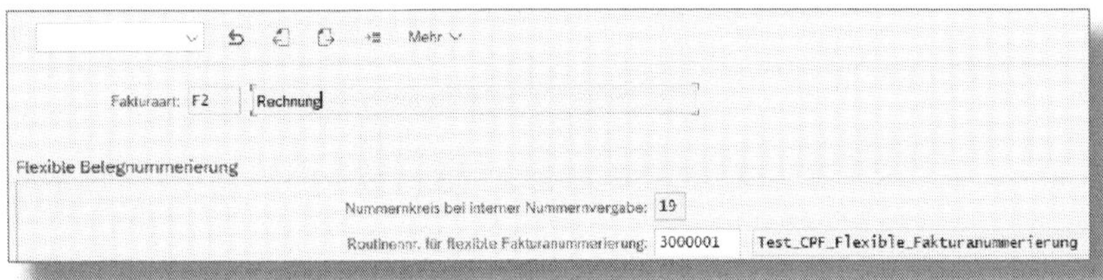

Abbildung 6.44: Zuordnung Routinenummer 3000001 zu Fakturaart F2

Wenn ich jetzt eine Faktura mit den entsprechenden Parametern erstelle, erhalte ich die in Abbildung 6.45 sichtbare Systemmeldung.

Abbildung 6.45: Anlage Faktura mit neuer Nummernvergabe DE90000001

Bei der Anlage von Fakturen mit der Fakturaart F2 in der Verkaufsorganisation 1010 wird nun ein eigener Nummernkreis, beginnend mit DE, erzeugt.

Anhand dieses Beispiels habe ich demonstriert, wie schnell und einfach die flexible Fakturanummerierung in S/4HANA eingestellt werden kann. In SAP ERP ECC wurde hierfür eine Entwicklung benötigt, und bei jeder Veränderung musste man das Coding entsprechend anpassen. In S/4HANA kann ich auf Änderungen jederzeit via Customizing reagieren und flexibel entsprechende Findungsregeln erstellen.

Customizing-Übersicht: flexible Findung des Wunsch- und Preislieferdatums

Die Customizing-Einstellungen für die flexible Findung des Wunsch- und Preislieferdatums sind ähnlich aufgebaut. Sie finden diese unter folgendem Customizing-Pfad: VERTRIEB • VERKAUF • KONFIGURIERBARE PARAMETER UND FORMELN IM VERKAUF • WUNSCHLIEFERDATUM IN VERKAUFSBELEGEN oder • PREISDATUM IN VERKAUFSBELEGEN.

Zusammenfassend lässt sich festhalten, dass sowohl die BRF-plus- als auch die CPF-Lösung sehr flexible und einfache Methoden zur Bestimmung von Regelwerken im SAP-Standard darstellen. Jedoch werden im Release 2022 noch nicht alle Anwendungsobjekte allumfassend in den behandelten Komponenten abgebildet. Teilweise sind sie noch nicht kompatibel, oder aber es fehlt – wie am Beispiel der Geschäftsregeln für die Ausgabeartenfindung in Abschnitt 6.1 ausgeführt – eine größere Auswahl von Datenquellen.

7 Fazit

Damit bin ich am Ende meiner Einführung in das Delta-Customizing in SAP S/4HANA im Vertrieb angelangt. Dieses Buch zeigt, dass im Zuge der S/4HANA-Transformation einige spannende Änderungen und Neuerungen in das Modul SAP SD Einzug gehalten haben. So kann man sich insbesondere auf die erweiterte Verfügbarkeitsprüfung (aATP) freuen, die eine verbesserte und automatisierte Abwicklung im Bereich der Geschäftsprozesse und Liefertermine gewährleisten wird. Des Weiteren wird deutlich, dass sich die Bedienung mit der flexiblen Pflege von Einstellungsmöglichkeiten im Bereich von Fiori-Apps für Endanwender enorm vereinfacht und verbessert hat. Im Abrechnungsmanagement und in der Ausgabesteuerung ist nun eine Definition von komplexen Regelwerken ganz ohne aufwendige Programmierungen möglich. Mit jedem Release werden neue Funktionalitäten eingeführt, wie beispielsweise das Einlesen von Kundenaufträgen aus unstrukturierten Daten. Es bleibt spannend zu beobachten, welche Neuerungen in den nächsten Jahren dazukommen werden.

☛ Simplification Item Catalog

Der Simplification Item Catalog beinhaltet eine Ansammlung von Simplification Items pro SAP-Modul bzw. Line of Business (LoB). Ein Simplification Item beschreibt alle Änderungen und Inkompatibilitäten zwischen SAP S/4HANA und SAP R/3 bzw. ECC. Des Weiteren werden hier die unterschiedlichen Release-Versionen von S/4HANA miteinander verglichen und Änderungen oder Inkompatibilitäten in diesem Kontext erfasst. Das Schöne dabei ist, dass die Änderungen sehr detailliert beschrieben und sowohl rein inhaltlich als auch technisch erläutert werden. Sie finden den Simplification Item Catalog unter: *https://launchpad.support.sap.com/#/sic/*

Wichtig ist anzumerken, dass man verschiedene Filter nutzen kann, wie beispielsweise LoB, in unserem Falle Sales. In Abbildung 7.1

sieht man eine Beispielübersicht des Simplification Item Catalog mit dem Filter LoB = SALES ❶. In die detaillierte Sicht navigiert man via SAP-Hinweisnummer ❷.

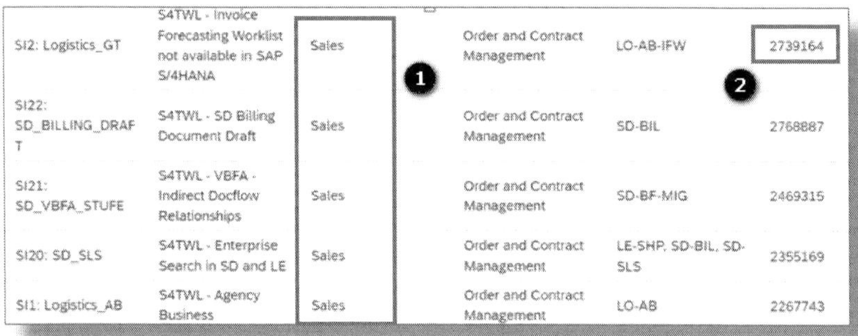

SI2: Logistics_GT	S4TWL - Invoice Forecasting Worklist not available in SAP S/4HANA	Sales	Order and Contract Management	LO-AB-IFW	2739164
SI22: SD_BILLING_DRAFT	S4TWL - SD Billing Document Draft	Sales	Order and Contract Management	SD-BIL	2768887
SI21: SD_VBFA_STUFE	S4TWL - VBFA - Indirect Docflow Relationships	Sales	Order and Contract Management	SD-BF-MIG	2469315
SI20: SD_SLS	S4TWL - Enterprise Search in SD and LE	Sales	Order and Contract Management	LE-SHP, SD-BIL, SD-SLS	2355169
SI1: Logistics_AB	S4TWL - Agency Business	Sales	Order and Contract Management	LO-AB	2267743

Abbildung 7.1: Simplification Item Catalog – Beispielübersicht LoB Sales

Ich hoffe, dass ich mit diesem Überblick über das Delta-Customizing im Vertrieb Ihr Interesse geweckt und Lust auf mehr Themen im Bereich von SAP S/4HANA gemacht habe.

A Der Autor

Mike Juchem fand den Einstieg in die SAP-Welt nach Abschluss seines BWL-Studiums mit dem Studienschwerpunkt Logistik & E-Business bei einer weltweit agierenden Unternehmensberatung. Dort konnte er bereits zu einem frühen Zeitpunkt SAP-S/4HANA-Projekte von Anfang bis Ende implementieren. Es folgten Tätigkeiten in verschiedenen Unternehmensberatungen. Heute ist Mike Juchem bei Capri-Sun als SAP-Berater für die Module SD/LE verantwortlich.

Er durfte bereits eine Vielzahl von Projekten als SD/LE-Berater in den verschiedensten SAP-Implementierungen begleiten: von R/3 über ECC bis hin zu S/4HANA, sowohl in der Cloud als auch on-Premise. So sammelte er ein fundiertes Expertenwissen im Bereich Customizing, Prozesse und Schnittstellen.

Seine Kommunikationsstärke setzt er in diesem Buch ein, um auch komplexe Sachverhalte für den Leser nachvollziehbar und verständlich darzulegen.

B Index

A

E

G

I

R

S

T

W

C Disclaimer

Die in diesem Werk wiedergegebenen Gebrauchsnamen, Handelsnamen, Warenbezeichnungen usw. können auch ohne besondere Kennzeichnung Marken sein und als solche den gesetzlichen Bestimmungen unterliegen. Sämtliche in diesem Werk abgedruckten Bildschirmabzüge unterliegen dem Urheberrecht der SAP SE, Dietmar-Hopp-Allee 16, 69190 Walldorf.

In dieser Publikation wird auf Produkte der SAP SE Bezug genommen. SAP, R/3, SAP NetWeaver, Duet, PartnerEdge, ByDesign, SAP BusinessObjects Explorer, StreamWork und weitere im Text erwähnte SAP-Produkte und -Dienstleistungen sowie die entsprechenden Logos sind Marken oder eingetragene Marken der SAP SE in Deutschland und anderen Ländern. Business Objects und das Business-Objects-Logo, BusinessObjects, Crystal Reports, Crystal Decisions, Web Intelligence, Xcelsius und andere im Text erwähnte Business-Objects-Produkte und -Dienstleistungen sowie die entsprechenden Logos sind Marken oder eingetragene Marken der Business Objects Software Ltd. Business Objects ist ein Unternehmen der SAP SE. Sybase und Adaptive Server, iAnywhere, Sybase 365, SQL Anywhere und weitere im Text erwähnte Sybase-Produkte und -Dienstleistungen sowie die entsprechenden Logos sind Marken oder eingetragene Marken der Sybase Inc. Sybase ist ein Unternehmen der SAP SE. Alle anderen Namen von Produkten und Dienstleistungen sind Marken der jeweiligen Firmen. Die Angaben im Text sind unverbindlich und dienen lediglich zu Informationszwecken. Produkte können länderspezifische Unterschiede aufweisen.

Der SAP-Konzern übernimmt keinerlei Haftung oder Garantie für Fehler oder Unvollständigkeiten in dieser Publikation. Der SAP-Konzern steht lediglich für SAP-Produkte und -Dienstleistungen nach der Maßgabe ein, die in der Vereinbarung über die jeweiligen Produkte und Dienstleistungen ausdrücklich geregelt ist. Aus den in dieser Publikation enthaltenen Informationen ergibt sich keine weiterführende Haftung.

Weitere Bücher von Espresso Tutorials

Ilona Hesse:

Preisfindung und Konditionstechniken in SAP S/4HANA® – 2., erweiterte Auflage

- Grundlagen und Analyse der Preisfindung in SAP S/4HANA
- Konditionstechnik in der Preisfindung
- Umsetzung eigener Preisfindungsstrategien
- Konditionskontraktabrechnung

http://5362.espresso-tutorials.de

Jörg Weißmann:

Praxishandbuch Vertrieb (SD) in SAP S/4HANA®

- SAP HANA, S/4HANA, Fiori kurz und knapp erklärt
- Praxisbeispiel vom Auftrag zur Faktura
- Fehleranalyse in den verschiedenen Phasen des Vertriebsprozesses
- Tipps und Tricks eines erfahrenen SD-Experten

http://5370.espresso-tutorials.de

Simone Bär, Andreas Wunsch:

Abrechnungsmanagement in SAP S/4HANA® – Konditionskontraktabrechnung – 2., erweiterte Auflage

- Kundenbonus, Lieferantenbonus, Provisionsabrechnungen
- Sämtliche Abrechnungsszenarien in einem Modul
- Beispielprozess »Verkaufsprovision für Handelsvertreter«
- 2. Auflage mit neuen Funktionalitäten im Release 1909

http://5557.espresso-tutorials.de

Isa Bodur:

SAP® Helden

- SAP GUI – Tipps und Tricks
- Analyse und Set-up von SAP IDocs
- Insiderwissen zum SAP-Customizing
- Versteckte Features für das ABAP-Debugging

http://5749.espresso-tutorials.de